ミヤケン先生の
合格講義

造園施工
管理技士

1級

宮入賢一郎 著

Ohmsha

本書を発行するにあたって、内容に誤りのないようできる限りの注意を払いましたが、本書の内容を適用した結果生じたこと、また、適用できなかった結果について、著者、出版社とも一切の責任を負いませんのでご了承ください。

■ は じ め に ●

　１級造園施工管理技士を名乗り、活用するための試験が、「１級造園施工管理技術検定」です。１級造園施工管理技士は、建設業法により営業所ごとに置かなければならない専任の技術者、および、工事現場ごとに置かなければならない主任技術者または監理技術者に求められる資格であるため、建設工事現場でのリーダーとして不可欠な資格です。

　この試験は、第一次検定と第二次検定に分かれており、それぞれに合格しなければなりません。しかし、令和３年度からスタートした新制度では、第一次検定を合格すれば「１級造園施工管理技士補」の称号が与えられることになり、若年技術者にチャンスとメリットが生まれました。

　本書は、日常の多忙な仕事に身を置かれている造園技術者の方々に、合格できる実力を効率よく身につけていただくことを狙いとしています。

第一次検定

　複数の選択肢から正答を選ぶ択一問題の形式がとられています。しかし、たいへん広い分野からまんべんなく出題されているためどこから手をつけていいのかがわかりにくい受検者も多いようです。

　また、得意分野を確実に押さえるだけでなく、苦手な分野をどの程度克服しておくのかは、合格するために非常に重要です。

第二次検定

　経験を記述する必須問題と、造園工事を想定した必須問題、さらに３分野から１つを選んで記述する選択問題によって構成されています。それぞれの解答のしかたは主に記述方式です。

　いくら実力のある方でも、何も準備していなければ、いきなり試験問題をみて手際よく正解を書き込んでいくのは困難です。

　まずは、実力を過信せず、事前に記述式の筆記に慣れておく必要があります。

本書では、若手からベテランまで幅広い受検者を想定しながら、すべての受検者が要領よく試験対策ができるように秘訣となるポイントを解説しました。新制度試験の出題パターンはもちろんのこと、旧制度試験でも役立つ過去10年間の出題内容を徹底分析し、問題の要点や記述時のポイントなどをコンパクトにまとめています。

　もしも、次のようなことに少しでも心当たりがあるなら、本書での学習が最適です。

- 日ごろの仕事がいそがしくて、勉強がなかなか進まない
- 初めての受検で、何をどう準備して学習すれば合格できるのかわからない
- 第一次検定（造園施工管理技士補）から、一歩ずつステップアップしたい！
- 出題範囲が広くて的がしぼれず困っている
- 記述式が苦手で困っている
- 現場工事をテーマにした経験記述の書き方に自信がもてない
- 基礎知識を習得することでマネジメント能力を高めて、造園施工管理の仕事に活かしたい
- 確実に試験に合格したい

　本書一冊の内容をしっかり理解していただくことにより、第一次検定と第二次検定がともに合格できる実力が身につくはずです。本書を活用され、見事に合格されることを心より祈念しております。

　2022年2月

宮　入　賢　一　郎

◗ 目　次 ◗

試験概要と攻略の秘訣

第一次検定の集中ゼミ

第一次・第二次検定の共通ゼミ

試験概要と攻略の秘訣

　1級造園施工管理技士になるために、この資格の試験制度を十分に理解しながら、手戻りのないように入念に準備を進めよう。

　本書を手にしていただいた時点で、モチベーションはすでに十分！それを活かして、受検当日まで施工管理の要領でマネジメントして、一歩ずつ着実に学習成果を上げていくことが合格への道のりだ。

　まずは、試験の概要と合格の秘訣を理解し、合格までの道すじを具体的にイメージするとともに、出題傾向や出題パターンの分析によって、効率的な学習の攻略ポイントを押さえよう。

　さあ、合格への第一歩です！

【ご注意】

　本書では、問題Aの出題範囲を「第一次検定の集中ゼミ」に、問題Bの出題範囲を「第一次・第二次検定の共通ゼミ」としてまとめ、さらに、「特別演習」を設け、「応用能力に関する出題」の解説を行っている。そして、第二次検定の出題範囲を「第二次検定の集中ゼミ」として最後にまとめた。

1章 試 験 概 要

1 ● 試験はどのように進められるか?

　この試験は、第一次検定と第二次検定で構成されている。同年度に第一次検定と第二次検定を同時受検することも可能であるし、それぞれを別の年度に受検することもできるようになっている。

　ここで、2級造園施工管理技士を含めて、新制度の要点を整理しておこう。

　1級、2級ともに、第一次検定のみを合格した場合、造園施工管理技士補となることができる。第一次検定合格後に、第二次検定を合格して造園施工管理技士の称号が得られる。このことから、第一次検定だけに合格しても技士補を名乗れるメリットが生まれた。

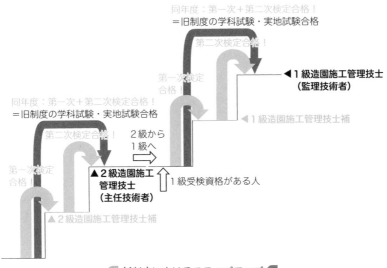

同年度：第一次＋第二次検定合格！
＝旧制度の学科試験・実地試験合格

第二次検定合格！

第一次検定
合格！

◀1級造園施工管理技士
（監理技術者）

◀1級造園施工管理技士補

同年度：第一次＋第二次検定合格！
＝旧制度の学科試験・実地試験合格

第二次検定合格！

2級から
1級へ

第一次検定
合格！

▲2級造園施工
管理技士
（主任技術者）

1級受検資格がある人

▲2級造園施工管理技士補

🌿 新制度におけるステップアップ 🌿

　新制度では、2級の第二次検定に合格すれば、実務経験不足などで1級の第二次検定受検資格を満たしていない場合でも、1級第一次検定を受検することが可能になった。このように、1級も2級も、造園施工管理の経験が少なくても技士補として経験を積んで、所定の実務経歴が得られたらすぐに第二次検定を受検するというパターンにより、若手技術者や経験の少ない実務者への受検メリットを

高めている。

　しかし、どのような資格試験にも共通のことであるが、まずは受検資格を確認し、受検可能であれば受検申込みをしなければ始まらない。受検の申込みは5月上旬から中旬までのことが多いが、その年度の試験機関からの発表などを早めにキャッチし、準備に取り組む必要がある。新年度が始まって、何かとあわただしいスケジュールのなか、ついつい受検申込書を書きそびれる、必要書類が間に合わない、郵送し忘れた、などということも十分にありうる。常に早め早めを心がけてほしい。

　試験機関である一般財団法人全国建設研修センター（JCTC）の広報、ホームページ（https://www.jctc.jp/）を確認し、受検申込書を早めに入手し、必要書類を整えて、記載事項をしっかりと確認。そのうえで、あまり間をおかずに申し込みしたいところだ。

　例年のスケジュール

　　受検申込み：5月上旬〜中旬（第一次検定・第二次検定とも）

　　第一次検定：9月中旬

　　第二次検定：12月上旬

　　※具体的な日程は、必ず試験機関の広報で確認のこと

　　※受検資格など必要事項は受検する年の「**受検の手引き**」で確認のこと

Point!! 試験情報をホームページなどでチェックし、早めに手続きを進めよう！
　　実務年数や受検資格、実務経験として認められる工事内容などは特に
　　しっかり確認しよう。
　　当然のことだが、受検願書を提出しなければ、永遠に合格はありえない！

2 試験の構成はどうなっているのか？

■ 第一次検定

　第一次検定は、午前中に実施される問題Aと、午後に実施される問題Bの2つ。それぞれの出題は四肢択一式で、マークシートに解答する方法だ。

第一次検定当日のスケジュール

入室時間	9：45 まで
受検に関する説明	9：45 〜 10：00
試験時間 （第一次検定：午前）	10：00 〜 12：30（2時間30分） ➡試験問題 A
昼休み	12：30 〜 13：35
受検に関する説明	13：35 〜 13：45
試験時間 （第一次検定：午後）	13：45 〜 15：45（2時間） ➡試験問題 B

　問題数は、問題 A では 36 問、問題 B では 29 問で、それぞれすべてを解答することになっている。1 問あたりにかけられる平均時間を単純に計算すると、午前、午後ともに 4 分程度と、案外短いことがわかる。そのため、あせらずに問題文と選択肢をしっかりと読み、一つひとつを確実に解答することがポイントである。

　わからない問題は後にまわすという工夫も大事だ。ただし、マークシートの解答番号を間違えないように気をつけたい。時間の少なくなった終盤になって気づき、あわてて消して書き直した、という凡ミスも実際にあったケースなので注意したい。

■ 第二次検定

　第二次検定は、午後のみ 2 時間 45 分という長い時間をかけて取り組む試験である。すべてが記述式による筆記試験であるため、考えながら解答用紙に書き込む必要がある。このため、普段から自分自身の業務を簡潔に文章としてまとめる力を身につけておくとともに、漢字を含めた記述能力を高めておく必要がある。

第二次検定当日のスケジュール

入室時間	13：00 まで
受検に関する説明	13：00 〜 13：15
試験時間 （第二次検定）	13：15 〜 16：00（2時間45分）

3 ● 合格基準

　この検定の合格基準は次のとおりとなっているが、試験の実施状況等を踏まえ変更する可能性がある、とされている。

第一次検定　全体で得点が 60％以上
　　　　　　　かつ検定科目（施工管理法［応用能力］）得点が 50％以上

第二次検定　得点が 60％以上

2章 第一次検定の出題傾向

1 ● 第一次検定の出題範囲

　第一次検定では、土木工学等と、施工管理法、法規が検定科目となっており、それぞれの一般的な知識が問われている。ただし、施工管理法では、やや難易度の高い施工管理を適確に行うために必要な応用能力を問う出題があるのが、新制度の特徴である。

◖第一次検定の検定科目と検定基準◗

検定区分	検定科目	検定基準
第一次検定	土木工学等	・造園工事の施工の管理を適確に行うために必要な土木工学、園芸学、電気工事、電気通信工学、機械工学及び建築学に関する一般的な知識を有すること。 ・造園工事の施工の管理を適確に行うために必要な設計図書に関する一般的な知識を有すること。
	施工管理法	・監理技術者補佐として、造園工事の施工の管理を適確に行うために必要な施工計画の作成方法及び工程管理、品質管理、安全管理等工事の施工の管理方法に関する知識を有すること。 ・監理技術者補佐として、造園工事の施工の管理を適確に行うために必要な応用能力を有すること。
	法　規	・建設工事の施工の管理を適確に行うために必要な法令に関する一般的な知識を有すること。

2 ● 第一次検定の出題傾向

▌問題 A

　問題 A は、土木工学などの幅広い出題範囲がある。また、施工計画や施工管理法、公共工事標準請負契約約款など、関連する一般知識の問題も含まれている。

▌造園の歴史と様式

　日本や西洋の庭園、造園史やわが国の公園制度についての問題が、2 問程度出題されている。

▌造園材料

　造園で用いられる樹木、草花、地被植物のほか、石材、レンガ、木材、竹材などから 4 ～ 6 問程度出題されている。

▶ 植栽施工

樹木の掘取り、運搬、植付けや、根回し、移植、支柱の取付けといった樹木植栽の出題が数問ある。また、植栽基盤や土壌改良に関する出題も見られる。

▶ 植物管理

剪定、施肥、病虫害防除、芝生管理といった維持管理に関する出題も幅広く見られる。

▶ 造園施設

土木工学の一般的な知識として、土工擁壁などの敷地造成、コンクリート、舗装といった出題が見られる。さらに造園に関する知識として、運動施設、遊戯施設、水景施設、造園技法といった出題や、給水施設、排水施設、電気施設といった設備関係も範囲となっている。これに加えて、建築、バリアフリー、ユニバーサルデザインが出題されている。

■■ 問題 B

問題 B は、施工管理法についての一般的知識と応用能力に関する出題がある。

▶ 施工管理

施工管理に重要となる 3 大管理要素（工程管理、品質管理、安全管理）に関する問題が重点的に出題される。

▶ 関連法規

都市公園法、建築基準法、建設業法、労働基準法、労働安全衛生法など、造園工事の施工管理を行ううえで重要な法規のポイントが出題されている。

▶ 応用能力に関する出題

造園工事の施工管理を適確に行うために必要な応用能力が検定基準に達しているかを判断するための問題が、新制度から盛り込まれている。

この問題では、まず「工事数量表」と「工事に係る条件」が提示され、施工管理を行う際に必要となる知識が問われる。

この問題は、問題 1 〜 28 までの 4 つの選択肢から 1 つを選ぶ四肢択一とは異なり、問題 29 では 4 つの選択肢から該当するものをすべて選ぶという、やや難易度の高い出題パターンになっていることがある。

3章
第二次検定の出題傾向

1 ● 第二次検定の出題範囲

　第二次検定では、施工管理法が検定科目となる。記述式を基本とし、施工管理を適確に行うために必要な知識のほか、目的物に所要の強度や外観などを得るために必要となる高度の応用能力や、施工計画を適切に作成しこれを実施できる高度な応用能力が検定基準となっている。

■ 第二次検定の検定科目と検定基準 ■

検定区分	検定科目	検定基準
第二次検定	施工管理法	・監理技術者として造園工事の施工の管理を適確に行うために必要な知識を有すること。
		・監理技術者として工事の目的物に所要の強度、外観等を得るために必要な措置を適切に行うことができる高度の応用能力を有すること。
		・監理技術者として設計図書に基づいて工事現場における施工計画を適切に作成すること、又は施工計画を実施することができる高度の応用能力を有すること。

2 ● 第二次検定の出題傾向

　第二次検定は、従事した造園工事に関する経験記述を問う問題1、施工管理についての設問に解答する問題2～5で構成されている。

問題1：経験記述（必須問題）

　必須問題として、実際に従事した工事について記述する。

　実際に自分の経験した造園工事について記載するので、事前に準備できる唯一の問題である。事前に下書き（原稿案）を作り、他者からのアドバイスをもらいながら練り上げて、完璧な原稿（解答）をつくって、しっかり暗記することで高得点が期待できる。

　重要なポイントは、「課題があった管理項目名と、その課題の内容（背景および理由を含む）」、「その課題に対して現場で実施した処置・対策」を具体的に記述できるようにしておくことだ。

　管理項目は、工程管理、品質管理、安全管理の3つであるが、新制度試験でも旧制度試験と同じように工程管理、または品質管理を指定されることが多い。

試験概要　攻略の秘訣

問題2：造園施工記述（必須問題）

工事の条件が図面付きで提示され、造園工事における基礎的な一般知識や応用能力に関する複数の問題が提示されている。出題されるのは、施工計画や工事図面や条件に関連した造園・土木工事の知識、工程管理、品質管理や安全管理を行うための知識など、幅広い分野からの出題となっている。

問題3〜5：3つの管理項目（選択問題）

施工管理法を構成する「工程管理」、「品質管理」、「安全管理」の3要素からそれぞれの問題が提示される。この3問のうち、ひとつを選んで解答するという方式がとられている。事前の学習では、まずは自分の得意とする管理項目を完璧にしてから、他の管理項目へと広げていくことがセオリーである。

問題3：工程管理

工程管理では、ネットワーク式工程表を完成させたり、クリティカルパスや全所要日数、あるイベントの最遅結合点時刻を求めるといった基礎的な出題から、作業の延長、工期の短縮などを検討する問題もある。さらに、山積図によって作業員数を求めることや、造園工事の施工手順を解答するといった出題パターンもある。

問題4：品質管理

品質管理では、樹木の品質寸法規格に関する問題が最も多く、客土や石材などの造園材料についても出題がある。ただし、新制度試験では、第一次検定のB問題に移行している傾向もみられる。

問題4では、例えば「樹木の掘取り前に行う作業とその目的」、「水極法による埋戻しの後に行うべき作業の内容と目的」といった造園工事ならではの品質管理についての出題が含まれている。

問題5：安全管理

この問題でも、具体的な造園工事の施工条件が提示され、機械施工での留意点や作業員の安全管理などが出題されている。新制度試験においては、移動式クレーン、高所作業車、チェーンソー、肩掛け式草刈り機といった造園工事でよく用いられる機械についての安全管理上の留意点が多く出題されている。

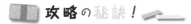

●検定科目、出題範囲に対応した準備が必要です。

　本書では、新制度になってから出題された問題と、検定基準に該当する旧制度検定の過去問題を分析し、これに基づいて学習プログラムとなる科目構成を工夫しています。効率的な学習効果が得られるように、第一次検定、第二次検定それぞれの出題分野に応じた解答に必要な知識を解説しています。

●出題分野を効率的に学習するために、各項目の冒頭に「出題傾向」を設け、新制度検定と旧制度検定の分析をまとめました。これにより、合格のために必要最小限となる知識の範囲や深さを知ることができます。

●次に「重要ポイント講義」というタイトルで、合格レベルに達するために必要な知識を解説しています。出題レベルを意識しながら読み進めるとよいでしょう。特に受検にあたっての重要事項だけでまとめていますので、理解しにくい部分などは繰り返して学習しましょう。

●「標準問題で実力アップ」として、各項目の末尾に演習問題を載せました。過去に出題された問題レベルですから、確実に正解を導けるように熟読してください。

●随所に「マスターワード」や「Point!! ≫」といったアドバイスを入れています。ここにも注目して学習を進めてください。当日、過去問題とまったく同じ問題はほとんどありませんが、どのような問題が出題されても、解答すべき内容の要点を知っていれば自信をもって問題に臨み、正答を得られるはずです！

第一次検定の集中ゼミ

　本編では、第一次検定の問題Aを構成する造園施工に関する科目についての理解を深め、合格に必要な知識を習得することを目標にする。ここでの知識は第二次検定でも必要不可欠な基礎知識である。

　各章ごとに新制度試験と旧制度での問題分析の結果から出題傾向をまとめているので、何が求められているのかを理解しておこう。解答に必要となる知識は、「重要ポイント講義」でまとめた。ここで得た知識をもとにして「標準問題で実力アップ！」を解いてみよう。重要ポイント講義で得た知識を基本として解答できるはずだが、習得レベルを確認し、復習しながら正答をすばやく導けるようにレベルアップしよう。

　問題として取り上げられやすい用語や基準となる数値、計算式や計算方法などは、熟読して記憶しておく必要がある。

【ご注意】

第一次検定には、本編だけでなく次編で解説する問題Bの対策も必要だ。

　忘れずに、しっかり準備しよう！

1章 造園の歴史

1. 日本の庭園

出題傾向 造園の歴史に関する出題は、例年1〜2問となっている。このうち、「日本の庭園」は例年ほぼ1問出題されている。

重要ポイント講義

1 ● 平安時代の庭園

　平安時代の初期には、池沼を利用した苑地がつくられ、池泉舟遊式庭園が生まれた。平安時代の中期になると、貴族の邸宅に海や野などの自然風景を表現した苑池や野筋、遣水のある寝殿造庭園が数多く作庭された。

　後期になると、浄土曼荼羅の構図を用いた浄土式庭園が作庭され、寺院の前に造られた庭では、蓮のある池、花園など、極楽浄土の表現がみられる。代表的なものに京都の平等院、浄瑠璃寺、平泉の毛越寺庭園などがある。

2 ● 鎌倉〜南北朝時代の庭園

　鎌倉時代に入ってからも、造園様式は寝殿造の様式を受け継いだものであったが、武家時代の豪放さが技巧に加わるものになってきた。その後、南北朝時代から室町時代の初期にかけて、夢窓疎石（国師）の作庭による京都の西芳寺、天龍寺など、日本庭園は著しい変化と発展を呈することになった。

3 ● 室町時代の庭園

　室町時代になると禅宗の思想、自然観を反映した庭園様式となり、石組で滝を、白砂で水を表現するといったように、直接に水を用いずに山水の景観を抽象的に模した枯山水の様式が発達した。大仙院や龍安寺が代表的である。

4 ● 安土桃山時代の庭園

　近世の造園の当初は、枯山水様式の影響から石組が庭園の主要な表現であったが、これが巨大な庭石や色彩豊かな色石を使用するようになり、豪華な表現がみられるようになった。この時期、二条城や伏見城などの城郭建築が多く造られるようになり、豪華絢爛、荘厳華麗な池泉を設け、書院や座敷から池泉を鑑賞する庭園（池泉鑑賞式庭園）が多く造られた。

　また、この豪華な桃山文化の時代にありながらも、「わび」を本意とする茶庭（露地）が造られるようになった。

5 ● 江戸時代の庭園

　このような池泉鑑賞式（書院造）庭園と茶庭の様式が江戸時代になると合流をみせ、池庭と石庭などの技法が渾然一体となった回遊式の庭園（池泉回遊式庭園）が完成された。この様式では、主建築とは独立した庭園ならではの地割りが行われ、池や島、山などを造成、ところどころに茶庭を配し、園路や橋で連続する動線を確保した。全体としてひとつの風景を模したものではなく、部分ごとに異なった自然景観を描き出すという特徴がみられる。

　江戸時代の中期になると、このような庭園の様式は京都から江戸へ、そして地方へと広がりをみせる。このように諸大名が江戸や各地の城下町に造らせたのが大名庭園であり、それまでの庭園様式、技法を駆使したり、各地の名勝を縮景として取り入れた回遊式の庭園が目立つ。平坦で広大な特徴をもつ庭園がこの時代には多く、岡山後楽園、水戸偕楽園、金沢兼六園といった日本三名園など大型の庭園の多くがこの時期のものである。

6 ● 明治時代の庭園

　わが国の造園様式は、明治時代から大きく変化した。庶民のレクリエーションの場となる公園が造られ始めたのである。

　この時期に造営された明治神宮は、内苑は神社造園の新しい様式とし、外苑ではドイツ幾何学式造園様式を採用している。庭園でもヨーロッパの様式を取り入れた折衷式として広い芝生に曲線的な園路を配したものが多く造られ、新宿御苑や赤坂離宮庭園のように、西洋庭園と日本庭園を併設したものもみられるようになった。

日本庭園の様式と代表的な庭園

時　代	様　式	代表的な庭園
平安時代	池泉舟遊式庭園（寝殿造） 池泉舟遊式庭園（浄土式）	河原院、東三条殿 平等院、浄瑠璃寺、毛越寺
鎌倉－南北朝時代	前時代からの継承と移行期	西芳寺、天龍寺、鹿苑寺
室町時代	枯山水式庭園	大仙院、龍安寺、慈照寺
安土桃山時代	池泉鑑賞式庭園 茶庭	醍醐寺三宝院、西本願寺大書院庭園 草庵茶室
江戸時代	池泉回遊式庭園（縮景式庭園） 枯山水式庭園（小堀遠州）	宮廷 　桂離宮、修学院離宮、仙洞御所 大名庭園 　後楽園（小石川）、後楽園（岡山）、 　兼六園（金沢）、栗林公園（高松）、 　偕楽園（水戸）、六義園 大徳寺方丈庭園、南禅寺方丈庭園
明治時代	自然風景式庭園（小川治兵衛） 和洋折衷式庭園 近代的公園	無鄰庵、平安神宮 新宿御苑、赤坂離宮庭園 日比谷公園

標準問題で実力アップ!!!

問題1　　日本庭園に関する「庭園名」、「庭園様式」、「庭園が作庭された時代」の組合せとして、**適当でないもの**はどれか。

　　　　（庭園名）　　　　　（庭園様式）　　（庭園が作庭された時代）

（1）毛越寺庭園…………………浄土式…………平安時代

（2）六義園……………………茶庭……………鎌倉時代

（3）大徳寺大仙院庭園………枯山水…………室町時代

（4）岡山後楽園………………池泉回遊式……江戸時代

解説　（2）六義園は、江戸時代の池泉回遊式庭園であるので適当ではない。

（1）、（3）、（4）は適当である。　　　　　　　　　　　　　　　　　【解答（2）】

問題2 日本庭園に関する「庭園名」、「庭園様式」、「庭園が作庭された時代」の組合せとして、**適当なもの**はどれか。

	（庭園名）	（庭園様式）	（庭園が作庭された時代）
(1)	金地院庭園	枯山水式	平安時代
(2)	龍安寺方丈庭園	池泉回遊式	鎌倉時代
(3)	天龍寺庭園	枯山水式	安土桃山時代
(4)	六義園	池泉回遊式	江戸時代

解説 (1) 平安時代は寝殿造庭園や浄土式庭園が代表である。ちなみに金地院庭園は江戸時代。

(2) 池泉回遊式庭園は、室町時代ごろにはじまり、江戸時代の大名庭園で多く造営されたものである。なお、龍安寺方丈庭園は室町時代、枯山水の代表的な庭園。

(3) 枯山水は室町時代の代表的な様式である。天龍寺庭園は鎌倉－南北朝時代の池泉を鑑賞する庭園。 　　　　　　　　　　　　　　　　　　　　　　　　　　　　　　　【解答 (4)】

Point!! ＞＞＞ このような庭園様式とその時代、代表的な庭園名に関する問題は頻出！

問題3 日本庭園に関する記述のうち、**適当なもの**はどれか。

(1) 平安時代には、極楽浄土の世界をこの世に実現しようとして、阿弥陀堂などの前面に池を配し蓮を植えるなどした庭園が作庭されるようになった。その意匠による庭園の一つに、天龍寺庭園がある。

(2) 室町時代には、石組を主体として、白砂、コケ、刈込みなどで自然景観を象徴的に表現する枯山水式庭園が作庭されるようになった。その様式による庭園の一つに、桂離宮庭園がある。

(3) 安土桃山時代には、巨大な庭石や色彩豊かな色石などを数多く用いた庭園が作庭されるようになった。その意匠による庭園の一つに、醍醐寺三宝院庭園がある。

(4) 江戸時代には、大規模な池を中心に、露地、枯山水の様式を組み合わせ、歩きながら移り変わる景観を観賞する池泉回遊式庭園が作庭されるようになった。その様式による庭園の一つに、浄瑠璃寺庭園がある。

解説 (1) 平安時代の浄土式庭園の説明文だが、天龍寺庭園は様式・時代が異なる。

(2) 室町時代の枯山水の説明文だが、桂離宮庭園は江戸時代の池泉回遊式庭園である。

(3) 安土桃山時代の池泉を鑑賞する豪華な庭園様式の説明文であり、醍醐寺三宝院もこの時代の代表的な庭園である。よって、この記述が適当である。

(4) 江戸時代の池泉回遊式庭園の説明文だが、浄瑠璃寺庭園は平安時代の浄土式庭園である。 　　　　　　　　　　　　　　　　　　　　　　　　　　　　　　　【解答 (3)】

1. 日本の庭園

2. わが国の公園制度

出題傾向 「わが国の公園制度」、または次節の「西洋の庭園」のいずれか1問が加わり、「造園の歴史」としては2問となるケースが定番化してきている。

重要ポイント講義

1 ● 太政官布達公園

明治時代からわが国の造園をとり巻く情勢は大きく変化した。庶民のレクリエーションの場としての公園の発祥がみられたのもこの時代からである。文明開化とともに、世界的な視野をもった国政へと変革されたこともあり、欧米にならって「群衆遊観の場所に公園を設ける件」が明治6年に太政官布達として府県に発せられた。

この制度等によって、江戸時代に庶民の戸外遊楽の場、物見遊山の場として盛況となっていた場所が公園として制定された。東京では芝、上野、浅草、深川、飛鳥山、京都の八坂神社境内、大阪の住吉、浜島、広島の厳島、鞆などであった。

2 ● 近代の造園

近代になると、都市計画的な観点から、公園緑地の系統的な計画が議論され、東京では明治21年に東京市区改正条例公布、明治22年に東京市区改正設計が策定され、これに基づく日比谷公園（明治36年開設）は、わが国初の近代公園として整備された。

その後、大正8年の都市計画法（旧法）公布とともに、公園計画がますます推進されることになったが、特に関東大震災（大正12年）の発生をきっかけに公開空地としての公園の防災上の重要性が認識されるようになった。関東大震災の復興計画では公園整備にも重点がおかれ、震災の瓦礫を埋め立てた上に造られた横浜市の山下公園などが震災復興公園として開園した。

また、明治45年から15年にかけて行われた明治神宮内外苑の建設事業も注目すべき偉業であった。

3 ● 現代の庭園

　昭和22年の児童福祉法の制定により児童遊園の建設等が本格化、昭和30年には日本住宅公団が発足したのを機に集合住宅の造園、昭和31年には日本道路公団が発足し高速道路における造園が幕を開けた。昭和31年には都市公園法が制定され、都市公園の配置および管理に関する基準等が設けられた。

　昭和39年の東京オリンピック開催に向け、また国民体育大会の開催にともない、全国主要都市における運動公園の建設が盛んになった。

　昭和47年には都市公園等整備緊急措置法が公布され、第一次都市公園等整備五箇年計画が閣議決定され、公園整備が加速化されることになった。この制度は平成14年度をもって終了したが、平成15年からの社会資本整備重点計画法により、都市公園整備のみならず緑地の保全や、緑化を、総合的かつ一体的に推進することになった。

第一次検定 集中ゼミ

標準問題で実力アップ!!!

問題1　大正期以降の公園に関する次の記述の（A）、（B）に当てはまる語句の組合せとして、**適当なもの**はどれか。

　「都市に人口が集中し、市街地化が進展する状況を背景として、1919（大正8）年に（A）が公布され、公園に関する規定が位置づけられた。1923（大正12）年の関東大震災の際には、震災復興事業として、（B）などが整備された。」

	（A）	（B）
（1）	都市計画法	横浜の山下公園
（2）	都市計画法	東京の代々木公園
（3）	東京市区改正条例	横浜の山下公園
（4）	東京市区改正条例	東京の代々木公園

解説　（A）都市計画法、（B）横浜の山下公園である。したがって、（1）の組合せが適当である。　　　　　　　　　　　　　　　　　　　　　　　【解答（1）】

問題2　わが国の公園制度に関する次の記述の（A）、（B）に当てはまる語句の組合せとして、**適当なもの**はどれか。

「明治6年の公園開設に関する太政官布達をもってわが国の公園制度は始まりとされており、本布達に基づき、東京の（A）のように神社仏閣の境域のほか、名勝や城址などが全国で公園として指定された。

明治21年に、近代国家の首都としてふさわしい都市をつくるため東京市区改正条例が公布され、これに基づき、幹線道路の整備や水道の改良等とともに公園の整備が計画され、明治36年には（B）が開園した。

	（A）	（B）
（1）	芝公園	上野恩賜公園
（2）	芝公園	日比谷公園
（3）	明治神宮外苑	上野恩賜公園
（4）	明治神宮外苑	日比谷公園

解説　明治6年の太政官布達に基づいて指定されたのは芝公園。明治21年の東京市区改正条例に基づいて整備されたのは日比谷公園。したがって、（2）の組合せが適当である。
【解答（2）】

問題3　わが国の公園制度に関する記述のうち、**適当でないもの**はどれか。

（1）明治6年に公園開設の太政官布達が公布され、これがわが国の公園制度の始まりと解されている。

（2）大正12年の関東大震災により公園の防災上の重要性が認識され、復興に際して新たな公園が整備された。

（3）昭和31年に都市公園に関する基本法として都市公園法が制定され、公園管理の法制度が確立した。

（4）昭和39年の東京オリンピックの準備のために都市公園等整備緊急措置法が制定され、会場となる公園が整備された。

解説　都市公園等整備緊急措置法の制定は、昭和47年である。したがって、（4）が適当でない。
【解答（4）】

3. 西洋の庭園

出題傾向 前節の「わが国の公園制度」、または「西洋の庭園」のいずれか1問が出題されるケースが定番化してきている。
特に「西洋の庭園」は、2、3年に一度ぐらいの頻度で出題されている。

重要 ポイント講義

1 庭園の発祥

外国の庭園の発祥地は、他の文化と同じくエジプトのナイル川流域やメソポタミア地方とされている。なかでも特徴的なのは、メソポタミアの古代庭園であるバビロンの架空庭園（ハンギングガーデン）、ローマ時代のアトリウム（前庭）やペリステュリウム（中央庭）などを有するポンペイの住宅庭園がある。

2 中世の庭園

中世になると、果樹園、薬草園などを主体とした修道院の庭園がみられ、その後に装飾園としての要素が強まり、回廊式中庭が造られるようになった。この時代の特徴的な庭園様式には、中近東のイスラム庭園、スペイン–サラセン式庭園、インド–サラセン式庭園があげられる。

このうち、スペイン–サラセン式庭園は、パティオと呼ばれる中庭式に特徴があり、高温乾燥の気候に対処した形態となっている。矩形の中庭には、池、噴水、カナールを配置し、色彩と模様に満ちたタイルによるペーブメント（舗装）や花壇も独特である。周囲に、サイプレス（イトスギ）のような常緑樹を植えている。代表的な庭園に、グラナダのアルハンブラ宮殿、フェネラリーフェ離宮、セビリアのアルカサルがある。

3 イタリア–ルネッサンスの庭園

中世イタリアでは、富裕階級がフィレンツェやローマの近郊地帯にヴィラ（別荘）を築造し、特徴的な庭園が発達した。ヴィラは一般的に丘陵地に造られたため、庭園は傾斜地を利用した階段状となり、そこからテラス式（露壇式）庭園と呼ばれるようになった。通常は最上段に建築物が設けられ、ここからの眺望がデ

ザインの基本となって軸線が構成され、これに直交する園路によって庭園はシンメトリカルに分割された。特に、噴水、カスケードなどの動きのある水が特徴的である。代表的な庭園には、ローマ地方にあるエステ荘、ランテ荘、ファルネーゼ荘、トスカーナ地方にあるカステロ荘、ボボリ園がある。

4 ● フランス－バロックの庭園

　フランス式庭園（フランス平面幾何学式庭園）は、フランスの風土である平坦な地形が特徴づけた様式である。建築物から直線に伸びる主軸と、それに交わる副軸によってシンメトリカルな区画割りがなされ、花壇、刈込みによって複雑な図案模様が独特な庭園を造り出している。また、人工的なビスタ（通景）では、並木やカナールが軸線をいっそう強調させる役割となっている。代表的な庭園としては、リュクサンブール、フォンテンブロー、サンジェルマンアンレー、サン・クルーがあげられる。

　フランス式庭園様式を確立したのは、ヴォー・ル・ヴィコントや、ベルサイユ宮殿の庭園を造営したアンドレ・ル・ノートルである。

5 ● イギリス風景式庭園

　ルネッサンス庭園からフランス式庭園まで、人工的な庭園様式が主流であったが、イギリスでは当時の田園趣味の文学や風景画などに刺激された風景式庭園様式が出現した。イギリスの風土にマッチしたこの様式を発展させたのはブリッジマンで、ハハアという技法を考え出した。これは、庭園とその背景の間に設けられた堀割のことで、庭園のなかに広大な原野や森林を背景としてもちこむことができた。

　フランスでは田園趣味が好まれ、プチ・トリアノン宮苑には水車や納屋などが配された。また、この様式はドイツに伝わってムスカウの庭園のような、ドイツ風景式庭園などに広がりをみせた。

6 ● 近代造園

　風景式庭園が広まるとともに、風景式と整形式のそれぞれの庭園様式を取り入れた庭園も多く造られた。また、特権階級の庭から公共的な庭園、つまり公園が造られるようになったのは近代造園の大きな特徴である。

　"park"の語源が王室所有の狩猟苑からきており、ロンドンのハイドパーク、セントジェームスパーク、リージェントパークなどが代表的なものである。

また、アメリカにおいては、世界の都市公園の先駆けとなるニューヨークのセントラルパークが、オルムステッドらの設計により、巨大都市の中心に自然的風景を現すことになった。

標準問題で実力アップ!!!

問題1 西洋庭園に関する「様式」と「技法」及びその技法の「解説」の組合せとして、**適当なもの**はどれか。

	(様式)	(技法)	(解説)
(1)	イタリア露壇式庭園	……ビスタ……	建物に囲まれた中庭型空間につくられる、噴水等の水、花、タイルの模様舗装を基本要素とする手法
(2)	フランス平面幾何学式庭園	……パティオ……	自然の斜面を利用した、整形的・建築的な階段状あるいは斜面状の滝や流れを設ける手法
(3)	スペイン-サラセン式庭園	……カスケード……	ある視点から視線が誘導されるように、一定方向に軸線をもった、風景及びその構成手法
(4)	イギリス風景式庭園	……ハハア……	庭園と外部との境界部を、掘割等を用いることによって、視覚的に連続したまま区切る手法

解説 (1) 技法のビスタは、奥行きのある見通しの景観を意味する用語で、フランス平面幾何学式庭園に取り入れられている。選択肢の解説は、**パティオ**であるので誤り。

(2) パティオはスペイン-サラセン式庭園に取り入れられている技法である。選択肢の解説は、**イタリア露壇式庭園**であるので誤り。

(3) カスケードは、イタリア露壇式庭園の階段式の滝がある水路である。選択肢の解説は、**ビスタ**であるので誤り。 【解答 (4)】

問題2 西洋庭園に関する「様式」、「技法」、「主な庭園」の組合せとして、**適当でないもの**はどれか。

	(様式)	(技法)	(主な庭園)
(1)	スペイン-サラセン式庭園	……パティオ……	アルハンブラ宮殿
(2)	イタリア露壇式庭園	……カスケード……	エステ荘
(3)	フランス平面幾何学式庭園	……ビスタ……	ベルサイユ宮殿
(4)	イギリス風景式庭園	……カナール……	ボボリ園

解説 (4) ボボリ園はイタリア-ルネッサンスの庭園である。 【解答 (4)】

2章 造園材料

1. 樹 木 と 植 生

出題傾向 樹木に関する出題は毎年1～2問出題されており、花の色や開花期、葉の形状、樹木の性質などとなっている。また、「4章1.剪定」にも関連するが、花芽分化の時期についてもほぼ毎年1問が出題される傾向にある。植生に関する出題もまれに見受けられる。

重要 ポイント講義

1 造園で用いられる樹木

樹 形

樹木は、地下部の根系によって支持された地上部の主幹から樹幹が形成され、そこから枝葉が茂り樹冠を構成する。この樹幹と樹冠で形づくられたものが樹形である。

◢ 造園で用いられる樹種 ◣

常緑針葉樹	アカマツ、アスナロ、イチイ、イヌマキ、カイズカイブキ、スギ、サワラなど
落葉針葉樹	カラマツ、メタセコイア、ラクウショウなど
常緑広葉樹	アラカシ、イヌツゲ、ウバメガシ、キョウチクトウ、キンモクセイ、クスノキ、クチナシ、サザンカ、サンゴジュ、シラカシ、スダジイ、ベニカナメモチ、ヒイラギ、ヒサカキ、マサキ、モッコク、ヤブツバキ、ヤマモモなど
落葉広葉樹	アオギリ、アキニレ、イチョウ、エゴノキ、エンジュ、カツラ、ケヤキ、サルスベリ、シダレヤナギ、シラカンバ、スズカケノキ、ソメイヨシノ、トウカエデ、トチノキ、ニセアカシア、ハナミズキ、ハルニレ、ユリノキなど

2 造園樹木の特性

陽樹と陰樹

日光が十分に当たることで生育する樹種を陽樹、陽が十分でなくても生育する樹種を陰樹という。

陽樹と陰樹

陽 樹	アオギリ、アカマツ、イチョウ、ウメ、カラマツ、キョウチクトウ、クロマツ、ケヤキ、サルスベリ、シダレヤナギ、シラカンバ、シャリンバイ、スズカケノキ（プラタナス）、タイサンボク、トベラ、ニセアカシア、ハイビャクシン、ヒマラヤスギ、マテバシイ、ムクゲ、メタセコイア、ユリノキなど
陰 樹	アオキ、アスナロ、イチイ、イヌツゲ、イヌマキ、カクレミノ、カヤ、クチナシ、コウヤマキ、サカキ、サンゴジュ、シラカシ、センリョウ、ツゲ、ツバキ、ネズミモチ、ヒイラギナンテン、マンリョウ、モッコク、ヤツデなど

湿地に耐える樹種、乾燥に耐える樹種

	常緑樹	落葉樹
湿地に耐える樹種	アオキ、アスナロ、イヌマキ、サワラ、サンゴジュ、スギ、タイサンボク、ヤツデなど	アジサイ、アキニレ、エノキ、カツラ、シダレヤナギ、トチノキ、トネリコ、ハンノキ、ミズキ、メタセコイア、ラクウショウなど
乾燥に耐える樹種	アカマツ、カイズカイブキ、クロマツ、コウヤマキ、ソテツ、ツバキ、トベラ、ヒイラギ、マサキなど	カラマツ、スズカケノキ、ニセアカシアなど

火災が直接枝葉に接しなければ発火しないものを防火力に優れている樹種（防火樹）、火炎によって焼かれても再び萌芽するものを耐火力に優れている樹種（耐火樹）という。

防火力、耐火力のある樹種

防火樹	アオキ、アカガシ、イチョウ、イヌマキ、カシワ、クロガネモチ、サカキ、サザンカ、サンゴジュ、シイノキ、シキミ、シラカシ、タブノキ、ナナカマド、ネズミモチ、ヒイラギ、マサキ、モチノキ、モッコク、ヤツデ、ヤマモモ
耐火樹	アオギリ、アベマキ、カシワ、カラタチ、シイノキ、シダレヤナギ、シラカシ、ジンチョウゲ、マサキ、マンサク

潮風、塩水への抵抗性（耐潮性）

	常緑樹	落葉樹
耐潮性が強い樹種	アオキ、イヌマキ、ウバメガシ、カイズカイブキ、キョウチクトウ、クロマツ、サンゴジュ、シャリンバイ、ソテツ、タイサンボク、トベラ、ハイビャクシン、マサキ、マテバシイ、ネズミモチ、ヤブツバキ、ヤマモモ、モッコクなど	アオギリ、エノキ、カシワ、シダレヤナギ、ネムノキ、ハコネウツギなど
耐潮性が弱い樹種	アカマツ、サワラ、スギ、ヒマラヤスギなど	イロハモミジ、カツラ、カラマツ、コナラ、コブシ、サルスベリ、ソメイヨシノ、ドウダンツツジ、ヤマブキなど

煙害に対する抵抗力が、大気汚染への抵抗力と類似しているといわれている。

大気汚染に強い樹種、弱い樹種

	常緑樹	落葉樹
大気汚染に強い樹種	アオキ、アベリア、ウバメガシ、カイズカイブキ、キョウチクトウ、クチナシ、サンゴジュ、サザンカ、ジンチョウゲ、ソテツ、タイサンボク、ネズミモチ、モッコク、ヤブツバキなど	アオギリ、イチョウ、ザクロ、スズカケノキ、トウカエデ、ニセアカシアなど
大気汚染に弱い樹種	アカマツ、サワラ、シラカシ、スギ、ヒイラギナンテン、ヒマラヤスギなど	イロハモミジ、ウメ、エノキ、ケヤキ、ソメイヨシノ、ドウダンツツジ、モクレン、ユキヤナギなど

3 ● 造園樹木の特徴

　樹木は葉によって大別され、葉色や樹幹、花色、果実色などの美しさや、芳香などに特性がある。葉は、針葉樹、広葉樹、特殊樹木、タケ（竹）・ササ（笹）類のように形態により大別されるほか、常緑樹、落葉樹のように葉の着生の違いで区別している。

葉色が美しい樹種

新　緑	カエデ、カラマツ、トウヒ、ヤナギ、マサキなど
新緑期の紅葉	ベニカナメモチ、アカシデ、カエデ、オオバベニガシワ、クスなど
紅　葉	イロハモミジ、ドウダンツツジ、ナナカマド、ナンキンハゼ、ナンテン、ニシキギ、ヤマボウシなど
黄　色	イチョウ、イタヤカエデ、カツラ、ケヤキ、ラクウショウ、ユリノキなど

樹幹色の美しい樹種

白　色	シラカンバ
緑　色	アオギリ、エンジュ
灰白斑	コブシ、スズカケノキなど
赤　色	アカマツ、カリン、サルスベリ、ナツツバキ、ハクウンボク、ヒメシャラ、リョウブなど

花色の美しい樹種

白色系	エゴノキ、コデマリ、コブシ、タイサンボク、ナツツバキ、ハクモクレン、ハナミズキ、ホオノキ、ユキヤナギなど
黄色系	エニシダ、キンシバイ、サンシュユ、ヒュウガミズキ、マンサク、ヤマブキ、レンギョウ、ロウバイなど
橙色系	キンモクセイ、ノウゼンカズラ、レンゲツツジなど
赤色系	カイドウ、キョウチクトウ、ザクロ、サザンカ、サルスベリ、ネムノキ、ハナミズキ、フヨウ、ボケ、モモなど
青紫色系	アジサイ、オオムラサキツツジ、キリ、センダン、ハナズオウ、フジ、ムラサキシキブ、ライラックなど
オレンジ系	キンモクセイ、ノウゼンカズラ、ヤマツツジ
ピンク系	カリン、カルミア、シモツケ、フヨウ

果実色の美しい樹種

紅　色	アオキ、イチイ、ウメモドキ、クチナシ、サンゴジュ、サンザシ、センリョウ、ナナカマド、ナンテン、ハナミズキ、ヒメリンゴなど
黄　色	カリン、ダイダイ、トベラ、ビワ、ユズなど
紫　色	アケビ、ブドウ、ムラサキシキブなど
黒　色	イヌツゲ、クスノキ、ネズミモチ、ヒサカキ、ヒイラギナンテンなど

芳香のある樹種

花の芳香	ウメ、キンモクセイ、クチナシ、コブシ、ジンチョウゲ、バラ、ライラック、ロウバイなど
果実の芳香	カリン、ボケ、ユズなど
葉の芳香	クスノキ、ゲッケイジュ、サンショウ、ニオイヒバなど

4 ● 樹木の性質

花芽の分化

　花木では、花芽の分化とその時期を把握することは、剪定のしかたなど管理を行ううえで重要である。

　花芽分化後は、花芽を残して剪定しないと花が咲かない。

主な花木の花芽分化

着花習性/種名	花芽分化期（月）	花芽の位置	開花期（月）
当年枝に花芽分化し、翌春に開花			
アジサイ	10 中〜11 下	頂芽、側芽	6 中〜7 中
アセビ	6 中〜9	頂芽	2 下〜4 中
ウツギ	7 中	上部側芽	5〜6
ウメ	8 上〜11 下	側芽	1 下〜3 下
エゴノキ	7〜8	頂芽	5〜6
エニシダ	10 上〜4 上	新梢の節	5 上〜5 下
エンジュ	9	頂芽	7〜8 中
キリシマツツジ	6 中〜9 中	頂芽	4 中〜5 上
クチナシ	7 中〜9 中	頂芽	6 中〜7 中
コデマリ	10 中	2 年枝以上の旧枝	5〜5 下
コブシ	7	頂芽	3
サクラ類	7 下〜11 下	中、短枝	3 中〜4 上
サツキツツジ	7 上	新梢の節	5 中〜6 中
ジンチョウゲ	7 中〜9 下	頂芽	3 中〜4 中
ドウダンツツジ	7 中〜8 下	頂芽	4 中〜5 中
トサミズキ	7 下	中短枝	3 中〜4 中
ハクモクレン	5 中	頂芽	3 中〜4 上
ハナミズキ	7 上	頂芽	4 下〜5 中
ヒメシャラ	8	側芽	6 中〜7 中
ユキヤナギ	9 下〜11 下	側芽	3 中〜3 下
ユリノキ	9 下〜10 上	側芽	6〜7
レンギョウ	6 中〜9 上	頂部の側芽	3 下〜4 上
当年枝に花芽分化し、当年の夏〜秋に開花			
アベリア（ハナゾノツクバネウツギ）	成長しながら分化	新梢の先端	5 中〜11
キョウチクトウ	ほぼ 1 年中	頂芽	5 下〜10
キンモクセイ	6 中〜9 上	側芽	10 上〜11 上
ザクロ	4 下〜6 上	短枝	6〜8 中
サザンカ	6 中〜7 中	頂芽	11 上〜1 中
サルスベリ	4 下〜7 中	頂芽	7 中〜10 上
シモツケ	4 下〜5	頂芽	6〜7
ハギ	7〜8 下	頂芽、側芽	8〜10 月
ハクチョウゲ	3 下	頂芽	5 下〜7 上
バラ（四季咲き）	4〜10	頂芽	5〜12
ビョウヤナギ	4〜10	頂芽	6〜7
フヨウ	6〜7	頂芽、側芽	7〜10
ムクゲ	4 下〜5 下	頂芽	6 下〜10
前年枝に着花			
ネムノキ	5〜6	側芽	6〜9
ヤマブキ	7 上	側芽	4 上〜4 中

Point!! >>> 出題頻度が高いパターンとしては、

① 当年枝に花芽分化し翌春に開花

② 当年枝に花芽分化し当年に開花

③ 前年枝に着花

のような設問となっている。このような花芽分化は「剪定」と関連があるので、しっかり覚えておく必要がある。

表中の花芽分化期（月）までは出題されたことはないが、剪定適期と組み合わされたり、または花芽の位置といった出題がある。

また、開花期も時折、出題されていたので要注意である。

5 ● 造園樹木の代表的な用途

街路樹は、街路という限定された空間に生育させるため、剪定ができる性質であることが条件となる。また、大気汚染や病虫害に強く、生育が容易であることが求められる。

生垣は、刈込みができ、下枝が枯れない種が適しており、葉が美しいものが好まれる。

また、実をつける種は、鳥類の餌としての役割があり、このような樹種を食餌木という。

街路樹、生垣、食餌木に適する樹種

街路樹に適する樹種	アオギリ、イチョウ、エンジュ、クスノキ、ケヤキ、シダレヤナギ、スズカケノキ、トウカエデ、トチノキ、ニセアカシア、マテバシイ、ユリノキなど
生垣に適する樹種	イヌツゲ、カナメモチ、サザンカ、サワラ、サンゴジュ、シラカシ、ドウダンツツジ、チャノキ、ネズミモチ、ヒサカキ、ヒノキ、マサキ、ヤブツバキなど
食餌木として適する樹種	アオキ、イチイ、クロガネモチ、サンゴジュ、ナンテン、ナワシログミ、ヒサカキ、ピラカンサ、ムクノキなど

昆虫にとって幼虫期の食草となる植物

代表的な植物	食草とする蝶の種類
エノキ	オオムラサキ
サンショウ	クロアゲハ、ナミアゲハなど
クスノキ	アオスジアゲハ

1. 樹木と植生　　**27**

6 ● 植 生

　植栽を計画するうえで、周辺地域の植生を理解しておくことが必要である。特に重要な植生に関する用語を整理しておく。

植生に関する用語

用　語	意　味
自然植生	人間の影響を全く受けず、自然のままに生育する植生
原植生	人間が影響を及ぼす以前の自然植生
極　相	遷移の終局段階にみられる、その土地の環境条件で永続的に種組成や構造が安定した植生状態
代償植生	各地域の自然植生が人の手によって置き換えられてできた植生
潜在自然植生	ある土地の代償植生に対するいっさいの人間の影響がなくなったときに成立する自然植生
遷　移	環境と植生の相互関係による植生の移り変わり。一般に、裸地→一年生草本→多年生草本→陽樹林→陰樹林の順に遷移する
一次遷移	裸地の状態から人間の影響を受けないで自然のままで形成される遷移
二次遷移	伐採などの人間の影響を受けたり、風倒などにより失われた森林から形成される遷移。すでに土壌が形成され、土壌内にも植物の種子や根が存在する
先駆植物	植物の生えていない新しい土地（＝裸地）などではじめに侵入して繁殖する植物。貧栄養に耐える陽性の種が多い
二次林	伐採や火入れなどによって破壊された自然林の後に、二次的に生育している林。薪炭林のように活用されてきた

標準問題で実力アップ!!!

問題1　造園樹木に関する記述のうち、**適当でないもの**はどれか。
（1）サンゴジュ、ナナカマド、ハナミズキは赤色系の実をつける。
（2）コブシ、ヒュウガミズキ、ロウバイは白色系の花が咲く。
（3）サンシュユ、ヤマブキ、レンギョウは黄色系の花が咲く。
（4）イタヤカエデ、カツラ、ユリノキは秋に黄葉する。

解説　（2）コブシは白色系であるが、ヒュウガミズキは淡い黄色、ロウバイも淡い黄色である。　　　　　　　　　　　　　　　　　　　　　　　　　　　【解答（2）】

Point!!　花の色や紅（黄）葉、実の色といった特徴に関する問題は頻出！

問題2 造園樹木の花の色に関する記述のうち、**適当なもの**はどれか。
(1) カリン、ネムノキ、レンギョウは赤色系の花が咲く。
(2) エゴノキ、ナツツバキ、ユキヤナギは白色系の花が咲く。
(3) サンシュユ、シモツケ、ロウバイは黄色系の花が咲く。
(4) ライラック、ハナズオウ、ホオノキは紫色系の花が咲く。

解説 (1) カリンはピンク系、ネムノキは赤色系、レンギョウは黄色系。
(2) エゴノキ、ナツツバキ、ユキヤナギは、それぞれ白色系の花が咲くので正しい。
(3) サンシュユ、ロウバイは黄色系であるが、シモツケはピンク系。
(4) ライラック、ハナズオウは紫色系。ホオノキは白色系。　　　　　　【解答 (2)】

問題3 造園樹木の開花期について、1月から12月までの1年間で、開花する順に並べた組合せとして、**適当なもの**はどれか。
(1) コブシ ――――→ キョウチクトウ ――――→ ハナミズキ
(2) サンシュユ ――――→ トチノキ ――――――→ サルスベリ
(3) ノウゼンカズラ ―― レンギョウ ――――→ アジサイ
(4) エゴノキ ――――→ ロウバイ ――――――→ ジンチョウゲ

解説 (1) コブシ：3〜4月 → ハナミズキ：4月下旬〜5月中旬 → キョウチクトウ：5月下旬〜10月
(2) サンシュユ：3〜4月 → トチノキ：5〜6月 → サルスベリ：7月中旬〜10月上旬
(3) レンギョウ：3〜4月 → アジサイ：5〜7月 → ノウゼンカズラ：7〜8月
(4) ロウバイ：1〜2月 → ジンチョウゲ：3月中旬〜4月中旬 → エゴノキ：5月中旬〜6月中旬　　　　　　【解答 (2)】

Point!! 種類と開花時期がすべてわからなかったとしても、波線の樹種のように特徴的な樹種での食い違いに気づけば正解が得られるのであわてずに選択肢を確認しよう！

問題4　当年枝に花芽分化し、年内に開花する花木の組合せとして、**適当なもの**はどれか。

(1) キンモクセイ、ムクゲ
(2) ウメ、サザンカ
(3) サツキ、サルスベリ
(4) ジンチョウゲ、レンギョウ

解説　当年枝に花芽分化し年内に開花する花木は、キンモクセイ、ムクゲである。サザンカ、サルスベリも当年枝に花芽分化し年内に開花する。本書 26 ページの表にあるように、**ウメ、サツキツツジ、ジンチョウゲ、レンギョウ**は、当年枝に花芽分化し翌春に開花する。　　　　　　　　　　　　　　　　　　　　　　　　　　【解答（1）】

問題5　造園樹木の性質に関する記述のうち、**適当でないもの**はどれか。

(1) アカマツ、スギ、ニシキギは大気汚染に対する耐性に優れている。
(2) イチョウ、サンゴジュ、モチノキは防火力に優れている。
(3) イチイ、ナワシログミ、ムクノキの実は野鳥の誘引性に優れている。
(4) ウバメガシ、マサキ、マテバシイは耐潮性に優れている。

解説　(1) 耐煙性（弱）のアカマツとスギ、耐煙性（中）のニシキギは大気汚染に対する耐性は弱い樹種といえる。　　　　　　　　　　　　　　　　　　　　　【解答（1）】

問題6　植生に関する記述のうち、**適当でないもの**はどれか。

(1) 二次遷移とは、火山の溶岩流の上など、生育基盤となる土壌が形成されていない場所に始まる遷移をいう。
(2) わが国の植生は、一般に、裸地→一年生草本→多年生草本→陽樹林→陰樹林の順に遷移する。
(3) 潜在自然植生とは、ある土地の植生に対する人為的干渉がすべて停止されたとき、その土地の環境条件が支えうると推定される自然植生をいう。
(4) 極相とは、遷移の終局段階に見られるその土地の環境条件下で永続的に種組成や構造の安定した植生状態をいう。

解説　(1) 二次遷移は土壌が形成されている状態からの遷移である。説明文は一次遷移の内容。　　　　　　　　　　　　　　　　　　　　　　　　　　　　　【解答（1）】

2. 草 花

出題傾向 草花に関する出題は、1問が出題される年が多い。花壇植物の植付時期や特徴に関する設問となっている。

重要ポイント講義

1 園地に使われる草花

　草花は花壇や自然風の配植など、さまざまな形態で園地を彩る。しかし草花を長期間にわたって見映えを良くするためには、手入れの方法をあらかじめ計画しておく必要がある。

🌿 代表的な草花 🌿

秋播き一年草の代表種
カスミソウ、カリフォルニアポピー、キンギョソウ、キンセンカ、スイートアリッサム、スイートピー、ストック、ナデシコ、ハボタン、パンジー、ヒナギク（デージー）、ヒナゲシ、フロックス、ヤグルマソウ、ルピナス、ロベリア、ワスレナグサ
春播き一年草の代表種
アサガオ、アゲラータム、インパチェンス、オシロイバナ、オジギソウ、ケイトウ、コスモス、サルビア、ジニア、タチアオイ、ナスタチウム、ニチニチソウ、ヒマワリ、ペチュニア、ホウセンカ、マツバボタン、マリーゴールド
宿根草の代表種
アガパンサス、アサギリソウ、アスチルベ、アルメリア、オオキンケイギク、オダマキ、カンパニュラ、ガーベラ、キク、キキョウ、キショウブ、ギボウシ、シバザクラ、シモツケソウ、シャクヤク、シャスターデージー、ジャーマンアイリス、シュウカイドウ、シラン、シロタエギク、スズラン、ナデシコ、ハナショウブ、バーベナ、フクジュソウ、プリムラポリアンサ、フヨウ、ヘメロカリス、ホトトギス、マーガレット、マツバギク、シバザクラ（モスフロックス）、ルドベキア
球根の代表種
アネモネ、アマリリス、カラー、カンナ、グラジオラス、クロッカス、シラー、スイセン、ダリア、チューリップ、ハナニラ、ヒヤシンス、ヒガンバナ、フリージア、ムスカリ、ユリ、ラナンキュラス、リコリス
池と水辺の草花代表種
アシ（ヨシ）、オモダカ、カキツバタ、ガマ、カヤツリグサ、スイレン、トクサ、ハス、ハナショウブ、フトイ、ホテイアオイ

問題1 花壇に用いられる植物に関する組合せとして、**適当なもの**はどれか。

(1) 春播き一年草 …… インパチェンス、ジニア、ニチニチソウ
(2) 秋播き一年草 …… アルメリア、ケイトウ、デージー
(3) 宿根草 ………… キキョウ、マツバギク、ワスレナグサ
(4) 球根草花 ……… キンギョソウ、ダリア、ムスカリ

解説 (1) 3種とも、春播き一年草であるので正しい。

(2) **アルメリアは宿根草、ケイトウは春播き一年草**、デージーは秋播き一年草。

(3) キキョウ、マツバギクは宿根草であるが、**ワスレナグサは秋播き一年草**。

(4) ダリア、ムスカリは球根植物であるが、**キンギョソウは秋播き一年草**。

【解答 (1)】

問題2 花壇に用いられる植物に関する組合せとして、**適当なもの**はどれか。

(1) 宿根草 ………… ギボウシ、ケイトウ、クロッカス
(2) 球根類 ………… ヒヤシンス、ハナショウブ、ストック
(3) 春播き一年草 …… サルビア、マリーゴールド、ニチニチソウ
(4) 秋播き一年草 …… パンジー、スズラン、マツバボタン

解説 (1) 宿根草はギボウシのみ。**ケイトウは春播き一年草、クロッカスは球根**。

(2) 球根類はヒヤシンスのみ。**ハナショウブは宿根草、ストックは秋播き一年草**。

(3) 3種とも春播き一年草であるので、適当である。

(4) 秋播き一年草はパンジーのみ。**スズランは宿根草、マツバボタンは春播き一年草**。

【解答 (3)】

3. 芝、その他の地被植物など

出題傾向 芝草に関する出題は隔年程度の頻度で出題されるほか、その他の地被植物や壁面緑化植物などがまれに出題されている。

重要 ポイント講義

1 ● 芝 草

イネ科に属するシバ（芝）は、夏型芝と冬型芝に大別できる。

■ 夏型芝と冬型芝 ■

夏型芝	夏緑で、冬は地上部が枯れる芝暖地型、南方型
冬型芝	常緑芝寒地型、北方型

また、もともとわが国に生育していた種を日本芝、明治時代以降に牧草・芝生材料として欧米から導入した西洋芝に区分することもできる。

■ 日本芝と西洋芝の特徴 ■

比較項目	日本芝	西洋芝
芝生造成	1種類で芝生をつくることが多い	数種を混合して芝生をつくることが多い
夏型・冬型	夏型芝で、高温期に生育旺盛。冬期は休眠	主として北方型で冬型が多い。冷涼な気候でも生育が良好
葉 質	葉質は硬い。春〜秋は緑で、冬は枯れて灰黄色	葉質は柔軟。緑の色も濃く鮮やか。冬も緑を保つ種も多い
草 丈	ほふく型。草丈が低く、刈込頻度が比較的少なめ	一部はほふく型だが、株立型が多い。草丈は高く、刈込み要す
繁殖形態	種子繁殖が可能な種もあるが、栄養繁殖されることが多い	種子繁殖が容易であり、芝生造成の経費、労力が比較的少ない
灌 水	かんばつに強い。そのため、完成した芝生では灌水もあまりしない	乾燥時には適宜、灌水を必要とする
生育土壌	酸性、アルカリ性土壌に耐える力が強い。土壌の適応力が強く、やせ地でも芝生がつくれる	酸性地には不向きな種が多い。また、肥料を多く要する
踏 圧	踏圧に耐える力が大きい	踏圧は日本芝に劣るものが多い
病虫害	致命的な病虫害が少ない	夏の高温多湿期に、病気による大害を受けやすい
環境適応性	日かげ地に耐えにくく、1日数時間の日照を必要とする。大気汚染に強い。また、潮風や波しぶきなどの塩分にも耐える	日かげに耐える種を含んでいる

日本芝の代表的な種類と特性

日本芝の種類	主な用途
ノシバ	きわめて丈夫な芝であるので、グラウンドや自由広場、ゴルフ場、河川堤防や道路法面などに利用
コウライシバ	庭園、公園、ゴルフ場などに広く利用
ビロードシバ	小庭園や、時に盆栽用とされるなど観賞用に利用

■ ノシバ

わが国在来の芝で、日本全土に広く自生している。日本芝のなかでは耐寒性、耐暑性、耐乾性などの環境適応性が最も優れた種。養分要求度も比較的低い。ほふく型で、苗で繁殖するが、最近では種子繁殖も行われる。

成長は遅いが半日かげでも育ち、踏圧にも強く、病虫害の心配もない。

■ コウライシバ

造園材料としてわが国では最も普及している種。九州南部以南に自生、寒地を除いた本州以南で栽培されている。ノシバとビロードシバの中間のもの。

葉幅の狭い小型の品種ほど耐寒性は弱くなり、環境適応性はノシバにやや劣るものの、成長力はノシバよりも優れる。低刈りを行うと耐病性が落ちる。

■ ビロードシバ

日本芝のなかでは最も小型な種で、細葉がきわめて密に発生する。沖縄や五島列島などに自生し、温暖な海岸地方でよく栽培される。ランナーの伸びが遅く、耐寒性は他の日本芝に比べて劣り、踏圧にも弱い。ほふく型で苗繁殖する。

西洋芝の代表的な種類と特性

西洋芝の種類	主な用途
バーミューダグラス類	グラウンドや校庭などの踏圧頻度の高い芝生地での利用が盛ん
ベントグラス類	ゴルフ場のグリーンや公園の一部
ブルーグラス類	公園や運動場、法面緑化など
フェスキュー類	法面緑化や海岸埋立地などの環境条件の悪いところでもよく生育する。その他、公園、グラウンド、ゴルフ場、サッカー場など
ライグラス類	ペレニアル種は法面緑化など、イタリアン種はゴルフ場など

■ バーミューダグラス類

西洋芝でも夏型の代表種で、コモン種、アフリカ種、改良種の3つに細分され、なかでも改良種にいくつかの系統がある。温暖地向きであり、耐乾性に強

く、砂地にもよく育つ。成長力がきわめて旺盛で、踏圧にもよく耐える。

改良バーミューダグラスのなかでも造園分野ではティフトンシバが多く利用されている。この種は、環境適応性に優れ、芝草のなかでは抜群の成長力で、踏圧に強く、回復力が早い。ほふく型で苗繁殖。耐寒性はコウライシバよりもやや劣る。

▊ ベントグラス類

イギリスなどの冷涼な地方の代表的な芝草で、常緑であり、感触も柔らか、緻密な芝草である。浅根性であり、水分要求量が大きいため夏枯れしやすく、暖地では集中的な管理が必要とされる。ベントグラス類は、株立性のコロニアル種と、ほふく性のクリーピング種に大別され、一般にほふく性のほうが回復力が早い。かなりの低刈りにも耐える。

▊ ブルーグラス類

造園材料として北海道から本州でも生育する。日かげでも育ち、独特の葉の光沢がある。常緑、株立型で種子繁殖の芝。あらゆる土壌で生育できるが、アルカリ性を好む。ブルーグラス類の代表種にはケンタッキー種とカナダ種がある。

▊ フェスキュー類

環境適応性の優れた種で、気温、病気、土質、土壌水分などの要求が少ないものの、粗い株立性のため他の芝草との混播が必要とされる。他の優良な芝草の弱い点を補って芝生を維持するのに使われる。常緑で、種子繁殖。

▊ ライグラス類

西洋芝のなかでも低温でよく生育する。ライグラス類には、ペレニアル種とイタリアン種の2つの品種がある。ペレニアル種は短年草（2〜3年）で、耐寒性に優れ、種子繁殖により短期間で芝生が造成できる。イタリアン種は、越年草（1〜2年）で、越年した翌夏には消失してしまうという特異な性質をもち、芝生を構成する基本となる種が完全に生育するまでのつなぎ役や、夏芝の枯れる冬期間を緑に保つ役割を受けもつオーバーシーディングに利用される。

地被植物の環境適応性はさまざまであるが、なかでも植栽地の日照による違いが種によって異なる。

代表的な地被植物の性質

	日なたを好む	日かげにも耐える
常緑低木	アベリア、オカメナンテン、クサツゲ、コトネアスター、ビョウヤナギなど	コクチナシ、セイヨウイワナンテン、ハクチョウゲなど
多年草	アガパンサス、サギゴケ、シバザクラ、宿根バーベナ、シラン、セダム、タマスダレ、ハナニラ、ムラサキカタバミなど	イカリソウ、エビネ、ギボウシ、シュウカイドウ、シュンラン、ヒマラヤユキノシタなど

標準問題で実力アップ!!!

問題1 　芝草に関する記述のうち、**適当なもの**はどれか。
（1）イタリアンライグラスは、生育型はほふく型で、草丈は低いが回復力が高いため、踏圧頻度の高い校庭などに用いられる。
（2）コウライシバは、生育型は株立型で、小型で密に生育するが踏圧に弱いため、観賞用として庭園などに用いられる。
（3）トールフェスキューは、生育型は株立型で、土質や土壌水分の条件が悪いところでも生育するため、法面の保護などに用いられる。
（4）改良バーミューダグラス（ティフトン）は、生育型はほふく型で、夏芝が枯れる冬の間だけ緑を保つ役割を受け持つオーバーシーディングなどに用いられる。

解説　（1）**イタリアンライグラスは株立型**で種子繁殖する種である。夏芝の枯れる冬期間を緑に保つオーバーシーディングに用いられる。
　（2）**コウライシバはほふく型**で、公園やゴルフ場にも用いられる。踏圧に弱く観賞用となるのはビロードシバの特徴である。
　（3）極めて環境適応のすぐれた芝草である**トールフェスキュー**の記述として適当なものである。
　（4）**ティフトンはほふく型**で、グラウンドや校庭などの**踏圧頻度の高い芝生**として利用されるが、冬のオーバーシーディングには用いない。　【解答（3）】

4. 石材、れんが、木材など

出題傾向 岩石の特徴や石材の基本的な性質は、毎年1問が出題されている。このほか、木材や竹材、れんがやビニールパイプなどの造園材料に関する設問もほぼ1問出題されている。

重要 ポイント講義

1・石材

　岩石を成因によって分類すると、火成岩、堆積岩、変成岩の3つに大別することができる。

火成岩

　マグマ（岩漿）が冷却・凝固したもので、地球の深部で凝固した深成岩、地表に流出した後に凝固した火山岩、その中間の半深成岩に分けられる。一般的に火成岩は硬質。耐久力に富み、風化や凍害は少ない。

花崗岩

　圧縮強さ、耐久性ともに大きく、石質は堅硬緻密であるのでみがくと美しい光沢となる。大きな材が得やすいものの、耐火性はきわめて弱い。造園材料として最も利用されやすい岩石で、角石、板石、間知石など多くの用途に適する。

安山岩

　暗灰色、またはこれに青み、赤み、褐色などを帯びており、みがいても光沢の出るものは少ない。石質は堅硬で、耐久性、耐火性がきわめて大きい。圧縮強度も大きいので、花崗岩とともに造園材料として多く用いられる。

　安山岩のうち鉄平石は、自然の割れ目（節理）を利用した板石である。

堆積岩

地表にできた岩石の風化や、火山灰などの火山噴出物などによる成分が、地表または水中に沈殿・堆積してできた岩石で、その過程から層状をなす特徴がある。

凝灰岩

　火山灰や細砂が堆積してできたものである。採石や加工は容易であるが、吸水率が大きく風化しやすい。耐久性、強度は大きくはないが、耐火性には富む。代表的な石材に、大谷石がある。

■ 変成岩

火成岩や堆積岩が、地殻の圧力や熱を受けて、物理的・化学的に変質したものをいう。

▶ 大理石

石灰岩が熱変成作用を受けて生成された岩石である。みがくと美しい光沢を生じるのが特徴で、石質は緻密、堅硬である。耐火性、耐酸性は小さく、風化しやすいために、内装材などに用いられる。

代表的な岩石の特性

種 類	石材名	吸水性	圧縮強度	耐久性	耐火性
花崗岩	稲田御影、筑波御影、本御影、万成石	小	大	大	小
石英粗面岩	抗火石	大	小	小	大
安山岩	白丁場石、本小松石、新小松石	小	大	大	大
凝灰岩	大谷石、沢田石	中	中	小	中
砂 岩	立棒石	中	中	中	大
大理石	あられ、寒水石	小	大	中	小

2 • れ ん が

れんがは、園路の舗装材や花壇の縁取り、野外炉、塀や壁などの仕上材などに幅広く用いられるものである。大別すると、普通れんが、焼過ぎれんが、耐火れんが、穴あきれんがに分けられる。

■ 普通れんが

形状は、標準形 210×100×60 mm に規定されている。品質は、形状の良否、焼成の程度、吸水率、圧縮の強さなどによって分類され、等級が決められている。

■ 焼過ぎれんが

高い焼成温度によって、普通れんがよりも大きな強度、少ない吸水率という特徴をもたせたものが焼過ぎれんがである。赤褐色、紫褐色を呈しており、化粧仕上材や舗道などに使用されている。

■ 耐火れんが

耐火度の大きな原料となる粘土を用いた耐火度のきわめて高いれんがである。原料の違いにより、粘土質系や珪石系などがある。窯炉、塵芥焼却炉などの裏積みなどに用いられる。寸法は 230×114×65 mm が一般的となっている。

穴あきれんが

材質は普通れんがと同じであるが、穴あき、中空であるため軽量で、断熱、防音、耐震などに有利である。

3 ● 木　材

木材は、建築用をはじめ造園材料としても広く用いられている。長所としては、軽量で加工が容易であること、温度による収縮・膨張が比較的小さく衝撃や振動をよく吸収すること、などがあげられる。

反面、耐火性や耐腐食性が小さく、材質や強度が均一でないこと、含水率の変化にともなう膨張・収縮がみられるなどの短所がある。

木材の構造

木材として使用されるのは樹幹部分が多いが、この部分には春から夏にかけてできた部位と、夏から秋にかけてできた部位に違いがみられ、それが年輪を構成している。

一般的に、樹幹の中央部分である髄の周りは濃色で、心材または赤身と呼ばれる。周辺部分は淡色で、辺材または白太と呼ばれる。心材のほうが辺材よりも利用価値が高いとされている。

🌿 材質の特徴 🌿

区　分	特　徴
春材、早材	春から夏にかけてできた木質部で、細胞が大きくて粗く、比重も軽くて柔らかい
秋材、晩材	夏から秋にかけてできた木質部で緻密。木細胞の分裂が抑えられるため、細胞が小さくて密度が高いので、材質は硬い

膨張・収縮

含水率の変化によって木材は体積の変化を生じ、ひずみや割れを発生させる原因となる。含水率が低下すると収縮、反対に含水率が増加すると膨張する作用になるので、年輪の半径方向には変化が小さく、年輪の接線方向には大きな変化がみられる。このため、樹木の中心から樹皮側に放射状の割れを生じることになる。

強　さ

木材は、繊維に平行な圧縮力に強いなど、繊維と力の作用による特徴がある。

木材の強度

圧 縮	木材は、繊維に平行方向の縦圧縮力に対して強く、繊維に直角方向の横圧縮力に弱い
引張り	繊維に平行な引張強さはきわめて高く、一般的に圧縮力を上回るが、接合部分の加工、接合などが難しく、引張材に木材が使われることは少ない
曲げ強さ	木材は曲げ材として使用されることが多く、曲げ強さは圧縮強さとともに重要。木材の曲げ強さは、圧縮、引張り、せん断強さによって支配される
せん断	木材のせん断強さは一般的に小さく、繊維に平行方向の引張強さの10分の1程度である

■ 製　材

　複雑な細胞で構成されている木材には異なった繊維方向、放射方向、接線方向の、3つの方向性がある。年輪をイメージするとわかりやすい。このため、製材における鋸引き（のこぎり）の方向によって、木口、柾目、板目に区分される材料がとれる。

木材の製材区分

木口（こぐち）	幹の軸方向に直角
柾目（まさめ）	年輪の半径方向に切った面。年輪は平行線となって現れる。収縮が一様で不規則な変形をしない。収縮率も小さい
板目（いため）	年輪の接線方向。伸縮が不均一で、不規則な変形をする

4 ● 竹　材

　タケ（竹）は植栽だけでなく、造園資材としてもよく用いられている。特に、植栽時の支柱、日本庭園における生垣、芝の目串など、用途は広い。

竹材の性質

種　類	性　質	主な用途
マダケ	強靱で細割に適。肉薄	用材として主流をなし在庫も豊富。竹垣、支柱、芝串、雨どいなど
モウソウチク	もろく弾力性に乏しい。細割不適	竹垣、落とし掛け等建築仕上げ材など
ハチク	靱性に優れ、細割に適。肉薄	竹釘、化粧垂木等建築仕上げ材など
メダケ	強靱で肉薄	昔は壁木舞（かべこまい）として大量に使われたが、現在は竹垣、竹細工など

問題1 岩石の基本的性質に関する記述のうち、**適当でないもの**はどれか。

(1) 安山岩は火成岩であり、石質は軟質で加工しやすく、耐久性、耐火性が小さい。

(2) 玄武岩は火成岩であり、石質は緻密、堅硬で、耐久性、耐火性が大きい。

(3) 閃緑岩は火成岩であり、石質は堅硬であるが、耐火性が小さい。

(4) 大理石は変成岩であり、石質は緻密、堅硬であるが、耐火性、耐酸性が小さい。

解説 (1) 安山岩は堅硬で、耐久性、耐火性がきわめて大きい。

(2) 玄武岩、(3) 閃緑岩、(4) 大理石のそれぞれは、正しい記述なので覚えておこう。

【解答 (1)】

問題2 造園材料に関する記述のうち、**適当でないもの**はどれか。

(1) 木材の繊維に平行な方向の引張強度はせん断強度に比べて小さく、一般的にその値は、繊維に平行な方向のせん断強度の10分の1程度である。

(2) マダケは、モウソウチクに比べ強靭で耐久力に富み、垣用の竹として適している。

(3) コンクリートの引張強度は、圧縮強度に比べて小さく、一般的にその値は圧縮強度の10分の1程度である。

(4) 焼過ぎれんがは、普通れんがの焼成温度をさらに高くして赤褐色になるまで焼成したれんがで、普通れんがより強度が大きく、吸水率も小さい。

解説 (1) 木材は、繊維に平行な引張強度はきわめて高い。せん断強度は一般的に小さく、繊維に平行な方向の引張強度の10分の1程度である。 【解答 (1)】

5. 土 壌

重要ポイント講義

1 ● 土壌の性状

組 成

土壌の組成は、固相、液相、気相の3つに大別される。

土壌の三相

固 相	大きさや形の異なる鉱物粒子、分解段階の動物・植物の遺体などで構成される。このうち、砂と粘土の割合によって、土壌の保水性や透水性、通気性が大きく左右され、これを「土性」という
液 相	固体の粒子の空隙を満たしている「土壌水」と呼ばれる水分である
気 相	液相で満たされていない空隙に充満する気体で、窒素、酸素を主体とする。大気と比較すると、炭酸ガスの含有率が高い

土壌水とは、土壌に含まれる水分で、毛管水、重力水、吸湿水、結合水に区分される。

土壌水の種類

毛管水	毛管力により保持されている水分で、植物が利用できる主な水である
重力水	浸透水、停滞水、地下水を指す
吸湿水	土壌粒子の表面被膜水を指す。植物には利用されない
結合水	土壌粒子の内部結合水で、ほかの成分と化学的に結合していることから、植物には利用されない

植物が利用できる有効水分とは、大部分が毛管水であるが、これに重力水を加えた水分をいう。

土 性

土性は、砂と粘土の混入割合、つまり粒径の分布状態によって、砂分の多い順で砂土、砂壌土、壌土、埴壌土、埴土に分類されている。この分類は、砂、粘土、シルトの3成分を軸にした三角図表によって厳密には行われるものであるが、指

触りによる簡易的な判定もよく用いられている。

土性によって、保水性と透水性が変化する。砂分が多いと保水性が低下、透水性は大きくなる。粘土分が多くなると、保水性は向上するが、透水性は小さくなる。

■ 土壌温度と土壌硬度

■ 土壌温度

土壌の温度は、根系の伸長、養分や水分の吸収に影響し、植物の生育を左右する。また、土壌生物や害虫の活動にも影響してくる。

一般的に、15 〜 20℃で根系の伸長が活発になる。

■ 土壌硬度

土壌の硬度が増してくると、根系の伸長が不十分になり、透水性や通気性も悪化することにより、植物の生育が阻害される要因になる。

Point!! 土壌硬度などの調査方法は、65 〜 66 ページも参照のこと。

2 成分、腐植

■ 土壌成分

■ 土壌 pH

土壌の pH（水素イオン濃度）は、0 〜 14 までの値をとり、7 が中性、数字が小さいほど酸性が強く、数字が大きいほどアルカリ性が強い。わが国では、雨が多いために表層から塩基が溶脱し、土壌が酸性になりやすく、こういった立地から植物は弱酸性（pH 6 〜 6.5）を好む種が多い。しかし、都市化によるコンクリート舗装や乾燥によって、土がアルカリ性を呈することもある。なお、pH 4.5 を下回るような場合は、炭酸カルシウムや消石灰などで対策を講じる。

■ 養 分

植物が必要とする養分としては、窒素（N）、リン酸（P_2O_5）、カリ（K_2O）の 3 要素、そして石灰（CaO）、苦土（MgO）、硫黄（S）、鉄（Fe）や、微量要素と呼ばれる成分が知られている。

■ 土壌 pH と植物 ■

酸性土壌を好む、または耐える種	アカマツ、アジサイ、エリカ、カシ、キリシマツツジ、ケヤキ、サツキ、シャクナゲ、ドウダンツツジ、ブナ、モミなど
酸性土壌を嫌う種	カイズカイブキ、サザンカ、サンゴジュ、ツゲ、ツバキ、ヤマモモなど

■ 土壌層位

森林のように環境が安定した場所における土壌は、腐植の進行の違いや母材の風化の程度などで、層位の分化が判然としている。造成された場所では、土壌層位を見ることはほとんどない。

■ 土壌層位の区分 ■

層	特　徴
O層	落葉・落枝（リッター）からなる有機物層（organic に由来）
A層	有機物と無機物が混在する層
B層	A層から溶脱された物質に富む層
C層	風化層
R層	未風化層（岩）（Rock に由来）

※　FAO（国際連合食糧農業機関）による区分。

■ 腐　植

土壌の表面や地中で、動物や植物の遺体の分解によって生成された土壌有機物を、腐植という。生物遺体のうち、糖類、デンプン、セルロースなどは分解されやすく、エネルギーとして消費されるので、腐植にはならない。タンパク質やリグニンは分解が少なく、腐植を形成する。

腐植には、窒素、リン酸、硫黄などが含まれているために、植物の養分となる。

また、カリや石灰などの塩基を吸収・保持したり、土壌の緩衝性を高める効果もある。さらに、土壌粒子と結合した団粒構造を形成することによって、保水性や通気性を向上させている。

腐植が多くなると、土壌は黒色〜暗褐色となる。腐植に乏しい土壌は鮮やかな色調となり、赤色〜黄色を呈する。

Point!! ▶▶ 土壌に関する出題は、やや詳しい知識が必要な場合もあるので、標準問題を読み解きながら理解を深めよう！

標準問題で**実力アップ!!!**

問題 1 　土壌に関する記述のうち、**適当でないもの**はどれか。

(1) 土壌の三相分布は、固相、液相及び気相の三相を容積割合で表したものであり、土壌の保水性や通気性、植物の根の伸長などに関係する。

(2) 土壌の透水性や保水性などは、土性と密接な関係があり、一般に埴土は壌土と比べて透水性に優れ、植物の生育に適している。

(3) 雨の多いわが国では、土壌中の塩基が溶脱して、一般に土壌が酸性になりやすい。

(4) 酸性の強い土壌に対しては、一般に炭酸カルシウムなどを混合して pH を改良する。

解説 (2) 埴土は粘土分の多い土壌であり透水性は難であるため、植物の生育には適さない。壌土は、透水性に優れ、植物の生育に適する。

他の記述は正しい。 【解答 (2)】

問題 2 　土壌に関する記述のうち、**適当でないもの**はどれか。

(1) 土壌中の窒素は、大部分が有機態窒素で存在し、土壌微生物により分解され無機態窒素に変化することにより、植物に吸収されるようになる。

(2) 根粒菌は、ニセアカシアやネムノキなどのマメ科植物と共生し、大気中の窒素を固定する。

(3) 土壌の圃場容水量とは、土壌に十分な水が加えられた後、重力による水の排水が終了したときの水分保持量のことである。

(4) 土壌水のうち、植物が吸収可能な有効水には、土壌中の孔隙を移動する重力水と、土壌粒子表面に吸着している吸湿水がある。

解説 (4) 土壌水の種類に関する記述である。吸湿水は、土壌粒子の表面被膜水をさし、植物には利用されない。植物が吸収可能な有効水は毛管水である。

他の記述は正しいので、読んで覚えておこう。 【解答 (4)】

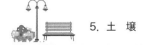

問題3 土壌に関する記述のうち、**適当でないもの**はどれか。

(1) 土壌の三相分布は、固相、液相及び気相の三相を容積割合で表したものであり、土壌の保水性や通気性、植物の根の伸長などに関係する。

(2) 土壌中の窒素は、大部分が有機態窒素で存在し、土壌微生物により分解され無機態窒素に変化することにより、植物に吸収される。

(3) 団粒構造を有する土壌は、均一な孔隙が存在するため、透水性は良好であるが保水性は低い。

(4) 土壌が酸性化すると、可溶化したアルミニウムなどがリン酸と結合して難溶性の化合物となるため、植物はリン酸欠乏を起こしやすくなる。

解説 (3) 団粒構造を有する土壌は保水性も高い。

他の記述は適当なので覚えておこう。 【解答 (3)】

問題4 腐植に関する記述のうち、**適当でないもの**はどれか。

(1) 腐植は、土壌の pH の変化に対する緩衝能を有し、また、植物の生育障害要因となるアルミニウムイオンの作用を抑制する。

(2) 腐植は、土壌の団粒構造の形成を促進し、土壌の保水性を良好にする。

(3) 腐植は、植物に必要な養分を保持するとともに、徐々に植物に供給する働きがある。

(4) 腐植は、土壌中の微生物の活動を阻害する働きを有し、これにより土壌有機物の分解が抑制される。

解説 (4) 腐植は、土壌中の微生物の活動を活発にする働きを有し、これにより土壌有機物の分解が促進される。 【解答 (4)】

Point!! 難しい用語などが出てきても、問題選択肢の文章をよく読んでみると、意外に簡単なところに解答のヒントがある。

3章 植栽施工

1. 樹木植栽

出題傾向 樹木植栽では、「樹木の掘取り、運搬、植付け」に関して、出題されることがある。

「樹木の根回し、移植」については例年1問程度の出題があり、重要項目である。また、「支柱の取付け」も例年1問が出題されており、しっかり理解しておく必要がある。

重要 ポイント講義

1 樹木の掘取り、運搬、植付け

掘取り

掘取り方法

掘取りにはいくつかの方法があり、樹木の性質、時期などを考慮して決める必要がある。

🌿 掘取り方法の種別 🌿

種 別	掘取り方法	用いる樹木の例
根巻き	土をつけたままで鉢をつくる方法から、「土付法」とも呼ばれる。掘られた鉢の表面を縄などの材料で十分に締め付けて、根鉢をつくる	針葉樹や常緑樹、季節はずれの落葉樹
振（ふる）い	少し大きめに鉢を掘り上げてから、鉢土を落としてしまい、縄を巻かずにそのままの状態で植え付ける方法	適期の落葉樹
追掘り	太い根を切らずに、幹から放射状に先端部分までたぐって根を掘り上げる方法から、「たぐり掘り」とも呼ばれる。植付け後の生育が難しい場合や、根の切断が致命的な場合などに用いる	フジ、ネムノキ、ジンチョウゲなど
凍土法	気温の低い冬季の寒冷地で、落葉樹が完全に休眠している状態で根の周りを掘り起こして、そのまま植え込む方法。土がくずれず細根が痛まない。また、凍結しているので根巻きも不要	

■ 掘取り作業での留意点

掘取りを始める前に灌水して、土にある程度の湿度を保たせ土の分離・脱落を防止することが必要である。特に乾燥が激しい場合では根鉢の崩れを防止するため、掘取りを始める数日前から十分に灌水を行っておく必要がある。これは、植物体内に水分を蓄えさせる効果もある。掘取りの際に支障になる枝や不要枝を除去した後、縄を使って必要な枝を上に向けて幹にしばりつける枝しおり作業を行う。

次に、根鉢の表土部は柔らかくてくずれやすいので、固いところまでかきとる。このとき、表土に含まれる雑草などの根や種子を除去することもできる。掘取り作業時では、強風による倒伏もありうるので、ふれ止めとなる仮支柱をつける必要がある。

■ 根鉢・鉢径

樹木を掘り上げる場合には、理想的には根をすべて掘り取るのがよいが、現実的には根の部分を、土のついた状態でまとまった一定の大きさの独楽型に掘り取る。この独楽型になった根の部分を根鉢、または単に鉢と呼ぶ。

掘取りの際に、樹木の性質も考慮しながら鉢の大きさを決めなければならない。鉢が大きければ断根の影響は少ないといえるが、運搬労力が大きく積載本数も少なくなってしまうほか、根くずれが起きやすくなってしまう。一般的には、高中木では根元直径の3～5倍が適当とされる。ただし、深根性の針葉樹や常緑樹などは直径よりも深さを重視し、浅根性の落葉樹や低木では浅めにして直径を大きくするなどの配慮が必要である。

■ 根巻き

根鉢の掘り下げが進んでいくにしたがい、鉢の側土を削りながら側根を切り直す。この状態で、根巻きという運搬に備えた鉢の荷造りを行う必要がある。根巻きには、樽巻き、揚巻きという方法がとられる。

■ 根巻きの種類 ■

樽巻き	鉢側に水平に、縄を木槌や撞木でたたきこみながら縄を巻いて締め付ける。側根の見えなくなったところまで巻き下ろし、底を鉢型に削り取る
揚巻き	大木などを移植する場合、鉢土に直接縄を巻いて締め付け（樽巻き）た後、さらにコモや麻布などで表面を包み、二重に根巻きを行う方法

■ 運　搬

◤ 切直し

　根巻きが完了した樹木の直根を切り、樹木を倒す。この際に、直根の切口が粗雑な場合があるので、再度、鋭利な刃物で切り直す必要がある。切断面が大きい場合には、発根促進剤などを塗るなどの処置を施す。また、植栽までに時間がかかる場合には、直根部分を濡れたコモ（濡れ菰）などで乾燥防止対策を行う。

◤ 幹の縄巻き

　樹木の積込みや運搬時には、樹皮を損傷しやすいので、縄巻き、むしろ巻き、さらにその上に堅板材などを巻いて保護する。特に、早春では樹液が上がってきており、樹皮が簡単にはがれやすいので作業には注意を要する。

◤ 枝おろし

　積込み、運搬や植付作業時に支障になるような枝を切り落としておく。

◤ 枝しおり

　積込み、運搬時に支障となる枝をまとめて幹まで縄で引き寄せ、結び付ける。一般的に春の成長を始めた時期には枝がまだもろく、損傷しやすいので注意しなければならないが、樹木の休眠期であればかなり強くしおることができる。また、大枝は時間をかけてしおることもある。

　枝しおりの手順は、幹に近い枝から外枝へ、梢から下方へと進める。太い枝や強固な枝、折れやすい枝などは、枝の元から枝先方向に向かって 3 cm ほどの間隔で縄を巻き付けながら、枝を幹に徐々に引きつけていく。

◤ 積込み

　小型の樹木は人力でていねいに積み込む。クレーンを用いて積み込む場合は、樹木が回転しないように原則として二点吊りとする。幹をベルトなどで締め付ける場合は、損傷を防止するために幹当てを取り付けておく。

◤ 運　搬

　運搬時には、風によって枝葉が傷んだり、乾燥によって樹木が弱ることが懸念される。このため、荷台をシートでおおうなどして保護する。また、必要に応じてあらかじめ蒸散抑制剤を散布することもある。

■ 植付け

◤ 整枝剪定

　搬入された時点の樹木は、根が切られたことによって水分吸収が減退している。このため、水分の補給と、蒸散などによる消費のバランスがくずれている

ため、枝葉の剪除を行う必要がある。

　手順としては、運搬中などに損傷した枝を切除し、からみ枝、立枝、徒長枝などの不要枝を剪定する。次に、全体を見ながら枝葉が均一になるように樹冠を整えていく。

■ 植穴掘り

　植栽計画（配植図）や樹木の性質、形状寸法、障害物などを考慮しながら、植え付ける位置出しを行う。位置が決まったら、植え付ける樹木の根鉢を考慮し、少し大きめの余裕をもった植穴を掘る。植穴の底は、土を細かくくだいて柔らかくしながら、中央部を高く仕上げていく。

　掘取りの際にあげた土は埋戻しに利用するので、瓦礫（がれき）などの樹木の生育の妨げになるようなものは除去する。また、植栽にふさわしくない土の場合には、客土を準備しておく。元肥となる遅効性肥料などを必要とする場合には、根が肥料に直接当たらないように注意する。

■ 立込み

　樹木の表や裏、周辺の景観などを考慮して、見栄えが最もよくなるように、植穴に樹木を立込み、植栽位置の微調整を行う。

■ 埋戻し

　埋戻しには、水極（みずぎめ）と土極（つちぎめ）の2種類の方法がある。土の埋戻しは入念に行い、隙間ができないようにしなければならない。これにより毛管現象によって水が根に達して、樹木体内に吸収される。

● 水極と土極 ●

水　極	鉢の周囲に土が密着するよう、植穴と鉢の間に水を注ぎながら棒で突き、植え込む方法
土　極	埋戻しの土を入れながら棒で突き、土を根鉢に密着させる方法。マツなどを植え付ける場合に用いられる

■ 水　鉢

　植え付けた樹木に灌水する場合に備え、水がたまるように水鉢を設ける。水鉢は、鉢の外周に沿って土手を盛り上げる方法と、鉢の外周に溝を掘る方法がある。

■ 養　生

　根を切られたことにより、水分の吸収能力の低下した樹木のバランスをとるために整枝剪定を行うが、場合によっては摘葉したり、蒸散抑制剤を散布することもある。また、樹皮からの水分蒸散を防止するために、幹巻きを施すこともある。

幹巻きは木肌の薄い種や、乾きやすい種、植栽時期の悪い場合などにも効果がある。

2　樹木の移植、根回し

対象樹木の現状と移植計画

移植には、移植の対象となる樹木と、移植先、つまり植栽予定地の状況を把握し、植栽後も良好な成長を保てるように努めなければならない。しかし、移植の対象となる樹木は、大きな樹木であったり、貴重な樹木などであることも考えられ、強い剪定によって移植前とは著しく樹形を変えてしまうことは、優れた移植として評価されにくい。事前の調査と、綿密な移植計画、ていねいな移植作業を心がけなければならない。

移植する樹木の種類と特徴はもとより、樹勢、根系の状況等を把握する。また、根鉢の大きさや根回し、掘取り、積込み、運搬といった一連の搬出までの作業を、現地の障害物など立地条件から適切に段取りする必要がある。

■ 樹　勢

外観から判断できる要素であり、若木のような成長力の旺盛なものは根の活動も旺盛と考えられ、移植が容易である。それに対して老木や大木、または病虫害にかかった樹木は成長も衰退しているので、移植は困難である。まずは、移植の可否を判断する最初の検討事項が樹勢である。

■ 根の状況

外観や一部からしか判断材料がなく、あくまでも推測として移植計画の検討事項となる。地表面から目視できる根系に加え、樹木の特性としての根系、樹勢、土壌環境などから推測することになるが、根回しや掘取りの段階でも判断を補正しながら、臨機に対応しなければならない。

根回し

■ 根回しの目的と方法

一般的に樹木の根系では、根の末端部の細根、根毛から水分や養分が吸収されている。根元、つまり幹に近い根は太く、樹木地上部を支持する役割が大きい。しかし、根元部分の根には水分や養分を吸収する機能が少なく、掘取りによって根の先端部が切断されると、樹勢を減退させる結果となる。

このため、移植が困難な樹種、老木や貴重木などにおいて、植栽後の活着をより向上させるために、根回しによって細根の発生を促す措置を施す。根回しには、溝掘り式と断根式という2通りの方法がある。

マスターノート

根回しの方法

溝掘り式	根元直径の 3～5 倍の鉢を考えて、周囲を掘り込む。この際に、太い根を支持根として 3～4 本を残し、その根には 10～15 cm 程度の幅で環状はく皮によって形成層を取り除く。これは、根の基部と先端部の養分流通を断ち、はく皮部分からの発根を促すための処置である。その他の根は、鋭利な刃物によって切口を切り直す 次に根巻き、縄締めを行い、仮支柱をかけた後、表土を埋め戻す。樹木全体のバランスをとるため、枝抜きや剪定によって枝葉を減少させ、養生する。この手順を 2 回に分けて行うこともある。また、鉢から出た細根を切断しないように、掘取りの際にはひと回り大きく掘り上げていく
断根式	根を残さずに切断しながら掘り込んでいく方法。溝掘り式のように、環状はく皮や根巻きを行わない。底根を残して側根だけを切断するので、浅根性（非直根性）の樹木に行う

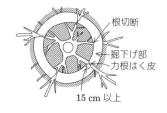

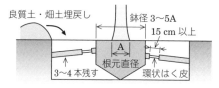

🟩 溝掘り式根回し 🟩

🟩 根回しと移植時期

　根回しの時期は、植物の成長に合わせて、春期の萌芽前に行うのが最もよい。遅くても秋に入るまでに行う必要があり、成長の止まる落葉期以後は、根の発生がほとんど期待できないので適期ではない。

　春期に根回しを行った樹木の移植は、落葉樹でその年の秋、または翌年の春先、常緑樹では翌年の春から梅雨期に行うのが適期。状況によっては、さらに 1 年後にずらすこともある。

🟩 移植の時期（東京付近）🟩

針葉樹	2 月上旬～4 月中旬。このうち最適期は 3 月中旬～4 月上旬（萌芽前） 続いて、9 月下旬～10 月下旬
常緑広葉樹	最適期は 4 月初旬～4 月下旬（萌芽期） 続いて、6 月中旬～7 月下旬の梅雨期
落葉樹	最適期は 2 月上旬～3 月下旬（萌芽直前期） 続いて、11 月下旬～12 月下旬（落葉後）
タケ類	地下茎の成長が始まる時期 モウソウチクは 4 月上旬。寒竹は 10 月上旬

■ 移植の難易

根系の発根力の弱い種や、粗根・直根をもった種には、移植が困難なものが多い。細根や密生根をもつ植物は比較的移植が容易である。

◤ 移植の難易 ◢

移植の難しい樹種	アスナロ、イチイ、ウバメガシ、カラマツ、クヌギ、クリ、コウヤマキ、コブシ、サクラ類、シャクナゲ、シラカンバ、ジンチョウゲ、スギ、タイサンボク、ツバキ、ヒノキ、モミ、ユリノキなど
移植の難易度が中程度の樹種	アカマツ、アキニレ、アラカシ、イヌマキ、カイズイブキ、カエデ類、カツラ、キンモクセイ、クスノキ、クロマツ、ケヤキ、ハナミズキ、ヒマラヤスギ、モッコク、ユズリハなど
移植の容易な樹種	アオキ、アオギリ、アジサイ、イチョウ、ウメ、カナメモチ、シダレヤナギ、スズカケノキ、ツツジ類、ナンキンハゼ、ニセアカシア、ハギ、ポプラ、マサキ、ヤマブキ、ユキヤナギ、ラクウショウなど

■ 移植作業

切断された根の断面は清潔に保ち、腐敗を防ぐ必要がある。この部分は新根の発生する部分として大切であり、掘取りの際の断面を鋭利な刃物で切り直して殺菌剤で消毒するなどの処置を必要に応じて施す。

移植にともなって、樹木の地下部分である根系を減少させるため、地上部のバランスを保持するうえで枝葉を剪除する必要がある。また、枝葉からの蒸散を抑制する蒸散抑制剤を散布することもある。

移植によって植え付けられた樹木では、風などでゆられることで新根の切断が懸念され、活着を遅らせたり枯損の原因となることがある。このため、支柱の取付けが不可欠である。

3 支柱の取付け

支柱の必要性

移植、植栽した樹木は、倒れたり、風による揺動で発生した幼根が折損するなどの懸念がある。このために支柱を取り付け、樹木の活着を助長する対策とする。

支柱の組立て

支柱の丸太材は、割れや腐植のない品質で、所定の寸法で加工した平滑な直幹材皮はぎ新材とし、あらかじめ防腐処理を施す。設置にあたっては、丸太の末口を上に、規定どおりに打ち込む。

丸太と丸太の接合には、釘打ちのうえ鉄線を掛ける。支柱に唐竹を用いる場合は、先端は節止めにし、結束部は鋸目（のこめ）を入れてずれ止めとし、交差部分を鉄線掛

けとする。支柱の丸太と樹幹または枝の結束部は、すべて杉皮を巻き、シュロ縄で割掛けに結束する。

　八ツ掛、布掛、またはロープ支柱の場合では、適正な角度で必要な支柱材料を組み立て、樹幹との結束部には幹当てを施しながら動揺しないように固定する。ワイヤーロープでは、中間部にターンバックルを使用するか否かにかかわらず、ロープは緩みのないように張る必要がある。

支柱形式と適用条件

　支柱には、養生しようとする対象の樹木の大きさ、立地条件などからさまざまな形式の支柱が用いられている。

　樹木の大きさに応じて、標準的に適用可能な支柱形式を決定する。

支柱の形式と構造

支柱の形式		支柱の構造
添え柱		樹高が低い場合で、幹に添えるもの
鳥居型	二脚鳥居	2脚の柱に横架材を取り付け、幹を支えるもの
	三脚鳥居	3脚の柱に横架材を取り付け、幹を支えるもの
	十字鳥居	2組の二脚鳥居を十字に組み合わせたもの
	二脚鳥居組合せ	二脚鳥居を前後に配置し、横架材2本を追加して幹を支えるもの
八ツ掛		3本の支柱で幹の高位置で支持するもの。大きな樹木では支柱を4本にすることもある
布掛		植付間隔が狭い場合や、列植のようにまとめて植え付けられた場合、横架材を渡し、両端・中間部分を斜材で支えたもの
ワイヤー張り		樹高の高い場合など、八ツ掛では効果が期待できないときに、ロープ（鉄線）数本で支えるもの
地下支柱		支柱を見せたくない場合、または支柱が立てられない場合に、根鉢と幹の根元部分を地下で支えるもの
方杖		傾斜した幹や横に伸びた大枝を支えるもの

支柱と適用範囲

支柱の形式	樹高（m）1.5～1.9	2.0～2.5	幹周（cm）9～14	15～19	20～29	30～39	40～49	50～59	60～74	75～89	90～119	120～149
添え柱	○	○										
二脚鳥居（添え木付き）			○	○	○							
二脚鳥居（添え木なし）					○							
三脚鳥居						○	○	○				
十字鳥居						○	○	○				
二脚鳥居組合せ							○	○	○	○		
八ツ掛（竹三本）		○	○	○								
八ツ掛（丸太三本）					○	○	○	○	○	○		
八ツ掛（丸太四本）											○	○
布掛（竹）	○	○	○	○								
布掛（丸太）					○	○	○					
生垣	1m当たり2本ないし3本植付け											

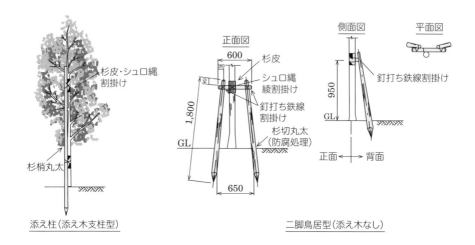

添え柱（添え木支柱型）

杉皮・シュロ縄
割掛け

杉梢丸太

正面図

600

杉皮

シュロ縄
綾割掛け

釘打ち鉄線
割掛け

杉切丸太
（防腐処理）

1,800

GL

650

側面図

950

GL

正面 ← → 背面

平面図

釘打ち鉄線割掛け

二脚鳥居型（添え木なし）

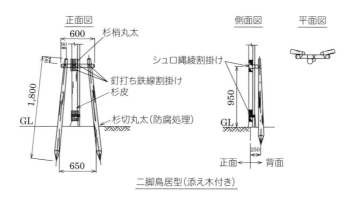

正面図

600

杉梢丸太

釘打ち鉄線割掛け

杉皮

杉切丸太（防腐処理）

1,800

GL

650

側面図

シュロ縄綾割掛け

950

GL

250

正面 ← → 背面

平面図

二脚鳥居型（添え木付き）

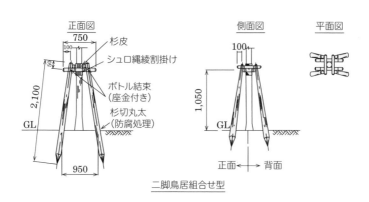

正面図

750

杉皮

シュロ縄綾割掛け

ボトル結束
（座金付き）

杉切丸太
（防腐処理）

2,100

GL

950

側面図

100

1,050

GL

正面 ← → 背面

平面図

二脚鳥居組合せ型

支柱の構造（1）

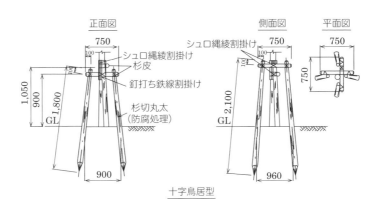

正面図

750

シュロ縄綾割掛け
杉皮
釘打ち鉄線割掛け

1,050
900
1,800
GL

杉切丸太
(防腐処理)

900

側面図

シュロ縄綾割掛け

750

2,100
GL

960

平面図

750

750

十字鳥居型

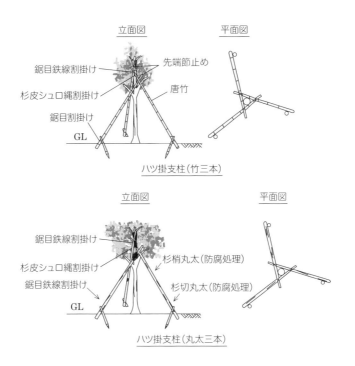

立面図

鋸目鉄線割掛け
杉皮シュロ縄割掛け
鋸目割掛け
GL

先端節止め
唐竹

平面図

ハツ掛支柱(竹三本)

立面図

鋸目鉄線割掛け
杉皮シュロ縄割掛け
鋸目鉄線割掛け
GL

杉梢丸太(防腐処理)
杉切丸太(防腐処理)

平面図

ハツ掛支柱(丸太三本)

支柱の構造 (2)

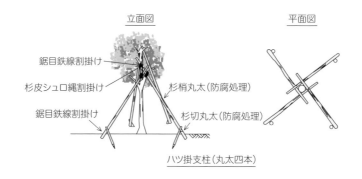

立面図　　　　　　　　　　平面図

鋸目鉄線割掛け

杉皮シュロ縄割掛け　　　　杉梢丸太（防腐処理）

鋸目鉄線割掛け　　　　　　杉切丸太（防腐処理）

ハツ掛支柱（丸太四本）

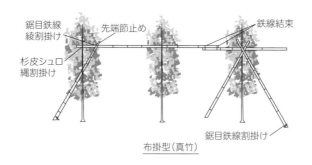

鋸目鉄線　　　先端節止め　　　　　　　鉄線結束
綾割掛け

杉皮シュロ
縄割掛け

鋸目鉄線割掛け

布掛型（真竹）

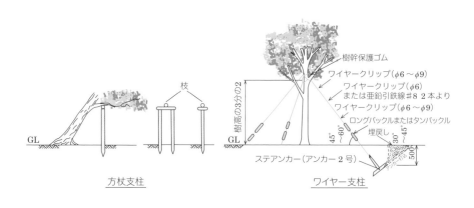

枝

樹幹保護ゴム
ワイヤークリップ（φ6〜φ9）
ワイヤークリップ（φ6）
または亜鉛引鉄線＃8 2本より
ワイヤークリップ（φ6〜φ9）
ロングバックルまたはタンバックル
埋戻し
GL　　　　　　　　　　　　　　　　　　　GL　　　　　　　　　　　　　　　　　　45°〜60°　30°〜45°
　　　500
ステアンカー（アンカー2号）

方杖支柱　　　　　　　　　　　　　ワイヤー支柱

🌿 支柱の構造（3）🌿

4・芝生、法面緑化、屋上緑化等

芝生の造成

芝生をつくるためには、使用目的や利用頻度、土壌・気象条件、管理手法などを勘案して、芝草の種類を決める必要がある。芝生造成の手順としては、芝の種類決定 → 整地 → 元肥施肥 → 整地仕上げ → 芝付け（張芝、植芝、播種） → 養生 → 管理、と進行する。

造成しようとする芝の種類によって、植栽の適期が異なる。

植栽適期

日本芝、 バーミューダグラス	4月中旬〜10月が生育期のため、酷暑時を除く4月〜9月が芝張り、植芝の適期である
ベントグラス等の 常緑西洋芝	3月〜5月および9月〜10月が生育期のため、播種などは3月中旬〜5月および9月中旬〜10月が適期である

整地と施肥

現場は、地表30 cm程度の深さに開墾し、ササ、チガヤ等の根の深い雑草は取り除く。掘起し後は、数日間放置し、日光に当てつつ土を落ち着かせる。

次に、表面排水がとれるように所定の地盤高に仕上げるように、ブルドーザ等で整地する。そこにトラクタ等で耕耘を行う。その後、レーキ等で不陸を整理し、軽転圧を行う。

pHが5.5以下の強酸性土壌の場合には、耕耘前に炭酸カルシウム、または消石灰を散布し、中和、矯正する必要がある。元肥が必要な場合は、堆肥、化学肥料、油かすなどを合わせて使用する。

芝付けと養生

芝を植栽する方法には、張芝法、植芝法、播種法の3種類がある。

張芝法

ノシバ、コウライシバなどの切芝を張って芝地をつくる方法である。張り方や目地間隔によって、ベタ張り、目地張り、互の目張り、市松張り、筋張りなどがある。市松張りは、ベタ張りの半分の枚数で済むが、芝が全面を被覆するのに2〜3年は要する。

傾斜地では、切芝1枚当たり2〜5本の芝串を打ちこんで止める。

目土は、目地をふさぎ、全面の凹凸をなくすとともに、ほふく茎を覆うことで発根を促進させるものである。礫等の混入していない良質土を用い、芝の葉の半分程度が隠れるぐらいに目土をかけ、ローラ等で締め固め、乾燥の程度に

1. 樹 木 植 栽

応じて適宜、灌水、養生を行う。

　張芝後は、約1週間で目土と芝がなじむようになるので、目土の薄いところに土を補充し、均一にする。乾燥が続く場合は灌水を十分に行う。

▌植芝法

　日本芝やバーミューダグラス類のほふく茎をばらばらにほぐして、浅い溝に植え付ける方法で栄養繁殖を行う種が対象である。床土に鍬（くわ）で、15〜20 cm 間隔に4〜5 cmの浅い植溝を掘り、そこに10 cm前後のほふく茎を5 cm程度の間隔を空けておき、埋め戻す。このとき、葉が半分ぐらい地上に出るように土をかけてローラ等で転圧する。

　植付け後は、その後、芝が根付くまで乾燥させないように十分に灌水する。この間に枯死した部分は補植する。

▌播種法

　ベントグラス類、ライグラス類などの西洋芝、ノシバ等の種子を播種して、芝生をつくる方法。種子の生産されている種に限られるが、栄養繁殖による植栽方法よりも安価になる。

　床土の表面はレーキをかけた後で、均一に種子を播（ま）くが、発芽前に大雨等で種子が流失しないように、コモなどをかけて表面を養生する。

　播種してから発芽するまでは、床土の表面が乾燥しないように灌水を行うが、このとき種子が流失しないように静かに散水する。

Point!! ≫≫ 「4. 芝生管理」（82〜86ページ）も関連してマスターしておこう。

その他の地被植物

芝以外にも多くの地被植物が使用されるようになってきた。芝のように踏圧に強い種はないが、日かげ地や湿地に耐える種、乾燥に強い種や、花や葉の美しさで鑑賞価値の高い種など、さまざまな種が流通しており、植栽することができる。

■ 代表的な地被植物の特性 ■

地被植物	陽地	半陰	暖地	寒地	乾地	湿地
日本芝	◎	×	◎	×	◎	×
西洋芝	◎	×	△	◎	×	○
クローバー	◎	○	△	◎	×	○
シバザクラ（モスフロックス）	◎	×	○	○	○	×
フッキソウ	○	◎	○	○	○	○
マツバギク	◎	○	○	○	◎	○
セダム類（オノマンネングサ）	◎	○	○	○	◎	×
クマザサ	○	◎	○	◎	○	○
オカメザサ	○	◎	○	◎	○	○
西洋キヅタ	◎	○	○	◎	○	○

◎：最適　○：適　△：やや不適　×：不適

法面緑化

造成によってできた法面について、雨水による浸食防止、根系の緊縛（きんばく）による凍上崩落防止、景観的な向上などの観点から緑化を行うことが多い。このような法面緑化にはいくつかの工法があり、切土・盛土、土質・土壌の違い、法面勾配や緑化の目的などによって、使用する工法を決める必要がある。

法面緑化工法は、草木の種子を法面に直接播く播種工と、別の場所で生産された苗や低木、ササ（笹）などを法面に植える植栽工に大別できる。

屋上緑化等

屋上などの人工地盤に植栽する場合、有効土層の厚さ、土壌の保水力、土壌の肥料分といった点には特に注意が必要である。

屋上などの場合は、基盤となる構造物の構造、設計荷重等によって制約を受けるが、芝で 15 cm 以上、低木で 30 cm 以上、高木で 60 cm 以上の土層が確保できれば緑化は可能である。

人工地盤上ということから、停滞水による根腐れを防止するための排水施設、夏季のかんばつ対策としての散水装置といった設備を備えることも必要である。

第一次検定　集中ゼミ

また、土壌が薄いので、根系による支持力が不足しがちであり、支柱によって十分に支持する対策をとる。

🟫 法面緑化工法の種類と特徴 🟫

工 法		方 法	特徴（用途）
播種 （吹付工）	種子吹付工	種子、肥料、土などの吹付材料に水を加え、泥状にして法面に散布	大規模な面積、高所、急勾配での施工が可能（盛土、切土法面）
播種 （植生工）	植生マット工	種子、肥料などを備えたマット類で法面を被覆する	施工直後から雨裂防止が可能で、保温効果あり（主に盛土。小規模可）
植 栽	張芝工	切芝と法面を密着させながら植栽。目土をかけて、芝串で固定。法肩から施工	施工と同時に被覆できるが、施工性が劣る（盛土、切土法面）
	筋芝工	土羽土により、法尻から施工。土を盛り、土羽打ちをしながら施工	全面被覆するのが遅く、施工性が劣る（盛土）
	低木による植栽	ハギ、エニシダなどのマメ科植物などを植え付ける	施工と同時に被覆し、花を観賞することもできる（盛土、切土で1割以内）
	つる性植物による植栽	キヅタ、ナツヅタ、クズなどを植栽する	ある程度成長させるまでに管理を要する（切土や構造物の表面）
構造物併用	法枠工	法面にコンクリートブロックで枠をつくり、そこに客土を施して植栽する	上記の緑化工法と組み合わせる（切土）
	石積工	玉石、野面石、割石などで石張りし、その空隙を利用して植栽	上記の緑化工法と組み合わせる。大きくなる種は不適（盛土、切土可能）
	編柵工	割竹、粗朶（そだ）、合成樹脂などを杭で固定。編柵間に植栽するほか、材料から発根させることもある	上記の緑化工法と組み合わせる（盛土、切土可能）

問題1 造園樹木の根回しに関する記述のうち、**適当なもの**はどれか。

(1) 落葉樹の根回しは、落葉直後の成長が止まった時期に行うのが最もよく、春期萌芽前は避ける。

(2) 衰弱している樹木や貴重な樹木は、根の切断による樹体への負担を軽減するため、複数回に分けず1回で根回しを行う。

(3) 溝掘り式根回しで行う支持根の環状剥皮は、発根を促進させるため、内皮を残して外皮を取り除く。

(4) 断根式根回しは、スコップなどで側根だけを切り回す方法で、一般的に浅根性の樹種に対して行う。

解説 (1) 根回しの最適期は萌芽前の春期で、遅くとも秋に入るまでに行う必要がある。樹木の休眠期は、発根がなく、樹木を傷めるだけなので避ける。

(2) 衰弱している樹木や貴重な樹木は、複数回に分けての根回しが必要であるので、適当ではない。

(3) 環状剥皮とは、**外皮（表皮）と内皮と形成層まで**を**はぎ取り**、剥皮部からの発根を促す作業であることから、適当ではない。なお、導管や仮導管のある材部には傷を付けないように気を付けること。

(4) 適当な記述である。 【解答 (4)】

問題2 造園樹木の根回しに関する記述のうち、**適当でないもの**はどれか。

(1) 根回しは、移植に先立って必要な根の範囲を一度切断し、残った根に細根の発生を促すために行う作業であり、老大木や貴重木などに行われる。

(2) 断根式根回しは、側根を切断するだけの方法で、非直根性で比較的浅根性の樹種に行うほか、周囲の状況、土性などから根巻きを行うのが難しい場合などにも用いる。

(3) 溝掘り式根回しは、鉢径を根元直径の3〜5倍程度とし、側根に関しては、三方か四方に支持根を残して環状はく皮を行い、その他の根は根鉢に沿って切断する。

(4) 埋戻しは、細根の伸長を促し、また残した支持根を傷めないようにするため、土を突き固めずに軟らかく仕上げ、その後、灌水を十分に行う。

解説 (4) 埋戻しには、水極と土極の2つの方法が一般的である。水極は、水を注ぎながら土を埋め戻し踏み固める方法。土極は、水を使わず土を戻しながら突き固める方法であり、マツ類やヒマラヤスギ、ジンチョウゲ等の水気を嫌う樹木に用いる方法であ

る。選択肢の文章は、水極、土極のいずれとも違っている。

【解答（4）】

問題3 造園樹木の移植に関する記述のうち、**適当でないもの**はどれか。
(1) 根鉢の形は根系の状態によって異なり、一般に、皿鉢は浅いところに根が広がっている樹木に、貝尻は地中深くまで根が分布している樹木に用いられる。
(2) 追掘りは、太い根を切らずに先端までたぐって掘り上げる方法で、根を乾燥させないよう濡れむしろなどで養生することが大切である。
(3) 揚巻きは、掘り穴から掘り上げたのち地表で根巻ができる小木だけに行う根巻き法で、地面に敷いたわらの上に樹木を置いて根鉢を包む。
(4) 植え穴は、植え付ける樹木の根鉢が余裕をもって入る大きさとし、底は土をよく砕いて柔らかくし、床土を中高く仕上げる。

解説 (3) 揚巻きは、**大木や貴重な樹木など**に用いられるもので、小木だけに行うものではない。

【解答（3）】

問題4 造園樹木の支柱に関する記述のうち、**適当でないもの**はどれか。
(1) 公園の入口広場に植栽する樹高 4.5 m、幹周 0.40 m のタブノキに、三脚鳥居型支柱を用いた。
(2) 公園の外周に沿って列植する樹高 2.0 m、枝張 0.3 m のカイズカイブキに、竹布掛支柱を用いた。
(3) 歩道の植樹帯に植栽する樹高 3.0 m、幹周 0.12 m のハナミズキに、二脚鳥居型（添え木付）支柱を用いた。
(4) 公園の芝生広場に植栽する樹高 4.0 m、幹周 0.30 m のクスノキに、竹3本の八ツ掛支柱を用いた。

解説 (4) 樹高が 2.5 m を超え、幹周も 20 cm を超える場合は、**丸太三本の八ツ掛支柱**とすべきである。

【解答（4）】

2. 植栽基盤、土壌改良

出題傾向 土壌改良では、「土壌改良材」に関する出題が毎年のように出題されているほか、「植栽基盤の調査方法」「植栽基盤の整備」についての問題がまれにみられる

重要ポイント講義

1 ● 植栽基盤

有効土層

植栽植物が良好に生育するためには、根系が自由に伸長でき、養分や水分が円滑に吸収できるように、次のような条件が必要となる。

- 団粒構造が発達し、根に十分な養分や水分を供給できる
- 透水性、通気性、排水性など物理性が良好である
- 弱酸性で、有害物質を含まず、化学性が良好である
- 有効土層（根系が発達できる十分な厚み）と広さが確保されている

地被類、低木、高木それぞれでその厚さは異なる。

有効土層において、排水や透水性、保水性の不良、養分やpHの不足、固結や有害物質などの影響があると、植物の健全な成長は望めない。このような植物の生育のうえで重要な環境を土壌環境圧という。

土壌環境圧が植物の生育に適応できる範囲になるよう、植栽基盤整備が行われる。

芝・草本　低木　中木　浅根性高木　深根性高木

15 cm				
30 cm	30 cm			
	45 cm	45 cm		
		60 cm	60 cm	
			90 cm	90 cm
				150 cm

生存最小厚さ / 生育最小厚さ

■ 有効土層 ■

植栽基盤調査

土壌の硬度が増してくると、根系の伸長が不十分になり、透水性や通気性も悪

化することにより、植物の生育が阻害される要因になる。

　土壌硬度の測定は、山中式土壌硬度計、長谷川式土壌貫入計が用いられ、現地で硬度を把握することができる。

　また、現場での透水性を把握するために長谷川式簡易現場透水試験を用いることもある（267、361 ページ参照）。

土壌硬度の計測方法

計測器	特徴など	測定値
山中式土壌硬度計	・土壌を垂直に削った調査孔を設け、硬度計の円錐部を土壌断面に水平に押し付けたときの硬度目盛（mm または kg/cm²）の値 ・測定は同一層位に対し 3 〜 5 回の測定を行い、その平均をとる	平均測定値が 11 〜 20 mm がよいとされる
長谷川式土壌貫入計	・地表面に置いた円錐貫入コーンに、垂直方向の一定の高さから落錐を落としたときの貫入深さを連続的に測定するもの ・調査孔の掘削が不要であり、土壌硬度を垂直方向に連続的に把握することが長所である	1.5 〜 4.0 cm/drop で「根系発達に阻害なし」と診断される

植栽基盤整備

　土壌改良には、粗造成地盤の物理性を下層土まで改善する土層改良と、改良材などの資材を投入して理化学性を改良する土壌改良に大別することができる。

主な土層改良工

工法種別		工法の概要
盛土工	一般盛土工	敷地造成工事で行われる一般的な土木の盛土工
	植栽用盛土工	造成後に、植栽のために良質土を盛土する工法
	表土復元工	造成前に、表土（森林土壌の A 層付近、畑地耕作土壌の作土）を確保し、造成後に盛土する工法
耕耘工	普通耕	表層約 20 cm をバックホウや耕耘機などで耕起する
	深　耕	バックホウによる掘削反転で 40 〜 60 cm 耕起する
	混層耕	性質の異なる表層と下層を反転置換し、土層構造の連続性を図る
	心土破砕耕	緻密で、通気・排水性が不良な下層基盤を破砕する
排水工	表面排水	地表面に水勾配をつけて滞水を防ぐ
	開渠排水	植栽地の周辺部に開渠を設け、地表水の排水、外部からの流入水を遮断する
	暗渠排水	植栽地の地中に、有孔管などを埋設する
	縦穴排水	不透水層の厚さが比較的薄い場合、不透水層を貫通する縦穴を設け、砂や砂利などを充填して排水を図る
客土工	植穴客土工	植栽する樹木ごと、それぞれの植穴に良質客土を投入する
	帯状客土工	連続した植栽に、帯状に良質客土を投入する

主な土壌改良工

工法種別	工法の概要
土性改良	無機質系土壌改良資材を混合
	有機質系土壌改良資材を混合
	高分子系土壌改良資材を混合
	客土混入による改良：粘質土に砂質土、砂質土に粘性土を混入して改良する
中和剤施用	酸性土壌の改良：炭酸カルシウムまたは消石灰を均一に混合する
	アルカリ性土壌の改良：石膏または硫黄粉末を均一に混合する
除塩	臨海埋立地などで塩素イオンなどを取り除く工法 ・耕耘工を併用し灌水脱塩するか、長時間放置して雨水により脱塩 ・石膏を改良資材に使用 ・土を除去し、客土
施肥	緩効性肥料を基肥として、堆肥などの有機物を併用して肥沃化を図る

土壌環境圧を緩和するために、さまざまな土壌改良材が用いられる。

土壌改良材の種類

種類	保水性	透水性	固結	養分・保肥力	pH	有害物質
無機質系						
真珠岩パーライト	◎		○			
黒曜石パーライト		◎	○			
粘土鉱物焼成粒	○	◎	△			
木炭・再生炭	○	○	△			
バーミキュライト	○	△		△		
ゼオライト				◎		
火山砂利		◎				
砂質客土						
粘質客土	○			△		
有機質系						
バーク堆肥	△		○	○		△
草炭（ピートモス）	○		△	○	○	
汚泥堆肥				◎		
オガクズ入り牛糞堆肥	△			◎		△
鶏糞発酵堆肥	△			◎		
化学・高分子系						
高分子化合体	△	△	△			
土壌酸度中和剤					◎	

◎：特に有効　　　○：有効　　　△：やや効果あり

2．植栽基盤、土壌改良

問題1 ▶ 土壌改良材に関する記述のうち、**適当でないもの**はどれか。
(1) 黒曜石パーライトは、黒曜石を焼成加工したものであり、土壌の透水性を改善する効果がある。
(2) バーミキュライトは、珪藻土を焼成加工したものであり、土壌の保水力を改善する効果がある。
(3) バーク堆肥は、樹皮を主原料とした堆肥であり、土壌を膨軟化する効果がある。
(4) ゼオライトは、沸石を含む凝灰岩を粉砕したものであり、土壌の保肥力を改善する効果がある。

解説 ▶ (2) バーミキュライトは蛭石（ヒル）を焼成加工したものである。
他の記述は正しいので覚えておこう。 【解答 (2)】

問題2 ▶ 土壌改良材に関する記述のうち、**適当なもの**はどれか。
(1) 真珠岩パーライトは、真珠岩を焼成加工したものであり、土壌の保水力を改善する効果がある。
(2) バーミキュライトは、沸石を含む凝灰岩を粉砕したものであり、土壌の保肥力を改善する効果がある。
(3) ピートモスは、樹皮を主原料とした堆肥であり、土壌を膨軟化する効果がある。
(4) ゼオライトは、高炉スラグに珪石などを添加し、高温で繊維状に加工したものであり、土壌の保水性を改善する効果がある。

解説 ▶ この問題のように、土壌改良材の種類とその原料、効果の関係が出題されることが多いので、次の解説からそれぞれの特徴を覚えておこう。
(1) 真珠岩パーライトの説明として適当である。
(2) **バーミキュライト**は、**蛭石を高温処理した積層状の多孔質物**で、保肥力の増強、粘性土では透水性、砂質土では保水性の向上に効果がある。沸石を含む凝灰岩を粉砕したもので、保肥力の改良に効果があるのは、**ゼオライト**の特徴である。
(3) **ピートモス**は、**水苔の堆積した泥炭土を洗浄・乾燥したもの**で、土壌の通気性と保水性の改善、膨軟化や保肥力の増加、アルカリ土壌の改良などに効果がある。樹皮を主原料にした堆肥であり、土壌を膨軟化する効果があるのは、**バーク堆肥**の特徴である。
(4) 高炉スラグに石灰などを混合し、高温で溶解し生成される人造鉱物繊維は**ロックウール**であり、植物栽培用の培地として使われている。ゼオライトは (2) の解説を参照のこと。 【解答 (1)】

Point!! ▶▶ 樹木植栽や植栽基盤に関する知識は、第二次検定でも重要なポイント。土壌硬度や透水性の評価については、267ページの問題7も参照のこと。

4章 植物管理

1. 剪定

出題傾向 剪定に関する設問が例年1問程度みられる。特に剪定の種類と方法、目的といった基本的な知識に関する出題となっている。

重要ポイント講義

1 剪定の目的と種別

剪定は、樹木の外観である鑑賞、美観といった観点だけでなく、樹勢などの生育面や実用面などを考え合わせて行うものである。剪定は、基本剪定、軽剪定、刈込みと、3つに大別することができる。

基本剪定

冬期剪定、整枝剪定ともいわれ、樹木の特徴である樹形を基本としながら、樹枝の骨格、配置をつくる剪定である。

枝は、上方から見て重ならないように四方に出るようにし、上下の枝間隔はバランスよく、つり合いのとれたものにしていく。このため、幹から同じ方向に伸びる平行枝や、幹の同じ高さから出る車枝は、切り詰めていく。

一般的に樹木の新生枝には定芽があるが、2年以上経過すると定芽はない。このような枝を切断すると、切口からは小枝が多数発生してしまう。

軽剪定

軽剪定は、夏期剪定、整姿剪定ともいわれ、成長期において自然のまま雑然と繁茂してしまった樹木を、外観を整えるために枝葉を中心に行う剪定である。軽剪定の名のとおり、樹冠のなかに日差しや風を通してあげることで、蒸れや蒸散を抑制し、台風などの風害の影響を軽減する目的もある。しかし、新生枝の成長が旺盛でないものなどに剪定を行うと、再成長のための養分が必要以上に消費されてしまうので、樹勢への影響が懸念される。

■■ 刈込み

　樹木の樹冠を縮小させたり、樹冠表面を整形し枝葉を密にするなどの目的で、刈込みが行われる。刈込みでは、単木または寄植え、列植などでは、生垣や大刈込みのように大きく仕立てるほか、枝ごとに串づくりや段づくりなどを行う仕立て方もある。

2 ● 剪定の時期

　適期以外の剪定は、樹木にとって大きな負担になりやすく、樹勢を弱めたり、枯死に至らせてしまう原因ともなりかねない。樹木は種別により剪定の適期が異なる。

剪定の時期（東京付近）

針葉樹	10月～11月、次いで春先（真冬を避ける）
常緑広葉樹	5月～ 6月：春の新芽が伸びて成長が止まる 9月～10月：土用芽や徒長枝が伸びて成長が止まる
落葉樹	7月～ 8月：新緑が出そろって葉が固まる 11月～ 3月：落葉後

花木の剪定

種　類	剪定方法	代表種
当年枝に花芽分化し、翌年に開花する種	春に開花し、その後に萌出した枝に花芽を分化する種は、花が終わった直後に剪定する	ツツジ類、ウメ、コブシ、ジンチョウゲ、ユキヤナギ、アジサイ等
当年枝に花芽分化し、当年の夏～秋に開花する種	春に芽が伸びて花芽をつけ、その年のうちに開花する種は、秋から翌春の萌芽前までに剪定を行う	キョウチクトウ、サルスベリ、ハギ等 ※なかでもハギ、フヨウなど、この時期に地上部を刈り取っても花芽をつける種もある

Point!! ▷▷▷ 「2章4. 樹木の性質」（25～26ページ）でも、花芽の分化について詳しく触れているので確認してほしい。特に代表種と花芽分化、それに応じた剪定適期を組み合わせて覚えよう。

3 ● 剪定の方法

基本的な剪定方法

　樹種や樹形などによらず、ひこばえ、幹ぶき（胴ぶき）、からみ枝、徒長枝などは、除去すべき枝である。

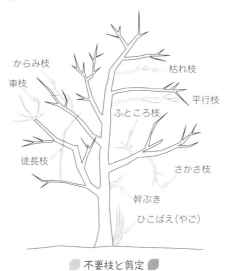

からみ枝
車枝
枯れ枝
平行枝
ふところ枝
徒長枝
さかさ枝
幹ぶき
ひこばえ（やご）

▮ 不要枝と剪定 ▮

▮ 除去すべき枝 ▮

ひこばえ （やご）	根元や、根元に近い根から発生する枝で、養分が取られて樹勢が衰えるので、剪除する
幹ぶき （胴ぶき）	幹から発生した小枝で、見栄えが悪く、樹勢も弱めてしまうので剪定が必要である
徒長枝 （とび枝）	上方に急に一直線に伸びるのが特徴で、長さはあっても軟弱な枝をいう。養分を取りすぎて、樹形も乱すので、剪定する
さかさ枝 （さがり枝）	自然な樹形に逆らった方向に伸びる枝。樹形を乱すので、剪定する
ふところ枝	樹冠の内部にある弱小な枝。成長して主要な枝になる見込みがないばかりか、日当たりや風通しを阻害するので、剪定しなければならない
平行枝	ほぼ同じ場所から同じような方向に平行に出ている枝であり、どちらか一方を選び剪定する
車　枝	幹の1か所からいくつもの枝が四方に伸び出したもの。樹形を乱すので、剪定する
からみ枝	主要な枝に絡みついたり、上下、左右に隣接した枝どおしで交差している枝
枯れ枝	枯れたり、病気の枝は剪定の対象にする

■ 剪定技法

剪定を行う場合の基本的な技法には、枝抜き、切返し、切詰めの3種類がある。

■ 基本的な剪定 ■

名　称	剪定方法	目的、効果
枝抜き （枝すかし）	・混みすぎた枝や不要な枝を元から切り取る方法 ・切断の場所は、幹にすれすれではなく、ブランチカラーと呼ばれる、幹からある程度（10 cm ぐらい）離れたところで行う	「巻き込み」という切断後の自然治癒が促進される
切返し	樹冠を小さくする場合などで、枝の分岐点において、古いほうの枝を付け根のところで切断する剪定方法	枝の若返りを図る目的もある
切詰め	当年の新生枝に対し、中間部分の葉芽の上の位置で切断する方法	枝の切断により樹冠が小さくなり、残しておく芽の方向により樹形を整えることができる

■ 刈込みの実施時期と留意点

剪定では樹木の枝ごとに目的、方法があるのに対し、刈込みでは樹木全体の樹形やバランスにポイントをおく。刈込みの時期は、年1回型、年2回型、年3回型、多数型に区分される。

■ 刈込回数による刈込型と留意点 ■

刈込型	実施時期	留意点
年1回型	6～7月	花木は花芽の形成される時間を考慮する
年2回型	5～6月、 9～10月の年2回	5～6月は新芽が成長を休止する時期、9～10月はその後の成長が落ち着いた時期に実施する
年3回型、 多数型	－	年3回以上は、萌芽性の強い樹種で、仕立物やトピアリーなどをつくる場合に行われることがある

■ その他の留意点 ■

ケース	留意点
生垣の刈込みの場合	上枝を強めに、下枝を弱く刈り込むことで、下枝が枯れずにしっかりした生垣の裾を維持することができる
長年同じ場所を刈り込んでいる場合	萌芽力が低下してくるので、場合によっては深く切り戻すことも行う
機械によって刈込みを行った場合	必要に応じて刈込ばさみなどで切返しを行う

問題1 造園樹木の剪定に関する記述のうち、**適当でないもの**はどれか。

(1) 常緑樹を冬期に剪定すると、切除面が寒さや乾燥した寒風などにより害を受けやすくなるので、この時期の剪定は避ける。

(2) 落葉樹を冬期に剪定すると、樹木の成長が止まっていることにより、切除面の回復が遅れるので、この時期の剪定は避ける。

(3) 落葉樹、常緑樹とも若葉が萌芽する時期に剪定すると、樹木は不定芽を発生するので、この時期の強い剪定は避ける。

(4) 落葉樹、常緑樹とも夏期に剪定すると、光合成を行う緑葉の損失により、樹木の生理を著しく損ねるので、この時期の強い剪定は避ける。

解説 (2) 落葉樹は、落葉後の冬期が剪定の適期である。
他の選択肢は適当な記述なので、しっかり覚えておこう。 【解答 (2)】

問題2 造園樹木の剪定に関する記述のうち、**適当でないもの**はどれか。

(1) 枝抜き剪定は、主として込みすぎた枝の透かしのために行い、樹形、樹冠のバランスを考慮しつつ、枝を付け根から切り取る。

(2) 常緑広葉樹の冬期剪定は、傷面が寒さや乾燥した寒風等により害を受けやすいので、強い剪定は避ける。

(3) 切返し剪定は、落葉樹の骨格づくりをする場合などに行い、大枝を枝の付け根のブランチカラーを残して切り取る。

(4) 切詰め剪定は、主として樹冠の整正のために行い、樹冠外に飛び出した新生枝を、樹冠の大きさが整う長さに定芽の直上の位置で切り取る。

解説 (3) 切返し剪定は、枝の途中の分岐点において古い枝を付け根から切り取ることにより樹冠を小さくし、枝の若返りを図る。よって、(3) は適当ではない。

なお、ブランチカラーとは、幹から太枝が出る膨らんだ部分のことで、枝が切られた傷口をふさぎ形成層を復活させる栄養分を多く含んでいる。このため、大枝を枝の付け根から切り取る**枝抜き（枝すかし）剪定**としては正しい記述である。 【解答 (3)】

2. 施 肥

出題傾向 施肥に関しては、最近は2、3年ごとの頻度で出題されているが、数年連続して出題されることもあった。
肥料の成分とその使用効果に関する基本的な問題となっている。

重要ポイント講義

1 ● 肥料の種類

肥料は多種多様なものが流通しているが、大別すると、無機質系肥料と有機質系肥料の2種類になる。

肥料の種類

肥料の種類		例	特徴など
無機質系肥料	単質肥料（単肥）	窒素肥料（硫安、石灰窒素、尿素など）、リン酸肥料（過リン酸石灰など）、カリ肥料（硫酸カリ、塩化カリなど）、石灰肥料、苦土肥料、珪酸肥料、マンガン肥料	水溶性ですぐに植物に吸収され、速効性のある肥料が多い
	複合肥料	第一種複合肥料（化学肥料・配合肥料）、第二種複合肥料（固形肥料）、第三種複合肥料（吸着肥料）、第四種複合肥料（液体肥料）、被覆肥料（コーティング肥料）	
有機質系肥料	動物性肥料	魚肥、鶏糞、骨粉など	・土壌の膨軟化を促進し、保水性や保肥力を高め、団粒構造の形成や土壌微生物の活動を活性化するなどの効果がある
	植物性肥料	油かす、堆肥、草木灰など	・一般的に遅効性の肥料である

2 ● 肥料の3要素とカルシウム

　植物の成長には、窒素、リン酸、カリ（カリウム）の3要素とカルシウムを主に、16もの要素が必要とされるといわれている。ここでは特に重要な4つの成分についてまとめる。

マスターノート　　　　　　　　　　　　　　　　　　　　Master Note

肥料の3要素

窒　素	葉肥（はごえ・ようひ）
リン酸	実肥（みごえ・じつひ）、　花肥（はなごえ・かひ）
カ　リ	根肥（ねごえ・こんぴ）、　茎幹肥（けいかんひ）

🌿 肥料要素と役割 🌿

肥料要素	主な役割	欠乏時の症状	過多時の症状
窒　素	原形質の主成分であるタンパク質や葉緑体をつくる。葉の成長を助長し、成長を促す ・細胞の分裂・増殖に必要 ・根、葉、茎の発育、繁茂を促進 ・養分の吸収、同化作用を活発化	葉緑素が生成されないので、葉が黄色みを帯び、葉枯れに至り、生育が止まる	葉色が濃緑色になり生育は旺盛。しかし、花が遅れたり咲かない、病気にかかりやすい
リン酸	植物体内の生理作用を助け、細胞増加、花芽分化促進、成熟期の種子、果実、花に必要 ・成長を早める ・根の発育を促し、発芽力を高める ・根、茎、葉の数を増加 ・子実の収量を高め、品質を向上	葉は暗緑色になり、黒色の汚点を生じ、下葉から枯れる。花や実の成熟が悪くなる	過剰による害は出にくいが、鉄欠乏や矮小化などが生じる
カリ（カリウム）	主に根の発育と細胞内の浸透圧調製に関係する。植物体内の新陳代謝をよくし、葉や茎を丈夫にする。炭水化物やタンパク質の移動を助ける触媒的な作用がある ・水分の蒸散作用を調節 ・根の発育を早める ・開花、結実を促進 ・日照不足を補う	気孔や水分調節のバランスがくずれ、軟弱になる。葉は青みを帯び濃くなる。葉脈の間や周辺に淡黄色の斑点	窒素、カルシウム、マグネシウムなどの吸収を妨げ、生育を悪化させる
カルシウム（石灰）	新陳代謝の結果によって生成される酸類を中和する役割がある。また、細胞間の結合を強くする ・植物の細胞膜をつくり、強化する ・葉緑素生成、炭水化物の移動 ・根の発育と病害抵抗力を強化	若葉が巻き上がり、根の伸長が止まる。土が酸性になり、リン酸、マグネシウムなどが欠乏する	微量成分の吸収がなくなり、欠乏症になる。土がアルカリ性になる

3 施肥の時期

肥料を施用、つまり施肥には、元肥（寒肥）と追肥に大別される。

なお、花木や果樹は、花や実を充実させることが1つの目的であるため、冬期の元肥と、開花・結実以降の追肥の年2回程度の施肥が必要となる。

■■ 元肥

年間の樹木の成長に必要な養分を休眠期（12〜2月）に与える肥料のこと。3〜6月ごろに効果が出てくる。

このような冬期に施す肥料を寒肥（かんこえ・かんぴ）とし、植物の植栽時期にあらかじめ投入しておく緩効性、遅効性の肥料を元肥と、それぞれを区別することもある。

■■ 追肥

健全な生育を維持するために、根系の活動の旺盛な6〜9月に与える肥料のこと。生育状態の悪化してきているものの回復や、開花、結実後の樹勢回復にも効果がある。

4 施肥の方法

樹木の根は肥料による濃度障害を受けやすいので、肥料の濃度、溶解スピードなどに考慮して、施肥位置を決めなければならない。次の3つの方法がある。

高木の施肥の方法

輪肥（わごえ）	樹木主幹を中心に、枝張り外周線の地上投影部分に深さ20cm程度の溝を輪状に掘り、溝底に所定の肥料を平均に敷き込み、覆土する
車肥（くるまごえ）	樹木主幹から車輪の輻（や）のように放射状に溝を掘る。溝は外側に遠ざかるにつれて幅を広く、深く掘り、溝底に所定の肥料を平均に敷き込み、覆土する。溝の深さは15〜20cm程度、長さは枝張り外周線の下にくるように掘る
壺肥（つぼごえ）	樹木主幹を中心に、枝張り外周線の地上投影部分に放射状に縦穴を掘り、穴底に所定の肥料を入れ、覆土する。縦穴の深さは20cm程度とする

■■ 植栽後1年以内や剪定直後の場合

植栽後1年以内の高木や剪定直後の高木では、枝張外周線を目安にするには適切ではないので、この場合は、樹幹中心から根元直径の5倍の円形を施肥の目安とする。

■■ 低木の場合

高木での輪肥や壺肥と同じような方法で、また生垣の場合には両側に沿って壺肥の方法に準じて施肥を行う。

標準問題で実力アップ!!!

問題1 次の（イ）、（ロ）の記述に該当する肥料成分の組合せとして、**適当なも
の**はどれか。

（イ）タンパク質や葉緑素の構成成分となる。欠乏すると、生育が悪化したり葉が
黄色くなったりする。多過ぎると、葉が濃緑色になり生育旺盛で花が遅れたり咲
かない場合がある。

（ロ）エネルギー代謝や光合成に関係し、タンパク質の合成を助ける。欠乏すると、
生育不良で葉の色が濃くなり、花芽分化や開花・結実が悪くなる場合がある。

```
         （イ）       （ロ）
(1) 窒　素……リン酸
(2) 窒　素……カ　リ
(3) カ　リ……窒　素
(4) カ　リ……リン酸
```

解説 （イ）は葉への影響なので窒素、（ロ）は花への影響なのでリン酸が該当する。し
たがって、（1）の組合せが適当である。　　　　　　　　　　　　　　　【解答（1）】

問題2 次の（イ）、（ロ）の記述に該当する肥料成分の組合せとして、**適当なも
の**はどれか。

（イ）植物体内の酵素の活性化や光合成の手助けを担う。欠乏すると、下葉から黄化
し枯れることがある。多すぎると、マグネシウムの呼吸が妨げられ生育が悪くなる。

（ロ）植物体を形づくるタンパク質の成分となる。欠乏すると、生育が悪化したり葉
が黄色くなったりする。多過ぎると、葉や茎が軟弱となり病気にかかりやすくなる。

```
         （イ）              （ロ）
(1) 窒素 ……………… カ　リ
(2) リン酸 …………… 窒　素
(3) カリ ……………… 窒　素
(4) カリ ……………… リン酸
```

解説 （イ）は**カリ**の特徴である。カリは植物体内の新陳代謝を良くし、根や茎を丈夫
にする。欠乏の場合は、葉脈の間に黄色の斑点ができ、枯れる。過多の場合は、窒素、カ
ルシウム、マグネシウムの吸収を妨げるので生育が悪くなる。（ロ）は**窒素の特徴**である。

肥料の3要素である窒素、**リン酸、カリ（カリウム）**に、**カルシウム**を加えて4要素
と呼ぶ。**カルシウムは、土の酸性を中和する**とともに、細胞間の結合を強化する働きが
ある。欠乏すると、若葉が巻き上がり、根の成長が止まる。それぞれの特徴を覚えてお
こう。

【解答（3）】

2. 施　肥　　**77**

3. 病 虫 害 防 除

出題傾向 病虫害防除に関する出題は、ほぼ毎年1問程度出題されているが、病害、虫害のそれぞれ1問ずつ計2問が出題されることもある。主には代表的な病虫害の名称とその症状に関する知識が求められる。

重要 ポイント講義

1 ● 病 害

病害を発生させる原因には、カビ、バクテリア、ウイルス、センチュウ（線虫）が知られている。

📙 病害の発生原因 📙

カビ	気孔などから、または表皮を分解して、植物体内に入る。適度な温度、適度な湿度で発芽し、菌糸を繁殖させて増殖する
バクテリア	自身では植物体内には入れないので、損傷口から侵入し、細胞分裂を起こして繁殖、病巣を広げる
ウイルス	アブラムシなどの昆虫による媒介で、植物体内に侵入して繁殖する
センチュウ（線虫）	数mm程度の大きさであり、気孔や表皮等から植物体内に侵入し、被害を及ぼす

📙 病害の特徴（葉） 📙

病 名	特 徴
うどんこ病	小麦粉のような白粉が葉の表面や裏面、または両面に発生。サルスベリ、ウバメガシなどの広葉樹に被害
すす病	葉や茎、枝の表面が黒色のすす状で覆われる。アブラムシやカイガラムシなどの分泌物の上で繁殖するものや、葉の組織の中に入って、葉の細胞から直接栄養をとる2つの形態がある。カラマツ、サカキ、アオキ、サツキなどに被害
さび病	葉の表面、裏面に、黄色・さび色の粉をふく。さび病菌（糸状菌）と呼ばれるかび類による病気。カイズカイブキ、ウメ、モモなどに被害
もち病	春の開葉期の後、新芽の一部が膨らんで、もち状の症状となる。患部が膨らまないで、白粉を生じるなどの被害になる場合もある。ツツジ類、ツバキなどに被害
炭疽病	葉や果実に、円形、または不整形の褐色、黒褐色、漆黒色の病斑が現れる。葉は勢いがなくなり、落葉する。ツツジ、クスノキ、モッコクなどに被害
白藻病	葉の表面に白〜淡褐色の放射状に伸びた菌糸膜が形成される。初期は白色、時間が経つとともに淡褐色放射状になる

78 4章 植物管理

■ 病害の特徴（幹、枝、茎、根）■

幹、枝、茎	
こうやく病	幹、枝の表面に褐色、灰〜黒褐色のビロード状の厚い膜が覆う。ウメ、モモ、サクラなどの広葉樹に被害
てんぐ巣病	枝の一部がこぶになり、そこから多数の小枝をほうき状に出す。サクラ、キリなどに被害
枝枯れ病	幹、枝に斑点を生じ、小さな隆起ができる。病斑が枝を1周するとその先端は枯れる。サクラ、バラなどに被害
白絹病 （しらきぬびょう）	根元、地際の幹、茎に白い菌糸が発生し、はい登る。病状が進むと、褐色になり枯死する。ジンチョウゲ、ハギ、球根類などに被害
根	
白紋羽病・ 紫紋羽病 （しろもんぱ・むらさきもんぱ）	根や根冠部、地際部などに白または紫の菌糸束がクモの巣状に絡みつく。最初は細根にカビが発生し、次第に太い根に及ぶ。侵された根の樹皮は腐敗し、急速に広がる。サクラ、ケヤキ、ジンチョウゲなどに被害

2 虫 害

　害虫による被害の形態別に分類すると、食葉性害虫、穿孔性害虫、吸収（汁）性害虫、虫こぶ（虫えい）形成害虫などとなる。

■ 害虫による被害の形態別区分 ■

区　分	特　徴
食葉性害虫	アゲハ、ケムシ、イモムシ、シャクトリムシ、ハムシ類、ミノムシなど、葉を食害するもの
穿孔性害虫	コウモリガ、ハマキガ、カミキリムシ、キバチなど、幹や枝に穿孔するもの
吸収（汁）性害虫	カメムシ、グンバイムシ、カイガラムシなど、幹や枝、葉で樹液を吸収するもの
虫こぶ（虫えい）形成害虫	キジラミ、アブラムシ、タマバチ、タマバエなど、葉に虫こぶをつくるもの

区　分	種　名	種別ごとの被害の特徴
食葉性害虫	アメリカシロヒトリ	雑食性で年2回（6月上旬、8月中〜下旬）発生する。葉の表皮、葉脈を残して、2〜3週間で全葉を食い尽くす
	ドクガ（チャドクガ）	雑食性で、若齢幼虫は群生して葉の表面を食害するため、白く透けたように見える。成長すると分散して葉を暴食、花にも加害する。幼虫には毒針毛があり、注意を要する
	イラガ	年に1〜2回発生し、樹木の葉を食害する。刺されると痛い毒針毛をもつ
	コガネムシ類	成虫は芽や新葉、花弁を食害する。幼虫は地中生活で根を食害し、苗木や幼木を枯らす
穿孔性害虫	カミキリムシ	ゴマダラカミキリ、シロスジカミキリなど多種で、成虫は芽を食害する。幼虫はテッポウムシとも呼ばれ、樹幹下や材部を食害し、枯死または著しい成長阻害を与える
吸収（汁）性害虫	アブラムシ	植物の先端の柔らかい部分の芽や花芽、新葉などに群生し、汁液を吸い、植物の成長を妨げる。年に何回も発生、雌だけで単為生殖（単性生殖）も行うので繁殖力は強い。すす病、ウイルス病も媒体する
	カイガラムシ	表皮から汁液を吸い、衰弱・枯死させる。大部分の種は、虫体や卵が白などのろう状の被覆物で保護されている
	ハダニ	夏など年に何度も繁殖する。葉に寄生し汁液を吸収する。葉色が悪くなり、灰白色となって、やがて枯死、落葉する
虫こぶ（虫えい）形成害虫	キジラミ	白粉を覆った小さな虫で、群生し吸汁する。葉の表がこぶ状に隆起する

Point!! 代表的な害虫の種名と、その被害の特徴が出題されることが多い。

3 ● 病虫害の防除

　病虫害を見つけたら、その原因を調べたうえで適切な処置を行い、拡大蔓延を防ぐことが重要である。特に、樹木の病虫害に対する抵抗力を低下させたときに被害が発生することも多いので、日ごろからの予防に努めるようにする必要がある。

　また、被害を受けたときには、捕殺、焼却、農薬散布などを効果的に組み合わせる。

問題1 樹木の病害に関する記述のうち、**適当なもの**はどれか。

(1) 炭疽病は、葉や幼茎枝に黒褐色・漆黒色・褐色の円形や不整形の病斑が生じ、病斑上に小黒点が形成されることが多い。

(2) てんぐ巣病は、根と茎の地際に白色の菌糸が発生し、のちに茶色の球形の菌核が形成される。

(3) さび病は、枝や幹の表面が褐色・灰褐色・黒褐色の厚いビロード状の菌糸膜で覆われ、円形から楕円形に広がる。

(4) 白紋羽病は、葉の表面が白い粉をまいたように菌糸で覆われ、また、病原菌の種類や樹種により褐色・紫褐色を呈するものがある。

解説 (2) てんぐ巣病は枝の一部から多数の小枝をほうき状に出す症状。

(3) さび病は、葉などに黄色（さび色）の粉状物が現れる症状。

(4) 白紋羽病は、葉ではなく、根や地際に白い菌糸束がからみつく症状。

【解答 (1)】

問題2 植物の虫害に関する記述のうち、**適当でないもの**はどれか。

(1) カイガラムシ類の幼虫・成虫は、植物の枝や幹、葉から汁液を吸収し、植物を衰弱させる。

(2) カミキリムシ類の幼虫は、樹皮下や材部を食害し、枝や幹が枯れることがある。

(3) ハムシ類の幼虫・成虫は、植物の芽や新葉などに群生して汁液を吸収し、植物の生育を妨げる。

(4) コガネムシ類の幼虫は、地中に生息して植物の根を食害し、苗木・幼木を枯死させる。

解説 (3) ハムシの幼虫は植物の根や葉、成虫は葉を食害する。樹液を吸収する吸汁性ではない。

【解答 (3)】

4. 芝 生 管 理

出題傾向 芝生の造成や管理に関する出題がほぼ毎年 1 問程度が出題されている。主には、芝生の造成や管理に関する手順や方法についての知識が問われる。

重要 ポイント講義

1 ● 芝 刈 り

　芝を刈るのは、草丈を短くして美観や利用性を維持するだけでなく、芝草のほふく成長を促進させ、茎葉を緻密にする目的がある。さらに、通気や日照がよくなることから、健全に生育し、病虫害にも強いものとなる。

Point!! ▶ 芝生の造成と管理が組み合わさった設問もみられるので、「3 章 4. 芝生、法面緑化、屋上緑化等」（59 ～ 60 ページ）を参照のこと。

■ 芝刈りの時期 ■

日本芝（ノシバ、コウライシバ）・バーミューダグラス類	夏芝。生育適温の 20 ～ 30℃となる 4 ～ 10 月、特に 7 ～ 9 月が最も成長が旺盛であり、この時期に特に重点的に刈込みを行う
西洋芝（ベントグラス類、ブルーグラス類、フェスキュー類、ライグラス類）	冬芝。4 ～ 6 月と 10 ～ 11 月が成長の旺盛な時期で、刈込みも重点的に行う

　芝刈りは、年 3 ～ 6 回程度が一般的で、公共の芝地はこの程度の場合が多い。しかし、スポーツ用などの特定用途の芝地では成長期に週 1 ～ 2 回、ゴルフ用などの場合には週 3 ～ 5 回、あるいは毎日刈り込むこともある。

　刈込みの高さは、ほふく芝で 6 ～ 18 mm、上向成長型で 20 ～ 30 mm、株状型で 50 mm 程度である。これよりも短くすると何らかの生育障害が懸念される。草丈が 40 ～ 50 mm を超えると日照不足や蒸れなどが生じやすいため、50 mm を刈込みの目安とする。

2 ● 除 草

　芝地内の除草は、美観の維持だけが目的ではなく、成長阻害の予防や通風・通気性確保、病虫害予防などの役割もある。

　除草には人力による方法と、薬剤（除草剤）散布による方法がある。

　時期としては、梅雨期の中～後期に集中的に行うのが望ましい。この時期の雑草は結実前であり増殖予防の効果があるほか、降雨により地面が軟化していて雑草が抜けやすいことに利点がある。

3 ● 灌 水

　芝生を乾燥によって衰退、枯損させないように灌水を行うが、一般的に乾燥に強い日本芝やバーミューダグラス類には行わない。ただし、植栽の養生期や夏のかんばつ時などに灌水を行う。また、一般的に浅根性の西洋芝にとっては夏の灌水は重要である。

　灌水には、手まきやスプリンクラー等による地上灌水と、チューブ等による地下灌水がある。灌水は芝の種類や土性などによって異なるが、10 ～ 12 cm 程度の深さの容水量を満たす程度が必要量であり、少ない灌水では芝を浅根にしてしまうことがある。

　散水時間帯は、朝が最適である。日中の灌水は高温で蒸発量が多いために生育障害が懸念され、夕方の灌水では芝生が湿潤に保たれ病虫害の誘因になることもある。

4 ● 施 肥

　芝生の生育のために施肥を行うが、これには病虫害や踏圧、凍上、かんばつなどへの抵抗力を高める目的もある。芝でも樹木と同じように、窒素、リン酸、カリの 3 要素と、カルシウム（石灰）、マグネシウム（苦土）などの微量要素が必要とされる。なかでも窒素は重要で、不足すると茎葉の伸長が鈍り、多すぎると刈込みや病虫害、踏圧などに対する抵抗力が低下し、サッチの集積が増える。

　施肥は、春に行う春肥、秋に行う秋肥、この 2 つが元肥としての役割をもつ。その間には、刈込みと生育状況に応じて適宜、追肥する。

　春から初夏に行う春肥は、やや窒素肥料の多い有機質肥料がよく、その後は生育状態をみながら肥料不足であれば速効性の化成肥料によって対処する。

　秋肥は、寒さへの抵抗力を増強するが、この際には窒素よりもリン酸、カリを

多く含んだ肥料とし、遅効性の有機肥料か緩効性の化成肥料とする。

5 • 病 虫 害

▓ 病 害 ▓

伝染経路	病　害	特徴など
空気伝染	さび病	・5〜7月と9月に淡黄色か鉄さび病の小さな斑点が現れ、場合によっては芝生一面が黄色みを帯びてくることもある ・ノシバ、コウライシバ、バーミューダグラス類で発生する
空気伝染	葉枯病 （はがれ）	・春から梅雨にかけて、または初秋と、湿度の高い時期に広がる ・短く刈り込んだ芝生では、輪郭の不鮮明な大小の褐変症状が現れる
土壌伝染	雪腐病 （ゆきぐされ）	・雪解け時期の積雪地域で、べっとりと腐ったように大小さまざまな枯死症状が現れる病気である ・どの種の芝草にも発生する ・積雪とは無関係に発症することもあり、紅色病とも呼ばれる
土壌伝染	春はげ症	・萌芽期のコウライシバ、バーミューダグラス類で発生する ・白褐色の数十cmの円形パッチ、またはそれが融合した形で現れる
土壌伝染	ブラウンパッチ	ベントグラス類など西洋芝で、梅雨明けの高温期前から暗褐色、茶褐色の大きな斑点が生じる
土壌伝染	ラージパッチ	日本芝（ノシバ、コウライシバ）で春や秋に多く発生する病気であり、赤褐色や茶褐色の大きな円形状に枯れる

▓ 虫 害 ▓

影　響	種名	被害の特徴	発生時期
茎葉の食害	ヨトウムシ	夜行性の害虫で、夜間に茎葉を食害、日中は地中に潜む	5〜6月、または10月ごろ
根の食害	コガネムシ類	アシナガコガネ、セマダラコガネ、ヒメコガネ、マメコガネなどの幼虫で、地下茎や根などを食害する	3〜5月、9〜10月
根の食害	シバツトガ	夜間に飛来した成虫が産卵。孵化した幼虫が地下茎を食害する	5〜10月、特に8〜9月
芝生への寄生	センチュウ類	線虫（ネマトーダ）。根に寄生し、生育を悪化、黄化現象などを起こす	

6 ● 目土かけ

目土かけは、芝生のほふく茎の浮き上がりを防ぎ、新しい根系の伸長を促すために行われる。この際に芝生地の凹凸を平坦にすることができ、美観を保つとともに、雨水排水をよくし、過湿による病害を予防する効果もある。

目土の土質

目土は原則的に床土と同じものを用いる。土壌の理化学性を改良したり、すり込みの作業性をよくするために、マサなどの砂質土壌を用いたり、砂や土壌改良材を併用する。また、雑草の種子の混入が多い表層土は避け、植物の根茎、瓦礫等の混入がないものを調達する。

目土かけの時期

芝生の萌芽期または成長期がよい。一般に日本芝などの夏芝は4～7月および9月、西洋芝の冬芝では3～6月および10～11月ごろが適期である。

夏芝における目土かけの回数は、芝生の利用目的、芝生の生育状態、刈込回数によっても異なるが、標準的には毎年春期に1回もしくは春・秋の2回程度が望ましい。

目土かけの方法

あらかじめ刈込みを行い、すり込みを容易にする準備を行う。

目土かけの作業はレーキ等でむらなく敷き均した後、乾燥させてからほうきなどでていねいにすり込む。

目土の深さは、上向き伸長の旺盛な春、またはエアレーション直後、芝張り後では厚目土（10 mm 程度）を施しても害は少ないが、原則として芝の成長点を覆う程度にする。およそ3～6 mm 程度が、1回の目安として適当である。

7 ● エアレーション

踏圧などにより土壌の硬化が進むと、通気性の不良により根の発育が損なわれ、芝生の地上部の生育が衰える。この際、エアレーションにより、芝生地表面に穴を開けて、通気性をよくすることで芝生の老化現象を防ぎ、根張りをよくするものである。

エアレーションの時期

新芽の動き出す春期に年1回、踏圧等により土壌の固結しやすい場所では秋期を併せ、数回程度実施するのが一般的である。

■ エアレーションの方法

深さ 5 cm 以上、一般的には 7 ～ 8 cm（硬化が著しい場合は 10 ～ 12 mm 程度）の穴を芝生地全体にむらなく開ける。一般には 10 cm 間隔の千鳥状とする。

穿孔の方法は、大面積の場合は大型機械を使用するが、狭い面積を対象とする場合には、小回りの利く小面積用のローンスパイクやフォークを使用する。エアレーション前には、刈りくず、枯れ葉などをかき出しておく。また、実施後には薄く目土をかけて穴をふさぐとともに施肥を行い、養生するとよい。

標準問題で実力アップ!!!

問題 1　芝生の造成及び管理に関する記述のうち、**適当でないもの**はどれか。

(1) 造成時の整地にあたっては、地表 30 cm 程度を丁寧に耕耘し、土塊を細かく砕くとともに雑草・瓦礫等を取り除き、できれば、そのまま数日放置して、土を落ち着かせる。

(2) 植芝で芝生を造成する場合、その生育を促進し、早く密な状態にするため、元肥を施す。

(3) エアレーションは、一般的には新芽の動き出す時期に年 1 回程度行うが、踏圧により土壌の固結しやすい場所などでは年に数回行う。

(4) 日本芝の目土かけは、芝生の萌芽期と成長期は避け、休眠期及びその直前に行う。

解説　(4) 目土かけは、**芝生の萌芽期または成長期がよい**。日本芝は 4 ～ 7 月が適期。

なお、(1) のような芝生の造成に関しては、「3 章 4. 芝生、法面緑化、屋上緑化等」（59 ～ 60 ページ）を参照。　　　　　　　　　　　　　　　　　　　【解答（4）】

5章 造園施設

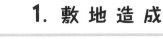

1. 敷地造成

第一次検定 集中ゼミ

出題傾向 敷地造成は例年2問程度。土工と擁壁に関する出題となっている。特に、土量変化率を使った計算ができるようにしておく必要がある。また、法面勾配や施工方法などの知識、擁壁の種別とそれぞれの特徴を理解しておこう。

重要 ポイント講義

1 土量の変化

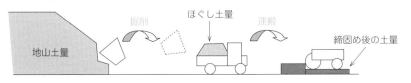

土を掘削し、運搬して盛土をする場合、地山の状態の土がほぐされた状態、さらに締め固めた状態では、体積は変化する。土工を計画する際には、この変化を常に考慮しなければならない。

土量の変化率は地山土量を基準にして、ほぐし率 L、締固め率 C で表す。

$$ほぐし率\ L = \frac{ほぐし土量}{地山土量}$$

$$締固め率\ C = \frac{締固め後の土量}{地山土量}$$

ほぐし率 L は運搬計画を立てるときに、締固め率 C は切土を盛土に用いるような土の配分計画を立てるときに、重要な換算係数となる。

土量変化率 f

求める Q 基準の q	地山土量	ほぐし土量	締め固めた土量
地山土量	1	L	C
ほぐし土量	$\dfrac{1}{L}$	1	$\dfrac{C}{L}$
締固め後の土量	$\dfrac{1}{C}$	$\dfrac{L}{C}$	1

【計算例 1】

　下図に示す断面で延長 100 m の盛土を施工するのに必要な「地山土量」と「運搬土量（ほぐし土量）」との組合せを求める。土量の変化率は $L=1.25$、$C=0.90$ とする。

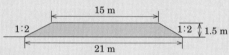

締め固めた土量の断面積 A：

$$A=(15+21)\times\frac{1}{2}\times1.5=27.0\,(\text{m}^2)$$

延長 100 m 当たりの土量 V：

$$V=27.0\times100.0=2{,}700.0\,(\text{m}^3)$$

これを地山土量に換算する。

$$2{,}700\times\frac{1}{0.90}=3{,}000\,(\text{m}^3)$$

　※　地山土量 Q ＝ 締固め後の土量 q × $\dfrac{1}{C}$

この地山土量をほぐし土量に換算する。

$$3{,}000\times1.25=3{,}750\,(\text{m}^3)$$

　※　ほぐし土量 Q ＝ 地山土量 q × L

別の算定方法：

$$2{,}700\times\frac{1.25}{0.90}=3{,}750\,(\text{m}^3)$$

　※　ほぐし土量 Q ＝ 締固め後の土量 q × $\dfrac{L}{C}$

【計算例2】

この盛土工事において必要となるダンプトラックの所要延べ台数を求める。なお、ダンプトラック1台当たりの積載量は5.3 m³（ほぐし土量）とする。

$$3,750 〔m^3〕÷5.3 〔m^3/台〕＝707.5＝708 〔台〕$$

Point!! 土量変化率を換算係数として用い、各種の土量を算定することは、頻繁に出題されているので必ずマスターしよう。

2・切 土

切土は、自然状態にある地盤を掘削することであるため、土質とその状態によって建設機械を選定する必要がある。また、一般的に地山の土質は不均一であり、さらに事前の調査で把握できないことも多いので、施工中も絶えず注意が必要である。特に、地下水の変化には気をつけなければならない。

切土の標準法面勾配

切土では、地盤の状態や接続する法面、既往工事などを勘案して法面勾配を決める。標準的な勾配は次のとおり。

🍂 切土の標準法面勾配 🍂

地山の土質		切土高	切土勾配
硬 岩			1：0.3 ～ 1：0.8
軟 岩			1：0.5 ～ 1：1.2
砂	密実でない粒度分布の悪いもの		1：1.5 ～
砂質土	密実なもの	5 m 以下	1：0.8 ～ 1：1.0
		5～10 m	1：1.0 ～ 1：1.2
	密実でないもの	5 m 以下	1：1.0 ～ 1：1.2
		5～10 m	1：1.2 ～ 1：1.5
砂利、または岩塊混り砂質土	密実なもの、または粒度分布のよいもの	10 m 以下	1：0.8 ～ 1：1.0
		10～15 m	1：1.0 ～ 1：1.2
	密実でないもの、または粒度分布の悪いもの	10 m 以下	1：1.0 ～ 1：1.2
		10～15 m	1：1.2 ～ 1：1.5
粘性土		0～10 m	1：0.8 ～ 1：1.2
岩塊、または玉石混り粘性土		5 m 以下	1：1.0 ～ 1：1.2
		5～10 m	1：1.2 ～ 1：1.5

■ 切土の施工

切土の土質にもよるが、一般的にはブルドーザ、バックホウなどを用いて機械施工する。この際、地山と切土の境界である法肩部分は浸食を受けて崩壊しやすいので、ラウンディングにより丸みをつける。

また、切土高が 5 ～ 10 m、またはそれ以上になると小段を設ける。一般的な小段の幅は 1.0 ～ 2.0 m である。法先に向かって 5 ～ 10％程度の水勾配をつける。

ただし、雨水の浸食などが心配されるときには、小段は逆勾配にして、法尻部分に設けた排水溝で処理する。

3 ● 盛 土

盛土は、自然状態の地山で施工する切土と違って、事前に盛土材料や施工方法を検討することができる。盛土材料や盛土を支持する地盤などの条件に応じて、合理的な計画にしなければならない。

■ 盛土の標準法面勾配

盛土の法面勾配は、盛土材料と盛土高によって決める。

盛土の標準法面勾配

盛土材料	盛土高	盛土勾配
粒度分布のよい砂、砂利、砂利混り砂	5 m 以下	1 : 1.5 ～ 1 : 1.8
	5 ～ 15 m	1 : 1.8 ～ 1 : 2.0
粒度分布の悪い砂	10 m 以下	1 : 1.8 ～ 1 : 2.0
岩塊、ズリ	10 m 以下	1 : 1.5 ～ 1 : 1.8
	10 ～ 20 m	1 : 1.8 ～ 1 : 2.0
砂質土、硬い粘性土、硬い粘土	5 m 以下	1 : 1.5 ～ 1 : 1.8
	5 ～ 10 m	1 : 1.8 ～ 1 : 2.0
軟らかい粘性土	5 m 以下	1 : 1.8 ～ 1 : 2.0

■ 盛土の施工

盛土工事に先立って、地盤に湧水があったり排水性が悪い場合には、排水溝や排水層を設ける。また、地盤面に植生や雪氷などがある場合は、これを取り除く。

できるだけ平坦に凹凸、段差を均すものとするが、傾斜地に盛土する場合は、段切を行う。

特殊な条件での盛土

段　切：段切は、盛土後の滑落を防ぐためのもので、地山の傾斜が4分の1程度よりも急な場合に行う。標準的な切土は最低高さ50cm、幅1mで、小さくなりすぎないように留意する。岩の地山で段切を行うには、リッピングや発破をともなうものになるが、この場合には幅や高さを状況に応じて小さくする場合もある。

地山とのすり付け部分：凹地や谷を埋めたり、地山との接点となるすり付け部分は、地山に緩い切土をして地下排水溝を設け、その上部を良質な材料でさらに盛土する。

軟弱地盤上での盛土：軟弱地盤の上で盛土を行う場合、盛土や時間の進行によって沈下が生じる。この対処として、あらかじめ沈下量を予測して、法勾配をある程度急にしたり、天端を高く、余盛りする。施工中では沈下に合わせて修正することができるが、工事完了後の沈下を見込む場合もある。

特に軟弱地盤は、粘土のような細粒子を多量に含んだ含水率の高いものであるので、圧密沈下を念頭に対策を講じることとなる。

このために、圧密によって排出される水を排水し、トラフィカビリティを向上させるためのサンドマット（敷砂）工法や、添加剤工法、置換工法、サンドコンパクションパイル工法・石灰パイル工法などを行う場合がある。

敷均し・締固め

盛土は、盛土材とともに施工方法によって品質が大きく変わる。このために、水平の薄い層に敷き均し、均等に締め固めることが基本となる。

敷均し厚

道路盛土の路体では30cm以下（1層の締固め後の仕切り厚さ）、敷均し厚で35～45cm以下とする。

路床では、20cm以下（1層の締固め後の厚さ）、敷均し厚で25～30cm以下とする。

締固め

締固めは、盛土材に見合った適切な機械を用いることが原則であり、良質な材料では比較的容易に締め固められるものの、粘性土などでは入念な締固めが求められる。しかし、高含水比の粘性土（鋭敏比が高い）ではかえって粘性を増してしまって、不良な施工条件となることがあるので注意しなければならない。

締固め機械

締固め機械は、主として静的圧力によるものと、振動力によるもの、衝撃力によるものに大別される。

静的圧力によるもの：ロードローラ、タイヤローラ、タンピングローラなど

振動力によるもの：振動ローラ、振動コンパクタなど

衝撃力によるもの：ランマ、タンパ

主な締固め機械の種類

ロードローラ	鉄輪のローラで、道路工事の路盤やアスファルト舗装の締固め、仕上げなどに用いられる。平滑な仕上りが可能であり、ほとんどが自走式。ロードローラはマカダムローラとタンデムローラに分けられる
タイヤローラ	大型低圧タイヤを並べた機械で、自走式とトラクタでけん引する被けん引式とがある。対応できる土質は幅広く、アスファルト舗装の締固めにも用いられる
タンピングローラ	ローラの表面に突起物をつけ、突起の先端にローラの荷重を集中させることにより、土塊や軟らかい岩塊の破砕および踏込みなどの効果を向上させる
振動ローラ	ローラに起振機を組み合わせ、自重の1～2倍程度の起振力を付加することにより、大きな締固め効果を上げる締固め機械である。振動をかけて粒子を密にするので、容易に細粒化しない土塊にも適す
ブルドーザ	本来は締固め機械ではないが、トラフィカビリティの確保できないシルト質の土を締め固める場合などで用いられる。特に鋭敏比の高い高含水比の土では湿地ブルドーザを使用することもある
振動コンパクタ	一般にはハンドガイド式をいう。起振機を前後に傾けることにより水平分力を生じさせ、前後進するので手押し式で容易に操作できる。含水比さえ適当であればかなり広範囲の土質に対応でき、小規模工事や狭い部分の締固めなどで多く使用されている
ランマ	ガソリン機関の爆発力を利用し、その反力で機械本体をはね上げ、落下したときの衝撃力で締固めを行う。主に小型のものが用いられ、狭い局部的な場所の締固めに適している

盛土の際には、できるだけ最適含水比に近づけるよう努め、排水処理はしっかりと行う。締固め機械の走路が1か所にならないよう、できるだけ均等な締固めを心がけることも重要である。

施工後にはどうしても沈下してしまうので、その沈下量を見込んで余盛りするのが一般的である。

傾斜地での掘削・押土した土をそのまま盛土に用いる場合には、高まきにならないように注意する必要がある。高まきの原因としては、斜面方向に掘削し押土した状態で盛土を行うと、転圧不足となりやすい。この場合、盛土側に敷

均し用のブルドーザを配置して、押されてきた切土をすみやかに敷き均し、高まきにならないように締め固めるのがよい。

法面の施工

盛土の法面での締固めが不足すると、豪雨等の際に法面が崩壊することがある。これを防止するため、法面はできるだけ機械による締固めを行う必要がある。小規模な法面、構造物付近などでは人力による土羽打ちで人力施工することもある。

4 運　搬

建設機械を安全かつ経済的に稼働させるためには、現場の土質条件、作業条件が大きく関係する。建設機械を選定するときには、運搬距離と地盤に適応した走行性を検討しなければならない。

運搬機械と運搬距離

運搬機械の種類	適応する運搬距離
ブルドーザ	60 m 以下
スクレープドーザ	40 ～ 250 m
被けん引式スクレーパ	60 ～ 400 m
自走式スクレーパ	200 ～ 1,200 m
ショベル系掘削機 トラクタショベル ／ ダンプトラック	100 m 以上

5 擁　壁

擁壁の形状と適用範囲

擁壁は、背面にある切取面または盛土を支持し、土圧を受け止める土留めの役割を果たすものである。このため必要とされる擁壁の高さ、設置場所の地形や地質、土質によって、さらに景観的な面や施工条件等から擁壁の形状を決定する必要がある。

構造を検討、設計する場合の基本的な検討事項は、擁壁に作用する加重（自重、載荷重、土圧の組合せ）、安全（滑動、転倒、基礎地盤の支持力・沈下、地震時など）である。

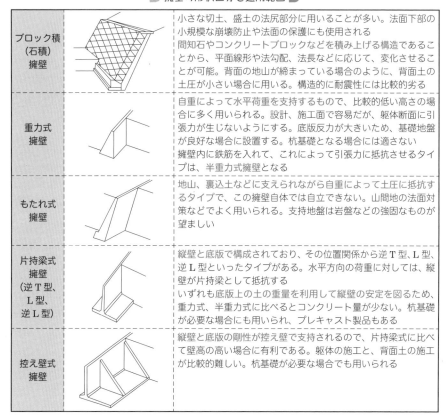

ブロック積（石積）擁壁		小さな切土、盛土の法尻部分に用いることが多い。法面下部の小規模な崩壊防止や法面の保護にも使用される 間知石やコンクリートブロックなどを積み上げる構造であることから、平面線形や法勾配、法長などに応じて、変化させることが可能。背面の地山が締まっている場合のように、背面土の土圧が小さい場合に用いる。構造的に耐震性には比較的劣る
重力式擁壁		自重によって水平荷重を支持するもので、比較的低い高さの場合に多く用いられる。設計、施工面で容易だが、躯体断面に引張力が生じないようにする。底版反力が大きいため、基礎地盤が良好な場合に設置する。杭基礎となる場合には適さない 擁壁内に鉄筋を入れて、これによって引張力に抵抗させるタイプは、半重力式擁壁となる
もたれ式擁壁		地山、裏込土などに支えられながら自重によって土圧に抵抗するタイプで、この擁壁自体では自立できない。山間地の法面対策などでよく用いられる。支持地盤は岩盤などの強固なものが望ましい
片持梁式擁壁（逆T型、L型、逆L型）		縦壁と底版で構成されており、その位置関係から逆T型、L型、逆L型といったタイプがある。水平方向の荷重に対しては、縦壁が片持梁として抵抗する いずれも底版上の土の重量を利用して縦壁の安定を図るため、重力式、半重力式に比べるとコンクリート量が少ない。杭基礎が必要な場合にも用いられ、プレキャスト製品もある
控え壁式擁壁		縦壁と底版の剛性が控え壁で支持されるので、片持梁式に比べて壁高の高い場合に有利である。躯体の施工と、背面土の施工が比較的難しい。杭基礎が必要な場合でも用いられる

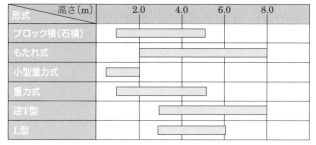

形式 ＼ 高さ（m）	2.0	4.0	6.0	8.0
ブロック積（石積）				
もたれ式				
小型重力式				
重力式				
逆T型				
L型				

■ 目地と伸縮継手、配筋

■ コンクリート・重力式擁壁

　温度応力によって生じるき裂を防止するため、壁長に沿って 10 m 間隔ごとに 1 か所の伸縮継手を設ける。継手の目地幅は 1 ～ 2 cm とし、エラスタイトまたは水密性の U 字型止水板を挿入する。

鉄筋コンクリート擁壁

鉄筋コンクリート擁壁では、鉛直の壁に出るひび割れを防止するため、V字型の切れ目をもつ鉛直打継ぎ目となる目地を10m以内ごとに設ける。この打継ぎ目では鉄筋を切断しない。温度応力によって生じるき裂防止には、15〜20m間隔に伸縮目地を設け、この部分では鉄筋を切断し、目地材や止水板を挿入する。

片持梁式擁壁では、縦壁（鉛直壁）と底版の取付部を固定端とする片持梁（梁の一端が固定、他端が自由な構造）として土圧を支持している。このため、縦壁の背面（土圧を受ける側）に縦筋として主鉄筋を組み立てる。

擁壁の安定

転 倒

擁壁に加えられる合力の作用点が、底版幅の3分の1以上中央に寄ったところに納まるのが安定条件。

滑 動

底版を滑動させようとする水平土圧には、底版面と地盤との摩擦抵抗が重要である。安全率（1.5）に満たないときは、底版幅を大きくしたり、突起を設ける。

沈 下

底版に生じる最大反力が地盤の支持力よりも大きくならないことが条件。

標準問題で実力アップ!!!

問題1 4,500 m³の盛土の造成を行う場合、土取場より「掘削すべき地山の土量」及び運搬に必要な「ダンプトラックの延べ台数」の組合せとして、**適当なもの**はどれか。

ただし、条件は以下のとおりとする。

〔条件〕
・土量変化率　L=1.20　C=0.90
・ダンプトラック1台当たり積載量　5 m³（ほぐし土量）

　　（掘削すべき地山の土量）　　（ダンプトラックの延べ台数）
(1)　5,000 m³ ……………………………1,080台
(2)　5,000 m³ ……………………………1,200台
(3)　5,400 m³ ……………………………1,080台
(4)　5,400 m³ ……………………………1,200台

解説 盛土 4,500 m³ は締固め後の土量

掘削すべき**地山の土量**：4,500 m³ ÷ 0.9 ＝ **5,000 m³**

ほぐし土量 ：5,000 m³ × 1.2 ＝ **6,000 m³**

ダンプトラックの台数：6,000 m³ ÷ 5 ＝ **1,200 台**

よって、（2）の組合せが正しい。

【解答 （2）】

問題2 下図に示す断面で延長 80 m の盛土をする場合、土取場より「掘削すべき地山土量」及び運搬に必要な「ダンプトラックの延べ台数」の組合せとして、**適当なもの**はどれか。

ただし、条件は以下のとおりとする。

なお、土量の計算結果に一の位の端数が出る場合は、一の位を切り捨てることとし、また、ダンプトラックの延べ台数の計算結果に小数点以下の端数が出る場合は、小数第一位を切り上げることとする。

〔断面図〕

〔条件〕・土量変化率 $L=1.2$ $C=0.8$
・ダンプトラック 1 台当たり積載量 5 m³

（掘削すべき地山土量）（ダンプトラックの延べ台数）

(1) 320 m³ ･･････････････････････････ 96 台

(2) 410 m³ ･･････････････････････････ 100 台

(3) 480 m³ ･･････････････････････････ 100 台

(4) 500 m³ ･･････････････････････････ 120 台

解説 盛土断面である台形の上部横断幅が 3 m、盛土勾配が 1：2 で、高さが 1 m である。

下部横断幅の幅：2 m ＋ 3 m ＋ 2 m ＝ 7 m

台形の面積：（3 m ＋ 7 m）× 1 m ÷ 2 ＝ 5 m²

延長 80 m であるので、盛土量（締固め後）は、

5 m² × 80 m ＝ 400 m³

必要となる地山土量：$400 \text{ m}^3 \times \dfrac{1}{0.8} = 500 \text{ m}^3$

必要となるほぐし土量：$400 \text{ m}^3 \times \dfrac{1.2}{0.8} = 600 \text{ m}^3$

ダンプ台数：600 m³ ÷ 5 m³/台 ＝ 120 台

【解答 （4）】

問題3 擁壁に関する記述のうち、**適当でないもの**はどれか。

(1) 重力式擁壁は、躯体自重により土圧に抵抗する形式の擁壁であり、基礎地盤が良好な箇所に用いられる。

(2) もたれ式擁壁は、地山または切土部にもたれた状態で自重のみで土圧に抵抗する形式の擁壁であり、背面の地山や切土部が比較的安定している場合に用いられる。

(3) ブロック積（石積）擁壁は、法面下部の小規模な崩壊防止、法面の保護に用いる擁壁であり、背面の地山が締まっている場合などの土圧が小さい場合に用いられる。

(4) 片持梁式擁壁は、縦壁と底版からなり、縦壁にかかる土圧を利用して安定を図る形式の擁壁であり、基礎地盤が堅固な場合に用いられる。

解説 (4) L型や逆T型といった片持梁式擁壁は、底版上の土の重量を利用して縦壁が片持梁として抵抗する擁壁であって、縦壁にかかる土圧を利用するものではない。

【解答（4）】

問題4 擁壁に関する記述のうち、**適当でないもの**はどれか。

(1) 重力式擁壁を施工する際、コンクリートのひび割れを防止するため、10 m以下の間隔で伸縮目地を設ける。

(2) もたれ式擁壁は、躯体自重とかかと版上の土の重量によって土圧に抵抗して安定を図る形式の擁壁であり、基礎地盤が堅固な場所に用いられる。

(3) ブロック積（石積）擁壁は、法面下部の小規模な崩壊防止、法面の保護に用いる擁壁であり、背面の地山が締まっている切土部など、背面地盤からの土圧が小さい場合に用いられる。

(4) 控え壁式擁壁のように擁壁背面の転圧が困難な箇所の裏込めは、一層の仕上がり厚さが20〜30 cm程度以下となるようにまき出し、ランマで十分に転圧を行う。

解説 (2) もたれ式擁壁は、地山、裏込め土などに支えられながら土圧に抵抗するタイプで、この擁壁自体では自立できない。記述にある躯体自重と「かかと版（＝底版）」上の土の重量によって土圧に抵抗するのは、逆T型、逆L型といった片持梁式や控え壁式擁壁である。

他の記述は適当であるので、しっかり読んで覚えておこう！ 【解答（2）】

2. コンクリート

出題傾向 コンクリートは例年 1 ～ 2 問。コンクリートの材料や施工方法に関する出題となっている。

重要ポイント講義

1 ● セメントと混和材料、骨材

コンクリートは、セメント、骨材（砂、砂利、砕石）、水によってでき上がるものであり、セメントと水を練り混ぜ合わせることで生じる化学反応によって硬化する作用が基本である。この化学反応を水和と呼ぶ。水和が進行すると反応生成物によってセメント粒子の間隔が狭まり、次第に粘度を増しながら形を保つように固まる。この状態を凝固という。凝固した後から硬化が始まり、水和が完全に完了し硬化が終了するまでには長い時間を必要とする。

このように水の反応によって硬化するセメントを水硬性セメントというが、空気中の二酸化炭素と化学反応を起こして硬化するマグネシアセメントなどは気硬性セメントと分類される。

コンクリートは、セメント、骨材、水の調合によって強度やワーカビリティ（コンクリートの打込みにおける作業性の良否）が変化する。その調合する割合を配合と呼ぶ。セメント硬化体の強度は、水セメント比（混合する水量の割合）によって大きく左右される。

■ セメント

セメントを大別すると、ポルトランドセメントと混合セメントに区分される。ポルトランドセメントには、普通・早強・超早強・中庸熱・耐硫酸塩という 5 種類と着色に用いられる白色がある。混合セメントには、高炉セメント、シリカセメント、フライアッシュセメントの 3 種類がある。

■ 混和材料

セメント、水、骨材以外の材料で、コンクリートの性質を改善するために必要に応じて成分に加えるものを混和材料という。使用量が比較的少なく、その材料自体の容積がコンクリートの配合計算上で無視できるものを一般的には混和剤、使用量が多いためその材料の容積が配合計算に関連するものを混和材としている。

■ セメントの種類と特徴 ■

種　別		特性・用途
ポルトランドセメント	普　通	最も一般的なセメントで広く利用
	早　強	短期材齢での強度が発現するように調整されたもの。工事を急ぐ場合や、大きな水和熱を必要とする寒中などに使用
	超早強	早強ポルトランドセメントの特性をさらに高めたもの。急速施工用のコンクリートに使用。発熱速度や発熱量が大きいので温度ひび割れ防止の注意が必要
	中庸熱	水和熱（発熱）量が小さくなるように調整されており、体積の大きなダム工事などで使用。普通セメントよりも短期強度はやや低いが、長期材齢にわたり強化増進が大きい
	耐硫酸塩	硫酸塩を含む土や水への抵抗性が高く、硫酸塩の存在する海水中や温泉地などの現場で使用
	白　色	性質は普通ポルトランドセメントと同様で構造用としても用いられるが、強度はやや低く水に弱い弱点がある。主要な用途は着色用で、顔料を混ぜカラーモルタルをつくる
混合セメント	高炉セメント	早期の強度はやや弱いものの、長期材齢での強度は普通ポルトランドセメントと同等かそれ以上。セメント硬化体の組織が緻密になるため水密性、耐熱性、化学抵抗性、耐食性が大きく、海水・下水での工事に使用
	シリカセメント	早期の強度はやや弱いものの、長期強度は普通ポルトランドセメントと同等。セメント硬化体の組織が緻密であり、化学的抵抗性、水密性に優れる。海水工事や鉱山の排水工事などで使用。乾燥収縮が大きい
	フライアッシュセメント	早期の強度は低いが、長期強度は高く、流動性、水密性がよく、水和熱も低いことから水理構造物などで使用

■ 骨　材

　骨材は、セメントと水に練り混ぜる砂、砂利、砕石、砕砂、その他これに類する材料のことである。骨材のうち、10 mm ふるいをすべて通過し、5 mm ふるいを質量で 85％以上通過するものを細骨材、5 mm ふるいに質量で 85％以上留まるものを粗骨材という。

　骨材は、コンクリート容積の 75％程度を占め、その良否がコンクリートの品質や価格に大きな影響を及ぼす。経済的なコンクリートをつくるためにも、現場周辺の地域産材料を有効に活用することが重要である。

　骨材の貯蔵は、大小の粒径が分離しないように、ふるい分けをして別々に区切りをつけておくのがよい。また、コンクリートの品質を安定させるために、排水施設を設けて骨材の含水比を変動させないようにしたり、雪氷の混入の防止、長時間暑中の炎天下にさらさないように、覆いを取り付けるなどの対策を必要とする。

2.　コンクリート

■ 代表的な混和材 ■

ポゾラン作用をもつもの	コンクリート用フライアッシュ、コンクリート用高炉スラグ微粉末、珪酸白土、シリカフューム
膨張性をもつもの	膨張性混和材
着色させるもの	着色材
増量材	岩石粉など
早期強度を高めるもの	早強性混和材

■ 代表的な混和剤 ■

界面活性作用により、ワーカビリティ、凍結融解作用に対する抵抗性を改善するもの	AE剤、AE減水剤、減水剤
凝固、硬化時間を調節するもの	促進剤、遅延剤、急結剤
防水効果を高めるもの	防水剤
泡の作用により充填性を改善したり、重量を調節したりするもの	起泡剤、発泡剤
その他	保水剤、接着剤、鉄筋の防さび剤など

2 ● コンクリートの性質

■ フレッシュコンクリートの性質

　練り混ぜられてから型枠に流し込まれて、まだ固まらないコンクリートをフレッシュコンクリートという。フレッシュコンクリートの性質としては、施工の各段階（運搬・打込み・締固め・表面仕上げ）での作業を容易に行えることが重要であり、その際に材料分離を生じたり、品質が変化したりすることのないことも必要である。

　コンクリートの変形および流動に対する抵抗性（コンシステンシー）と、材料分離に対する抵抗性を含めた総合的な性質のことをワーカビリティという。ワーカビリティは、コンクリートの「練混ぜ → 打込み → 仕上げ」までの一連の作業に関する施工特性を表すものである。

　コンクリートの材料分離をできるだけ少なくすることは、均等質で品質のよいコンクリートを仕上げるうえで重要である。適切なワーカビリティのコンクリートを用いることが第一であるが、減水剤やAE剤の使用も、分離を少なくするうえで有効な手段である。

マスターノート

コンクリートの性質を表す用語

ワーカビリティ	コンシステンシーによる打込みやすさの程度、および材料分離に抵抗する程度をいう。均等質なコンクリート構造物、部材を容易で安全に仕上げるためには、作業に適したワーカビリティのコンクリートを用いることが重要である。この際、作業に適したワーカビリティは、施工する構造物、部材の種類、施工方法などによって違ってくる ・ワーカビリティを変化させる要素：セメントの粉末度、混和材料の種類と量、骨材の粒度、単位セメント量・単位水量といったコンクリートの配合、コンクリート温度、練混ぜ方法など
コンシステンシー	変形や流動性に対する抵抗の程度。コンシステンシーの小さいコンクリートを用いれば、打込みや締固め作業は容易になるが、材料の分離の傾向は大きくなる コンシステンシーの測定には、一般的にスランプ試験が用いられる。硬練りコンクリートの場合は、振動台式コンシステンシー試験による
プラスティシティ	容易に型に詰めることができ、型を取り去ると形はゆっくり変えていくものの、くずれたり材料分離することのないような性質の程度をいう
フィニッシャビリティ	粗骨材の最大寸法、細骨材率、細骨材の粒度、コンシステンシーなどによる仕上げの容易さ

硬化したコンクリートの性質

圧縮強度	コンクリートの強度は、標準養生を行った円形柱供試体の材齢 28 日における圧縮強度を、一般的には基準とする。圧縮強度は、コンクリートのさまざまな性質の中で最も重要であり、圧縮強度以外の強度や品質も、ここからある程度推測することができる
引張強度	コンクリートの引張強度は、圧縮強度のおおむね 1/10 程度ときわめて小さい。また、圧縮強度の大きなものほど、この比率は小さい
曲げ強度	梁供試体の長軸と直角方向からの荷重から算定される引張強度であり、圧縮強度の 1/5 ～ 1/8 程度である

3 ・コンクリートの施工

　コンクリートは、すみやかに運搬し、直ちに打ち込み、十分に締め固めなければならない。練り混ぜ始めてから打ち終わるまでの時間は、原則として外気温が 25℃を超えるときは 1.5 時間、25℃以下のときで 2 時間を超えてはならない。

　また、打ち込むまでの間は、日光、風雨から保護することが必要である。

▦ 打込み

- コンクリートの打込作業にあたっては、鉄筋の配置や型枠を乱さない
- 打ち込んだコンクリートは、型枠内で横移動させてはならない
- 打込み中に著しい材料分離が認められた場合には、材料分離を防止する手段を講じなければならない
- 1区画内のコンクリートは、打込みが完了するまで連続して打ち込む
- 壁や柱などの高さが大きな構造物では、打込速度があまりに大きいと材料分離が大きくなるので、30分につき1～1.5m程度の速度にする
- コンクリートは、その表面が1区画内でほぼ水平になるように打ち込むことを原則とする。コンクリート打込みの1層の高さは、締固め能力を考慮してこれを定めなければならない。内部振動機を用いた締固めでは、1層当たりの打込高さは40～50cm程度とする
- コンクリートを2層以上に分けて打ち込む場合、上層のコンクリートの打込みは、下層のコンクリートが固まり始める前に行い、上層と下層が一体となるように施工するのを原則とする
- 型枠が高い場合には、型枠に投入口を設けるか、縦シュートあるいはポンプ配管の吐出口を打込面近くまで下げてコンクリートを打ち込む
- コンクリートの打込み中、表面にブリーディング水がある場合には、適当な方法でこれを取り除いてからコンクリートを打ち込む

▦ コンクリートの施工で使用される用語 ▦

ブリーディング	コンクリートを打設している間、または打設完了後に、セメントや骨材が沈降し、水やセメント・砂に含まれる細粒分が浮かび上がってくる。このとき表面に浮かび上がってきた水をブリーディングという。コンクリートの硬化に不必要なものであり、取り除く
レイタンス	ブリーディングにともなって表面に浮かび上がってきた微細な物質をレイタンスという。これもコンクリートの硬化に不必要なものであり、除去する
コールドジョイント	打足しによる完全に一体化していない継目をコールドジョイントという

▦ 締固め

　コンクリートの締固めには、内部振動機を用いることを原則とし、薄い壁など内部振動機の使用が困難な場合には型枠振動機を使用してもよい。

　コンクリートは鉄筋の周囲や型枠のすみずみに行き渡るようにしなければならないので、これが困難な場所には、そのコンクリート中のモルタルと同配合のモ

ルタルを打設するか、打込み直後に型枠を軽打するなどして、確実に行き渡るようにする。

内部振動機の使用においては、以下に示す方法によりコンクリートを十分締め固める。

① 振動締固めにあたっては、内部振動機を下層のコンクリート中に **10 cm** 程度挿入する

② 内部振動機は鉛直に挿入し、その間隔は、振動が有効と認められる範囲の直径以下の一様な間隔とする。挿入間隔は、一般に **50 cm** 以下とするとよい

③ 内部振動機の引抜きは、後に穴が残らないよう徐々に行う

④ 内部振動機は、コンクリートを移動させる目的で使用してはならない

打継ぎ目

打継ぎ目は、構造物の強度を確保し、外観の見栄えも考慮しながら位置や方向を検討する。特に打継ぎ目は、剪断力の小さい位置か、打継ぎ目が部材の圧縮力の作用方向と直角になるように設けるのを原則とする。

打継ぎ目の施工

水平打継ぎ目	・コンクリートを打ち継ぐ場合には旧コンクリートの表面のレイタンス、品質の悪いコンクリート、ゆるんだ骨材粒などを完全に取り除き、十分に吸水させなければならない ・新コンクリートとの付着をよくするために、打設面にはセメントペーストを塗るかモルタルを敷く。その後、直ちにコンクリートを打設し、旧コンクリートと密着するよう締め固める
鉛直打継ぎ目	・旧コンクリートの打継ぎ面は、ワイヤブラシで表面を削るか、チッピングなどによりこれを粗にして十分吸水させ、セメントペースト、モルタルあるいは湿潤用エポキシ樹脂などを塗った後、新コンクリートを打ち継がなければならない ・新コンクリートの打込みにあたっては、新旧コンクリートが十分に密着するように締め固めなければならない。また、新コンクリート打込み後、適切な時期に再振動締固めを行うのがよい ・水密を要するコンクリートの鉛直打継ぎ目では、止水板を用いるのを原則とする

養 生

コンクリートを所定の品質（強度、水密性、耐久性）に仕上げるためには、硬化時に十分な湿度と適当な温度環境が必要であり、外的な衝撃、有害な応力を与えないように配慮する必要があり、これを養生という。

養生には、①硬化作用を十分に発揮、②引張応力やひび割れを防ぐ、という大きな目的がある。養生の方法には、湿潤養生、散水養生、水中養生、膜養生、温水養生、蒸気養生、気乾養生、パイプクーリング養生などがある。

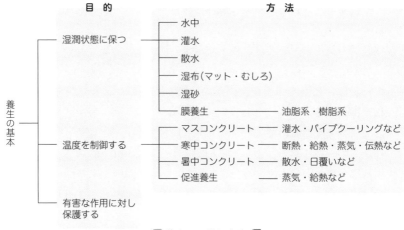

目 的	方 法	
湿潤状態に保つ	水中	
	灌水	
	散水	
	湿布(マット・むしろ)	
	湿砂	
	膜養生	油脂系・樹脂系
温度を制御する	マスコンクリート	灌水・パイプクーリングなど
	寒中コンクリート	断熱・給熱・蒸気・伝熱など
	暑中コンクリート	散水・日覆いなど
	促進養生	蒸気・給熱など
有害な作用に対し保護する		

養生の基本

養生の目的と方法

■ 湿潤養生

コンクリートは打込み後、硬化を始めるまで、直射日光・風等による水分の逸散を防ぐ必要がある。表面を荒らさずに作業できる程度までに硬化した後、コンクリートの露出面を湿潤状態に保つものとする。湿潤状態に保つ方法には、養生マット・布等を濡らしたもので覆うか、散水、灌水を行うなどがある。また、せき板が乾燥するおそれのあるときには、これに散水し湿潤状態にしなければならない。

■ 膜養生

膜養生は、打込み直後のコンクリートの初期養生を目的として用いられることがあるが、一般に養生マット、布等で湿布養生したり、散水したりするなどの湿潤養生が困難な場合や、湿潤養生が終わった後さらに長期間にわたって水分の逸散を防止するために行う場合に用いられるもので、コンクリート表面に膜養生剤を散布、あるいは塗布して、水の蒸発を防ぐ養生方法である。

■ 特別に注意するコンクリート

日平均気温が25℃以上になるときには、暑中コンクリートとしての措置をとらなければならない。また、日平均気温が4℃以下になると予想されるときには、寒中コンクリートとしての措置をとらなければならない。

暑中コンクリートと寒中コンクリート

	暑中コンクリート	寒中コンクリート
適用条件	日平均気温 25℃を超える時期	日平均気温 4℃以下となる気象条件
コンクリート 打設時	35℃以下 ※できるだけ低温のコンク リートを打設する	5 〜 20℃が原則

暑中コンクリートの留意点

- コンクリート打設時の温度は 35℃以下
- できるだけ低温のコンクリートを打設する
- 長時間炎熱にさらされたセメントや骨材は用いない
- 練混ぜ水は低温のものを使用する
- 打込みはできるだけ早く行い、練り混ぜてから打ち終わるまでの時間は、1.5 時間以内を原則とする
- 養生は直射日光と風を防ぐ

暑中に打ち込まれたコンクリートの表面は、直射日光や風にさらされると急激に乾燥してひび割れを生じやすい。このため、打込み終了後は、露出面が乾燥しないようにすみやかに養生することが大切である。特に、打込み後少なくとも 24 時間は、露出面を乾燥させることがないように湿潤状態に保つか、または養生は少なくとも 5 日間以上行うのが望ましい。

寒中コンクリートの留意点

- 凍結したり氷雪が混入している骨材はそのまま使用せず、適度に加熱してから用いる。加熱は均等に行い、過度に乾燥させないこと
- 材料の加熱は、水または骨材のみとし、セメントはどんな場合でも加熱してはならない
- コンクリートの打設温度は 5 〜 20℃を原則とする
- 凍害を避けるために、単位水量をできるだけ減らし、AE コンクリートを用いる。AE 剤の効果は、単位水量を減らすことと、コンクリートの凍結融解の耐候性を高めることである
- 養生温度は所定の圧縮強度が得られるまではコンクリート温度を 5℃以上に保ち、さらに 2 日間は 0℃以上に保つ

保温養生	断熱性の高い材料で、コンクリートの周囲を覆い、セメントの水和熱を利用して所定の強度が得られるまで保温するもの
給熱養生	気温が低い場合、あるいは断面が薄い場合に、保温のみで凍結温度以上の適温に保つことが不可能なとき、給熱により養生するもの

給熱する場合には、その効果が無駄にならないように、シート類等による保温養生と組み合わせて計画するのがよい。養生温度を高くすると強度発現が早くなるため、養生期間を短くできるが、養生終了後、冷却されたときにひび割れが発生しやすくなる。一方、養生温度を低くすると、所定の強度が得られるまでの養生期間は長くなる。したがって、寒中コンクリートの養生は、コンクリートの配合、強度、構造物の種類、断面の厚さ、外気温などを考慮して、その方法および期間、養生温度等を計画することが重要となる。

■ 表面仕上げ

コンクリートの表面が構造物の外観として露出した状態になる場合、表面の仕上げについて考慮する必要がある。打ち込まれた状態でのコンクリートを表面として仕上げる場合（打放し）と、表面にモルタルを塗ったり、骨材を露出させるなどの装飾・細工を施す場合に大別される。

■ 打放し

コンクリートの表面を打設、固化した状態のままで外観とする方法で、このためには材料・配合、打込方法などの条件を変えないコンクリートを、一定区画内に連続して打ち込む必要がある。

■ 打放しコンクリートの仕上げ方法 ■

せき板に接しない面	締固めが終わり、ほぼ所定の高さに均したコンクリートの上部に浸み出た水がなくなるか、この上面の水を処理した後で、木ごて、または適当な仕上機械を用いて仕上げる 特に、滑らかで密実な表面を得たい場合は、作業可能な範囲でできるだけ遅い時期に金ごてを強く押しつけて仕上げる
せき板に接する面	型枠を取り外した後に、表面にできた突起やすじなどは除去して平滑にする。また、耐久性に悪影響を与える豆板、欠けた箇所などについては、その不完全な部分を除去してから水で濡らし、適度な配合のコンクリートかモルタルでパッチングして平らに仕上げる

■ 装飾仕上げ

型枠の表面に装飾となる型を取り付けてコンクリートを打設する方法や、表面をはぎ取る研き出し仕上げ、タイルや石材等をモルタル下塗りの上に貼り付ける被覆仕上げなどの方法がある。

問題1 コンクリートに関する記述のうち、**適当でないもの**はどれか。

(1) 骨材のうち細骨材は、10 mm 網ふるいを全部通り、5 mm 網ふるいを質量で 85%以上通る骨材をいう。

(2) AE 減水剤を適切に用いたコンクリートは、打込み終了後におけるブリーディングが少なくなる。

(3) コンクリートの引張強度は、圧縮強度に比べて極めて小さく、一般にその値は圧縮強度の 10 分の 1 程度である。

(4) 同じ水セメント比のコンクリートであれば、一般に、粗骨材に川砂利を用いたものは、砕石を用いたものよりも強度は大きい。

解説 (4) 同じ水セメント比のコンクリートであるので、一般的に骨材表面積のより大きい砕石が強度は大きくなる。 【解答（4）】

問題2 コンクリートの施工に関する記述のうち、**適当でないもの**はどれか。

(1) 外気温が 20℃であったので、コンクリートを練り混ぜてから打ち終わるまでの時間を 3 時間とした。

(2) 2 層以上に分けてコンクリートを打ち込む際、打込みの 1 層の高さを 40 cm とした。

(3) 仕上げ作業後から、コンクリートが固まり始めるまでの間にひび割れが発生したので、タンピングによって修復した。

(4) 滑らかで密実な表面が必要であったので、作業が可能な範囲でできるだけ遅い時期に金ごてで強い力を加えてコンクリート上面を仕上げた。

解説 (1) 外気温が 25℃以下のときは 2 時間を超えないようにする必要がある。 【解答（1）】

問題3 コンクリートの施工に関する記述のうち、**適当でないもの**はどれか。

(1) 日平均気温が 25℃ を超えることが予想されたので、暑中コンクリートとして施工し、打込み時のコンクリート温度は 30℃ であることを確認し、練り混ぜ後 1.5 時間で打ち終えた。

(2) 寒中コンクリートの施工に当たり、給熱養生を終えた後は速やかにコンクリート温度を外気温と同じになるようにして、一連の養生作業を終了した。

(3) 2 層以上に分けてコンクリートを打ち込む際、コンクリートの 1 層の打込み高さを 45 cm として棒状バイブレーターによる振動締固めを行った。

(4) 滑らかで密実な表面が必要であったので、作業が可能な範囲でできるだけ遅い時期に金ごてで強い力を加えてコンクリート上面を仕上げた。

解説 (2) 寒中コンクリートで給熱養生を終えた後も、**所定の強度が得られるまでは保温が必要である**ので、適当でない。 【解答 (2)】

問題4 コンクリートの施工に関する記述のうち、**適当でないもの**はどれか。

(1) 外気温が 20℃ であったので、コンクリートを練り混ぜてから打ち終わるまで、3 時間で終えるようにした。

(2) 柱と梁が連続するコンクリート構造物の施工にあたり、沈みひび割れを防止するため、柱のコンクリートの沈下が終了してから、梁のコンクリートを打ち込んだ。

(3) 仕上げ作業後、コンクリートが固まり始めるまでの間にひび割れが発生したので、タンピングによって修復した。

(4) 普通ポルトランドセメントを用いたコンクリートの養生にあたり、日平均気温が 15℃ 以上 20℃ 未満の日が続いたので、湿潤養生期間を 5 日とした。

解説 (1) 外気温が **25℃ 以下の場合は 2 時間以内**を標準としていることから、この記述が適当ではない。

他の記述は、コンクリートの打込み・養生についての少し詳しい知識であるので覚えておこう。 【解答 (1)】

3. 舗 装

重要ポイント講義

1 • アスファルト舗装

舗装構成

アスファルト舗装は、表層、基層、路盤で構成され、路床の上につくられる。一般的な構造では、路盤は上層路盤と下層路盤に区分され、それぞれで施工する。

また、路盤に散布するプライムコート、基層に散布してその上の層の付着をよくするためのタックコートも重要な役割がある。

アスファルト舗装構成

表 層	平坦で滑りにくく快適な走行ができるような路面を確保するもの。交通荷重を分散して下層に伝達する役割がある。加熱アスファルト混合物を用いる
基 層	路盤の不陸を整正し、表層に加わる荷重を路盤に均一に伝達することが、基層の役割。加熱アスファルト混合物が用いられる
路 盤	下層路盤と上層路盤で構成される。表層からの荷重を分散させ、路床に伝達する役割をもつ。下層路盤にはクラッシャーランなど粒状路盤材料（砕石）、上層路盤には、良好な骨材粒度に調整した粒度調整砕石、セメントや石灰を混合した安定処理材料などを用いる
路 床	舗装と一体となって荷重を支持する、舗装下の厚さ約1mの部分をいう。路床下の路体に対し、荷重をほぼ一様に分散することと、舗装を施工するうえでの基盤としての役割をもつ

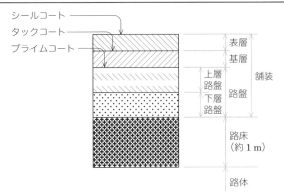

 Master Note

プライムコートとタックコート

プライムコート	プライムコートの目的は、路盤表面部に浸透し、その部分を安定させ、降雨による路盤の洗掘または表面水の浸透などを防止することや、路盤からの水分の蒸発を遮断する役割がある。また、路盤の上にアスファルト混合物を施工する場合に、路盤とアスファルト混合物とのなじみをよくする プライムコートは、路盤（瀝青安定処理を除く）を仕上げた後、すみやかに瀝青材料を所定量均一に散布して行う。プライムコートには、通常、アスファルト乳剤（PK-3）を用いる。標準散布量は一般に $1 \sim 2\,l/m^2$
タックコート	タックコートは、舗設する混合物層とその下層の瀝青安定処理層、中間層、基層との付着、および継目部の付着をよくするために行うもので、瀝青材料を所定量均一に散布し養生する。タックコートには、通常、アスファルト乳剤（PK-4）を用いる。散布量は一般に $0.3 \sim 0.6\,l/m^2$ が標準である なお、寒冷期の施工や急速施工の場合、瀝青材料散布後の養生時間を短縮するために、ロードヒータにより加熱する方法、および所定の散布量を2回に分けて散布することなどがある

※ 透水性アスファルト舗装には、プライムコート、タックコートは行わない

舗設

舗設準備

舗装に用いる混合物は混合所で製造されたものを原則として使用する。路盤の舗設作業前に、泥や荒砂などが路盤表面を汚していたり、遊離している場合には清掃を入念に行う。

敷均し

敷均し作業は、アスファルトフィニッシャで行うが、これが使用できない部分ではレーキにより行う。敷均しのときの混合物の温度は、一般に **110℃** を下回らないようにする。雨が降り始めた場合は、作業を中止する。

舗設は、気温が 5℃以下の場合は行わないが、対策を講じたうえで監督職員の承諾を得て施工することもできる。

敷均し厚を一定にして、さらに表面の平坦性を確保するように、厚さを点検しながらできるだけ連続的に敷均し作業を行う。

やむをえず舗装作業を中断して継目をつくる場合や、施工幅が広いことなどによって縦継目をつくる場合は、混合物を敷き均す末端に型枠を設けて、その端まで転圧仕上げを行って継目をつくる。この際、いかなる場合であっても、下層継目の上で上層継目を重ねて施工してはならない。

また継目間隔は 15 cm 以上とする。

■ 締固め

　加熱混合物を敷き均し終えたら、できるだけ早く締固めを開始する。転圧開始の温度は、一般には初転圧は 110 ～ 140℃で始められ、二次転圧は 70 ～ 90℃で完了する。

締固め手順：

継目転圧 → 初転圧 → 二次転圧 → 仕上げ転圧

標準問題で実力アップ!!!

問題1　アスファルト舗装に関する記述のうち、**適当でないもの**はどれか。

（1）透水性舗装の場合、プライムコートは表面水の浸透を阻害することになるので、一般には施工しない。

（2）タックコートは、路盤（瀝青安定処理路盤を除く）とその上に施工するアスファルト混合物との付着をよくするために散布する。

（3）アスファルト混合物の敷均し時の温度は、一般に 110℃ を下回らないようにする。

（4）アスファルト混合物の二次転圧の終了温度は、一般に 70 ～ 90℃ の範囲とする。

解説　（2）タックコートは、舗設する混合物層とその下層の瀝青安定処理層や基層などの舗装の付着をよくするために用いる。なお、路盤とその上に施工するアスファルト混合物との付着をよくするものはプライムコートである。　　　　　　【解答（2）】

4. 運 動 施 設

重要 ポイント講義

1 ● 陸上競技場

方 位

　競技者が太陽光線のまぶしさに妨げられないように配慮する。トラック、フィールドの長軸方向は、南北、または北北西〜南南東が望ましい。

　観覧者が西日に悩まされないように、メインスタンドはトラックの西側が望ましい。

許容傾斜度

　トラックの許容傾斜度は幅方向で100分の1、走る方向で1,000分の1以下とする。フィールドは、滞水しないように中心から周辺へ向かって均等な勾配をとり、トラック内縁のフィールド側に設けた排水溝に排水する。

トラック

　トラックの内縁は高さ5cm、幅5cmのコンクリート、その他硬質のものを用いてフィールドとの境にする。計測は、トラックの内縁材の外側の端から30cm外側で行う。ただし、第4種競技場で、トラック内縁に縁石のない場合は、内縁は5cmの白線で示し、この20cm外側で周長の計測を行う。

- 幅が1.22〜1.25mのセパレートコースとし、コースは5cmの白線で区切る
- 公認陸上競技場における距離の公差
  　第1種〜第2種：10,000分の1（1周の距離：400m）
  　第3種〜第5種：40mm以内

2 ● テニスコート

方 位

　競技者が太陽を直接見ないように、コートの長軸の方位が南北からやや北西〜

南東とする（9°：沖縄～15°：北海道）。

勾　配

　表面排水をとる必要があるときには、硬質テニスコート0.5％を標準とし、勾配方向は次の優先順序による。

① 　一方のサイドラインから他方のサイドライン方向へ：横勾配
② 　一方のベースラインから他方のベースライン方向へ：縦勾配
③ 　1つのコーナーから対角のコーナー方向へ：斜勾配

コート

　コートラインは原則として白色を使用し、幅は5cmを標準とする。公式テニスコートの場合ではベースラインのみ幅10cmでもよい。

　コートの計測は、すべてコートラインの外側で行う。

3　野　球　場

方　位

　競技者を主とする場合は、本塁を北に、投手板を南とする。

　観覧者を主にする場合は、本塁を南に、投手板を北にする。

　また、風向と方位の関係は、グラウンドの長軸方向と恒風の方向が一致していることが望ましい。

勾　配

　内野の表面排水は、ピッチャーズマウンドを中心とし、滞水しないように周辺に向かって勾配をとる。

　ホームベースからバックネットまでは0.5～1.0％程度、外野については塁線から外周に向かって0.3～0.7％程度の勾配とする。

4　サッカー・ラグビー場

方　位

　長軸をできるだけ南北にとる。

　長軸の方向を、できるだけ土地の恒風の方向と直交させる。

5　運動施設の舗装

　運動施設の舗装は、大まかに土系舗装と全天候型舗装に大別される。舗装は、利用目的や利用状況、管理などの経済性等を十分に考慮して決める必要がある。

　代表的な舗装材についての特性をまとめる。

クレイ舗装

粘性土を表層とするもので、施工が比較的容易で競技後の疲労が比較的少ないとの利点があるが、降雨後の乾燥に時間がかかる、乾燥するとほこりが立ちやすいなどの欠点もある。

なお、表面仕上げに表層安定剤として、塩化マグネシウムまたは塩化カルシウムを所定量（100 m² 当たり 120 kg 程度）均一に散布し、転圧することがある。

アンツーカ舗装

焼成土を表層とするもので、色彩が美しく、競技後の疲労が少なく、降雨後の乾燥も早いという利点がある。しかし、含水率が高くなると軟弱化したり、乾燥するとほこりが立ちやすく、一般に冬期の利用ができないという欠点もある。

全天候型舗装

全天候型舗装は、アスファルト系、ポリウレタン系、合成ゴム系、人工芝系、ポリエチレン成形品などの合成材料を表層とする。

これには、天候にはほとんど影響されずに競技ができる、ほこりが立たないという長所があるが、長時間の使用では疲労が残ったり、照り返しが強い、施工費が高いといった短所もある。

人工芝の全天候型舗装では、基層に開粒度アスファルト混合物を用いて、透水性にすることもある。

天然芝系舗装

フィールドの舗装材としての天然芝をスポーツターフといい、サッカー等のフィールドスポーツが盛んになるにしたがって導入が増えてきている。

スポーツターフには、競技者の激しい動きにも耐えて、刈込み等にも生理的に耐え、病虫害に強いなどの条件が求められる。また、設置場所の気候などにも見合った種の選定を行う必要がある。

年間を通じての常緑化を図る方法（ウインターオーバーシーディング）は、冬期に表面が枯れる暖地型芝草に、ライグラス類等の寒地型芝草を播種し、暖地型芝草を再生させる手法である。

芝草の芝床には、踏圧によって阻害される透水性、通気性の低下が起こりやすいため、固結しにくく物理性が変化しにくいことや、降雨直後あるいは降雨中のプレーにも良好なコンディションが得られるなどの条件があり、この条件を満たすものに川砂がある。このように砂を床土に使用することが主体となっているため、排水施設も重要なものになっている。

標準問題で実力アップ!!!

問題1 運動施設に関する記述のうち、**適当なもの**はどれか。

(1) サッカー場の長軸を南北方向にとり、フィールドの排水勾配を中心から周辺に向かって 0.5% とした。

(2) 陸上競技場のトラックの長軸を東西方向にとり、走路の排水勾配を横断方向では内側のレーンの方向に向かって 1.0% とした。

(3) 野球場の方位を競技者を主体とするために本塁を南にとり、外野の排水勾配を塁線から外周に向かって 0.6% とした。

(4) 硬式テニスコートの長軸を南北方向にとり、コートの排水勾配を、ネットの張られた線を中心に両サイドのベースライン方向に向かって 0.5% とした。

解説 (2) 陸上競技場の**トラックの長軸は南北または北北西〜南南東**が望ましい。

(3) 競技者を主とする野球場では、**本塁を北**に、**投手板を南**にすることが望ましい。

(4) 硬式テニスコートでは、**1つのサイドラインから他方のサイドライン**への横の片勾配とする。同様にベースライン方向での縦の片勾配、コーナー対角での斜め方向の片勾配もある。 【解答 (1)】

問題2 陸上競技場に関する記述のうち、**適当でないもの**はどれか。

(1) 長軸を東西方向にとり、トラックの横断方向の排水勾配は外側のレーンの方向に 100 分の 1 以内となるようにとった。

(2) 照明器具は、長軸に平行に両サイド 4 か所ずつ、計 8 か所設置した。

(3) 第 1 種公認陸上競技場のトラックの 1 周の距離の公差は、プラス 10,000 分の 1 以内となるようにした。

(4) トラックの透水性の全天候型舗装に当たり、表層にゴムチップウレタン系透水型表層材、基層に開粒度アスファルト混合物を用いた。

解説 (1) 陸上競技場の長軸方向は、南北、または北北西〜南南東が望ましいので適当ではない。

他の記述は正しいので覚えておこう。 【解答 (1)】

問題3 公園内の運動施設における照明器具の配置として、**適当でないもの**はどれか。（●：照明器具の位置を示す。）

(1) 野球場

(2) テニスコート（4面以上並列に連続するコート）

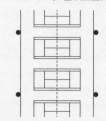

(3) サッカー専用競技場

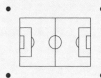

(4) 陸上競技場

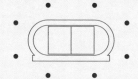

解説 （4）陸上競技場では、フィールド競技を考慮し、**サイドライン側**への照明配置が望ましい。 【解答（4）】

Point!! このような問題が時折、出題されている。本問題で主要な運動施設の照明配置を理解しておくとよい。照明の配置の原則は、プレーヤーの目線でできるだけまぶしくないように配慮することがポイント。

問題4 運動施設に関する記述のうち、**適当でないもの**はどれか。

(1) 野球場の方位を競技者を主体とするために本塁を北にとり、外野の排水勾配を塁線から外周に向かって0.5％とした。

(2) 硬式野球場のバックストップ（バックネット）の位置を、本塁から20mの距離をとった位置とした。

(3) 硬式テニスコートの排水勾配を、一方のベースラインから他方のベースライン方向に向かって0.5％とした。

(4) 硬式テニスコートの照明を、ベースラインの後方にそれぞれ1基ずつ配置し、照明器具の最下段の取付け高さは5mとした。

解説 （4）テニスコートの照明の配置は、プレーヤーのまぶしさを防ぐために、原則として**サイドラインと平行に設置**する。複数のコートが連続する場合や、その他サイドに設置できない場合は、ベースライン後方のコートとコートの間に配置することになっている。よって（4）が適当ではない。 【解答（4）】

5. 遊戯施設

出題傾向 遊戯施設では、遊具の安全性に関する設問が例年1問程度出題されている。特に、部材の設置高さや隙間などのような重要な数値を覚えておく必要がある。

重要ポイント講義

1 砂遊び系遊具（砂場）を設けるうえでの基本的な事項

- 面積は 6 〜 7 m² 程度の広さを標準とする
- 砂場の底は、排水層を設ける
- 砂の深さは 200 〜 400 mm（一般的には 350 〜 400 mm）
- 設置面と砂場枠上面、または砂面と砂場枠上面との段差は 220 mm 以下（一般的に、設置面と砂場枠上面の段差は 100 〜 200 mm）

2 揺動系遊具（ぶらんこ）を設けるうえでの基本的な事項

- 着座部の幅は、幼児用で 300 〜 400 mm、児童用で 350 〜 500 mm とし、奥行きは 120 mm 以上とする
- 着座底面の最下点から着地面までの間隔（スイングクリアランス）は、350 mm を基準とし、＋100 mm までは許容範囲とする。「年齢制限エリア」などに設置する幼児用ぶらんこは、300 mm まで低減できる
- 境界柵は、設置面から横架材上面までの高さは 600 〜 800 mm とする
- 運動方向の安全領域の最小値は、落下高さ（H）＋1,500 mm とする

3 滑降系遊具（すべり台）を設けるうえでの基本的な事項

- 出発部となる踊り場は、滑降部の有効幅以上で、奥行き 300 mm 以上の平らな部分を設ける
- 高低差が 600 mm を超える階段やはしごには、利用者が身体を支えたり安定させるための手すりを設ける
- 高さ 600 mm を超える踊り場などには、落下高さに応じたガードレールや転落防止柵を設ける

- 滑降部の傾斜角度は基本的には水平に対して 45° 以下。滑降部全体として平均 35° 以下とする
- 滑降面の最小間口寸法は、幼児用で 300 mm 以上、児童用で 360 mm 以上
- 側壁は、落下高さが 1,500 mm を超える場合は 150 mm 以上、1,500 mm 以下の場合で 100 mm 以上とする。ただし、落下高さが 600 mm 以下の場合は側壁がなくてもよい
- 着地面から減速部の終点上端部までの高さは、幼児用では 100 〜 300 mm、児童用では 150 〜 380 mm とする
- 降り口方向の安全領域の最小値は、すべり台の外形端部より 2,000 mm とする

4 懸垂運動系遊具（鉄棒）を設けるうえでの基本的な事項

- 標準的に、高さ 900 mm、1,000 mm、1,100 mm の 3 段階。柱間幅員 1,800 mm とするが、年齢によって安全度を考え、検討する必要がある
- 握り棒の長さは 900 mm 以上とする
- 握り棒の前後方向（運動方向）の安全領域の最小値は、握り棒外面から 1,800 mm とする

5 上下動系遊具（シーソー）を設けるうえでの基本的な事項

- 腕部の最大傾斜角は、水平に対して 20° を超えないこと
- 腕部の座面の高さは、腕部を水平にした状態で設置面から 750 mm 以下（一般的には、中軸の高さ 450 mm。両足が軽く地表に触れる）
- 腕部を最も傾斜させたとき、腕部下面先端部と設置面の間に 230 mm 以上の空隙を確保する。この際、タイヤなどの緩衝材を、シーソー端部や腰掛位置と設置面の間に埋め込むこともある

6 振動系遊具（スプリング遊具）を設けるうえでの基本的な事項

- 一般的なスプリングの推奨交換サイクルは 5 〜 7 年とする
- 着座型スプリング遊具の安全領域は、落下高さ 600 mm 以下の場合で 1,500 mm、落下高さ 600 mm を超える場合で 1,800 mm を最小値とする

問題1 遊具に関する記述のうち、**適当でないもの**はどれか。

(1) 鉄棒を設置する際、握り棒上端までの高さを 1.0 m とし、前後方向（運動方向）の安全領域を握り棒外面から 1.8 m とした。

(2) 児童用のすべり台を設置する際、出発部（踊り場）について、滑降部より 10 cm 広い幅で、奥行き 35 cm の平らな部分を設けた。

(3) スプリング遊具を設置する際、着座面の高さを設置面から 60 cm とし、隣り合う遊具との安全領域を 1.8 m とした。

(4) 児童用の一方向ぶらんこを設置する際、着座部底面の最下点から着地面までの間隔を 30 cm とし、周囲の境界柵は設置面から横架材上面までの高さを 50 cm とした。

解説 (4) ぶらんこの着座底面の最下点から着地面までの間隔（スインググリアランス）は **350 mm 以上**。周囲の境界柵の接地面から横架材上面までの高さは **600 ～ 800 mm** を標準とする。その他の記述は正しい。　　　　　【解答　(4)】

問題2 遊具の安全領域に関する記述のうち、**適当なもの**はどれか。

(1) 複合系遊具の設置に当たり、設置面から出発部（踊り場）までの高さが 2.0 m のすべり台の降り口方向の安全領域を滑降面の終端から 1.5 m 確保した。

(2) 設置面から回転軸までの高さが 2.3 m の一方向ぶらんこの設置に当たり、運動方向の安全領域を 3.0 m 確保した。

(3) 設置面から握り棒部までの高さが 1.2 m の鉄棒の設置に当たり、運動方向（前後方向）の安全領域を握り棒外面から 2.0 m 確保した。

(4) 設置面から着座面までの高さが 0.5 m のスプリング遊具（着座型）の設置に当たり、隣り合う遊具との安全領域を 1.0 m 確保した。

解説 (1) すべり台の降り口方向の安全領域は、滑降面の終端から **2.0 m** 必要であることから、適当ではない。

(2) 一方向ぶらんこの運動方向の安全領域は、落下高さ（2.3 m）＋1.5 m（最小値）＝ **3.8 m** が必要となるので、記述は誤り。

(3) 鉄棒における運動方向の安全領域は、握り棒外面から **1.8 m** であるので、記述は適当なものである。

(4) 落下高さが **0.6 m** 以下の遊具では、遊具外形から全方位に **1.5 m** 以上が安全領域となっていることから、記述は適当ではない。　　　　　【解答　(3)】

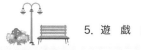

6. 水 景 施 設

重要ポイント講義

1・水 景 工

　公園施設における水景工は、伝統的な日本庭園の技法による流れや滝、池泉のほか、西洋庭園や近代都市公園などに導入される噴水、カナール、カスケードなど、または自然環境を保全、創出するビオトープまで多種多様なものがある。水景工を設ける際の最も基本的なことは、漏水しない構造物をつくることにある。そのうえで、水が高いところから低いところに流れ、静水状態では水平となる性質などを応用し、優れた水景施設としていく。

◢◣ 護岸の種類と特徴 ◢◣

護岸の種類	材料、工法の特徴
草止め護岸	植栽基盤となる土を締め固め、よく茂った根付きの草本を植え付ける方法。強度は弱いが、水辺の柔らかい自然の雰囲気をつくり出す
しがらみ（柵）護岸	列状にある程度の間隔で打ち込んだ杭に、小枝や細竹などを編み込んでつくった護岸
乱杭護岸	焼丸太などの木杭を密着させて打ち込むことで、土止めとする護岸。杭の高さや位置は、そろえる場合もあるが、不ぞろいとして趣を出すことも多い。木杭だけでなく、六方石などの石柱、擬木などを用いるものもある。また、こうした素材を縦使いだけでなく、横方向に流して用いることもある
蛇かご護岸	鉄線を網状にして円筒形をつくり、その中に玉石などを詰めた蛇かごにより護岸とするもの。細割竹や小枝を編んだ 15 〜 20 cm 程度の小さな修景用の蛇かごを用いることもある
石組護岸	池底から立ち上がりまでをコンクリートで施工し、そのコンクリートの表になる面に自然石で修景した護岸
切石護岸	池底から立ち上がりまでをコンクリートで施工し、そのコンクリートの表になる面に切石を並べて修景した護岸
玉石護岸	コンクリートなどで底張りした護岸の水際に、玉石を並べるように配置した護岸
洲 浜	曲線的な入り江、川の蛇行などを模して、流れの水辺に砂礫や玉石を敷き詰めた修景的な緩傾斜の護岸

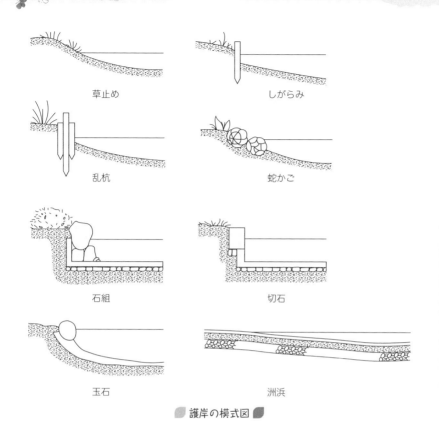

草止め

しがらみ

乱杭

蛇かご

石組

切石

玉石

洲浜

◾ 護岸の模式図 ◾

🔲 護　岸

　池や流れなどの水辺に設け、岸の土などが水流によって洗掘され、浸食、崩壊しないように保護する施設が護岸である。

🔲 その他の水景施設

　公園施設における特徴的な水景施設に、噴水がある。噴水のもつ水のさまざまな表現は、アイストップとなる公園のアクセントとなる。花壇やモニュメント、または照明装置、音響装置などと組み合わせることもあり、芸術的な効果も期待できるものである。

　水景施設には、親水性という魅力がある。水を見せるだけでなく、直接触れさせるためには、水質の管理に気を配る必要がある。また、多くの施設ではデザイン性、あるいは自然性などからの計画・設計だけでなく、安全性を十分に考慮したものにしなければならない。

6. 水 景 施 設

問題1 池の護岸工法に関する組合せのうち、**適当なもの**はどれか。

(1) しがらみ護岸 …… 竹などで編んだかごに玉石を詰めたものを岸に平行に据え付ける。

(2) 乱杭護岸 ………… 焼丸太などを用い、杭頭を水面から 10 〜 30 cm 程度出るように打ち込む。

(3) 玉石護岸 ………… なぎさから水中にいたるまで、ごろた石を敷き詰める。

(4) 蛇かご護岸 ……… 木の小枝や割り竹を柱で留めて土留めをする。

解説 (1) しがらみ護岸は、列状にある程度の間隔で打ち込んだ杭に、**小枝や細竹など**を編み込んでつくった護岸。説明文は、蛇かご護岸の一種であるので、不適当な組合せである。

(3) 玉石護岸は、コンクリートなどで底張りした護岸の水際に、**玉石を並べるように配置した護岸**。説明文は洲浜の一種である。

(4) 鉄線を網状にして円筒形をつくり、その中に**玉石などを詰めた蛇かご**により護岸とするものが、蛇かご護岸。説明文は、しがらみ護岸の一種である。 【解答 (2)】

問題2 池の防水工法に関する記述のうち、**最も適当なもの**はどれか。

(1) セメント系の工法は、セメントコンクリートを底張りし、さらにモルタルで防水する工法であり、施工後すぐの使用が可能である。

(2) ゴム系の工法は、合成ゴムシートを底張りする工法であり、耐久性が低くひび割れしやすい。

(3) 粘土系の工法は、粘土を底張りして防水する工法であり、水位が低下してもクラックが入らない。

(4) 樹脂系の工法は、ポリエチレンフィルムを底張りした上にウレタン塗膜をつくる工法であり、沈下に適応性がある。

解説 (1) セメント系の工法では、**セメント固化までに時間が必要**であり、施工直後の使用はできない。よって、この記述は適当ではない。

(2) ゴム系の工法は、**耐久性は比較的高く**、**伸びが大きいので沈下にも追従しやすい**特性がある。耐久性が低いわけではないので、この記述は適当とはいえない。

(3) 粘土系の工法では、**水位低下で乾燥するとクラックが入りやすい**。したがって、この記述は誤りである。 【解答 (4)】

7. 給水施設

出題傾向 給水施設は、例年1問ずつ出題されている。
主には、施工の手順や明示シートの設置深さ、管の間隔など、設置基準に関する問題が多い。

重要ポイント講義

1 ● 給水施設と給水方式

　公園等における給水施設は、飲料用、水洗用水、プール等の運動施設、池・噴水などの水景施設など、多様な需要に対応する必要がある。また、清掃等の管理用水、火災の際の消火等での緊急管理用水、植物管理のための灌水用水などが必要となる。こうした日常利用のほか、近年では公園の防災機能が重要視されているので、非日常的な水利用にも考慮する必要がある。

　ループ型、樹枝型の2種類が、代表的な給水系統である。

代表的な給水系統

ループ型	水圧を一定に保ちやすく、事故・障害が生じてもバイパスが可能。このため断水の影響を最小限にできる。水理計算は複雑
樹枝型	末端になると水圧が低下しやすく、停滞水が発生しやすい。事故・障害が生じた場合は、そこから末端までが断水になるので、影響が大きい

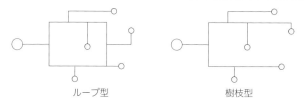

ループ型　　　　　　　　　　樹枝型

第一次検定 集中ゼミ

直結式	・直結式給水は、水道と直結するもので、末端の設備まで水道の圧力をそのまま利用して給水する方式 ・操作、維持管理は簡単で安価 ・圧力は水道本管の圧力に左右される。また、断水したときには給水は止まる
タンク式	・水道本管から、いったん受水槽で受け、加圧タンクまたは高置タンクから配水する ・配水管の水圧が十分でない場合や、一時的に多量の水を使用する施設などに適した方式 ・水量や水圧が一定で常時保持されなければならない施設のほか、断水を避けたり、水圧の変動による設備の障害を避ける装置にも適する ・使用水量が少ない季節では死水が出るおそれがあるので、滅菌機を含めた構造の検討が必要となる

2 ● 配管と敷設

埋 設

　公園内では、車道、歩道に分けて、それぞれの荷重を考慮して埋設深さを決定する。

- 車道の下：**1.2 m 以上**、歩道の下：**0.9 m 以上**、歩行するだけの園路：**0.6 m 以上**

    ※　寒冷地では凍結深度以下に埋設する

- 給水管を他の埋設物と近接させる場合は、荷重による損傷事故を未然に防止し、修繕作業を容易にするために **30 cm 以上の水平距離**を保つ。また、一般的に給水管は排水管の上に配置する

- 給水管の埋戻しの際には、表示テープ（明示テープ）を埋設深さの3分の2ぐらいのところに敷設する。道路においては、口径 75 mm 以上の給水管には明示テープや明示シート等による管の明示が必要とされ、管上 30 cm の位置などと決められている場合もある。これは掘削機械などの作業によって生じる危険性がある埋設管の損傷を、未然に防止するためである

管の保護

- 酸やアルカリなどで腐食されるおそれがある場合は、これに耐える材質の管か、保護対策を行う

- 電食のおそれがある場合は金属管を避けたり、やむをえず金属管を使用する場合は、**1 m 以上の距離**を保つ

- 硬質塩化ビニル管を壁中やコンクリート埋込みする場合、麻布・綿布などで保護する。地上露出部分の延長が **30 m 以上**の場合には伸縮継手を設ける

配 管

- 配管は圧力低下を少なくするために、できるだけ最短コースをとり、曲がりを少なくする
- 消火栓などのように行き止まりの配管となる末端箇所には、水抜装置を設け、水の停滞による死水を防ぐ
- 管内に流入した空気は、通水の妨げとなるので排除する。管路の高い場所においては、空気を自動的に排出する空気弁を設ける。このほか、空気溜りを生じるおそれがある場所（水路の上越し部、行き止まり配管の先端部、鳥居配管形状となっている箇所など）にも対策を講じる

その他の留意点

- 既設給水管からの分岐にあたっては、他の給水管の分岐位置から、30 cm 以上離す
- 分岐または合流する場合は、クロス継手を使用せず、必ず T 継手を使用する。しかし 1 つの T 継手で、相対する 2 方向への分岐や、相対する 2 方向からの合流といった、撞木形に用いてはならない

標準問題で実力アップ!!!

問題1　給水工事に関する記述のうち、**適当でないもの**はどれか。

(1) 給水管の布設に伴う埋戻しの際、良質な土砂を用いて、タンパで十分に締め固めた。

(2) 園路に口径 80 mm の給水管を布設する際、将来の掘削時に管を損傷させる事故を防ぐため、管の上部から 30 cm 上方に明示シートを設置した。

(3) 水路を横断して給水管を設置する際、水路の増水時に給水管が破損することを避けるため、給水管を水路の下に布設した。

(4) 配水管から分水栓によって給水管を取り出す際、配水管の耐力を減少させないよう、他の分水栓との取付間隔を 20 cm とした。

解説　(4) 配水管からの分岐の場合も、配水管の耐力を減少させず、修繕作業も容易にすることから **30 cm 以上**の間隔が必要である。　　　　　　　【解答 (4)】

8. 排水施設

出題傾向 排水施設は、例年1問ずつ出題されている。合理式を用いた雨水流出量の計算ができるようにしておこう。
また、排水管の埋設に関する基準についても理解が必要である。

重要ポイント講義

1 排水施設

排水には、雨水の表面水、地下水の排水、便所やレストラン等の施設からの水排水、雑排水などに大別される。なかでも雨水では流出量が、汚水・雑排水では水質が、敷地内だけでなく周辺地域にも波及する影響となりうるので注意を要する。

排水量と排水方式

排水方式には、排水管などの管渠式、排水路や側溝などの開渠式、このほか浸透式や暗渠式がある。排水施設に集まるまでの雨水は、地表面の勾配に沿って流下するが、2%を超える裸地では浸食が始まるので、勾配の急な場所では張芝や舗装などの浸食防止の対策を講じる必要がある。

雨水の排水量は、合理式や実験式を用いる。

マスターノート Master Note

合理式

$$Q = \frac{1}{360} \cdot c \cdot i \cdot A$$

Q：雨水流出量〔m³/s〕、i：降雨強度〔mm/h〕、c：流出係数、A：集水面積〔ha〕

排水施設の計画上の留意点

- 排水施設断面には、土砂などの堆積による断面減少などを考慮し、少なくとも 20％程度の余裕をみる必要がある
- 開渠の場合では、適当な余裕高を含めて計画流量を通水できる断面にする必要があり、U字側溝では一般的に 80％水深 としている
- 流速の標準

  汚水管渠（分流式下水道）：最小 0.6 m/s、最大 3.0 m/s

  雨水管渠、合流式管渠：最小 0.8 m/s、最大 3.0 m/s
- 水路、素掘側溝など管渠以外の排水施設の勾配は 0.5％以上（できれば 1.0％以上）にすることが望ましい。排水溝が素掘りでなく、十分な平滑面をもつU字溝などのときには 0.2％程度まで緩くしてもよい

2 管 渠

表面水や地下水などを集水して、下水道などまで安全に流下させる排水施設が管渠であり、取付管と排水管に大別される。

管渠の接合

2本以上の管渠が合流する場合や、管径が変化する場合には、管渠の接合場所にはマンホール、桝を用いる。また、2本以上の管渠が合流する場合には、中心交角をできるだけ 60°以下で接合させる。

接合方法は、水面接合または管頂接合を原則として用い、それ以外の方法には管中心接合、管底接合がある。

埋設と基礎工

管渠の敷設は、車両などの荷重を直接受けないように、深さを十分に確保し、また作業上必要な余裕を見こんだ最小幅によって、掘削を行う。掘削の際には、側壁となる土砂の崩壊を防ぐために土留工を設置するが、深さが 1〜1.5 m 程度で良好な地山、敷設作業が短時間で完了する場合には省略することもできる。

掘削された地盤の支持力によって、管を保持する基礎工を決める。基礎工は、杭打基礎、栗石基礎、切込砕石基礎、砂基礎、コンクリート基礎、鳥居形基礎、はしご胴木基礎、枕木基礎がある。特に、コンクリート基礎は、管渠の勾配を正確にし、管を固定して強度を増大させることができる。

■ マンホール、桝

■ マンホール

排水管の清掃や点検のために設けられるマンホールは、次のような箇所について、適当な間隔に設置する。

- 管渠の方向、勾配、管径の変化する箇所
- 段差の生じる箇所
- 管渠の合流、会合する箇所

マンホールは、下部をコンクリート打ちとして、その上部にはコンクリート製の二次製品ブロックを積み上げる。底部では、下水の円滑な流下のために、接続する上流管底と下流管底に、マンホール内で 1 cm 以上の落差をつけておく。また、地表面の勾配が急な箇所において 60 cm 程度の落差が生じた場合には、流下量に応じて副管付きマンホールの使用を検討する。

深さが 1 m 以上となったマンホールには、足掛金物を取り付ける。流入管のない側面に垂直かつ千鳥に、30 cm 間隔で取り付けるのが基本である。

■ マンホールの管径別最大間隔 ■

管径（mm）	300 以下	600 以下	1,000 以下	1,500 以下	1,650 以下
最大間隔（m）	50	75	100	150	200

■ 桝

地表や各施設で集水された雨水を管渠に導くために、次のような箇所について、適当な間隔で桝を設置する。

- 管渠の起点、終点、合流点、屈曲点
- 管径、種類の異なる箇所

桝は、円形または角形のコンクリート二次製品か、鉄筋コンクリート製とする。底部では、雨水桝の場合には泥だめ、汚水の場合にはインバートを設ける。

桝は、小さすぎると維持管理を困難にし、大きすぎると利用上の支障が出るので、一般的には最小を 30 cm としている。

■ 桝の管径別最大間隔 ■

管径（mm）	100	150	200
最大間隔（m）	12	18	24

■ 取付管

排水桝と排水管（本管）を接続するために取付管を設ける。通常の取付管は、内径150 mm程度の硬質塩化ビニル管、または遠心力鉄筋コンクリート管などである。

- 取付管は、土砂等が排水管に流入しないように、排水桝の底面から15 cm以上上方に管底を設けるようにする
- 取付管は本管に対して直角に布設する。本管取付部は、管内の流水をよくするために本管取付角を60°を原則とし、本管が大径管の場合は90°でも差し支えない
- 勾配は10‰（パーミル）よりも緩くしない
- 本管の中心線よりも上方に取り付け、本管からの背水、汚泥による閉塞などを防ぐ

3 · 地下排水

第一次検定 集中ゼミ

地下排水は、地表面からの降雨の浸透水を集水したり、地下水位を下げることを目的に敷設される。

地下排水施設を計画するためには、現地の土質、地質条件を入念に調べる必要がある。特に、流量を決めるためには、現場や室内での透水係数の測定を行うが、粒度試験の結果からも概略値を推定することはできる。

■ 暗渠の種類

内径が10 cm以下の管では土砂が詰まることが懸念されるため、一般的には内径15〜30 cmの暗渠とする。孔あき管は、1 cm程度の直径の細孔を多数もっている硬質塩化ビニル管、鋼管、各種コンクリート管などを用いる。

■ フィルター材

地下排水施設である暗渠は、孔あき管（有孔管）を敷設し、その周りに透水性のよいフィルター材を用いて埋め戻す。フィルター材は透水性がよく、しかも目詰りを起こさないような粒度配合のよい砂利、または粒度調整した砂利・砕石が用いられる。

■ 設置間隔や断面構造

暗渠は、地表面、舗装の状態、土質や荷重などによって、断面形状や埋設深さ、埋設間隔などを決定する。

地下排水暗渠の標準埋設間隔

地表面の状態	深さ H〔m〕	間隔 D〔m〕
舗装がある場合	舗装下に接してフィルター材の上面	10〜20
舗装がない場合	0.6〜1.2	芝生　15〜20
		土　　8〜15

標準問題で実力アップ!!!

問題1 下記の条件により雨水流出量〔m³/sec〕を合理式を用いて計算した値として、**正しいもの**はどれか。

〔条件〕
・流出係数：0.2
・降雨強度：50 mm/h
・排水面積：36,000 m²

(1) 0.1　　(2) 0.6　　(3) 1.0　　(4) 2.5

解説 (1) 1 ha＝10,000 m² であるので、36,000 m²＝3.6 ha。合理式により

$$Q=\frac{1}{360}\times 0.2\times 50 〔\mathrm{mm/h}〕\times 3.6 〔\mathrm{ha}〕=0.1 〔\mathrm{m^3/sec}〕$$

【解答　(1)】

問題2 排水工に関する記述のうち、**適当でないもの**はどれか。

(1) 園路に雨水桝を設置する際に、園路の幅員、側溝の排水能力を考慮して、20 m 間隔で設置した。

(2) 雨水桝へ取付け管を取り付ける際に、土砂などの排水管への流出を防ぐため、雨水桝底面から 15 cm 上方に取り付けた。

(3) 内径 300 mm の管きょの直線区間にマンホールを設置する際に、マンホール間隔が 100 m となるように設置した。

(4) マンホールに上流管と下流管を管底差 0.8 m で接続する際に、流下量に応じた副管付きマンホールを用いた。

解説 (3) 管径（内径）**300 mm のマンホールの最大間隔は 50 m** なので、適当ではない。

【解答　(3)】

9. 電 気 施 設

出題傾向 電気施設は、例年1問ずつ出題されている。
低圧架空引込線や照明灯、接地などに関する基準について理解しておこう。

重要
ポイント講義

1 電気施設と各種施設

電気施設

公園等における電気施設は、照明灯や各施設などで多様な需要に対応する必要があり、電力系（強電）と通信系（弱電）に大別することができる。

電気施設の種類は、受変電設備、地中管路、ケーブル、ハンドホール、マンホール、照明、通信、放送などの各種設備がある。

配線方式

原則的に園内では地下埋設方式で配線される。電線は、地下埋設に広く用いられている架橋ポリエチレン絶縁ビニルシースケーブル（CV、CVT）とする。

代表的な配線方式

管路式（引入式）	ケーブル保護管を地中に埋設し、所定の長さごとにマンホールを設けて、管路中にケーブルを挿入する方式。ケーブル保護管として、硬質塩化ビニル電線管（VE）、波付硬質ポリエチレン管、または遠心力鉄筋コンクリート管、鋼管などが用いられる
暗渠式	共同溝などのコンクリート製暗渠をあらかじめ整備し、この内壁に支持金物によってケーブル等を配線していく方式
直接埋設式	ケーブルを直接地中に埋設する方式であるが、一般的にケーブルの保護のためにトラフ（コンクリート製U字溝、半陶管など）を上向きに敷き並べ、ケーブルを引き込み、砂を充填してふたをしてから埋め戻す。

ハンドホール、マンホールの設置箇所

ハンドホールやマンホールは、引込柱の引下管路と地中管路の接合部、分岐箇所、建物引込管路との接合部等に設置する。

直線区間が長い場合では、ハンドホールでは50 m程度に1か所、マンホールでは100 mに1か所設け、ケーブルの引入れ、引抜き、その他の管理作業を円滑にする。

2 ● 引込みと埋設

引込線

　低圧架空引込線の取付高さは、道路を横断する場合は地上 5 m 以上、軌道を横断する場合は 5.5 m 以上とする。技術上やむをえず、交通に支障のない場合に限り、3 m 以上とすることができる。

埋　設

- 埋設深さは、車両などの重量物の影響を受けるところでは地表から 1.2 m 以上、その他の場所では地上から 0.6 m 以上とし、保護措置を行う
- 低圧地中電線と、弱電地中電線が近接する場合、相互間の離隔距離が 30 cm 以下のときには、それぞれの電線路に難燃性の被覆を有するものを使用するか、堅牢な耐火隔壁を設ける
- 保護管と舗装下の中間に表示テープ（標識シート）を連続して設ける。これは、掘削機械などの作業によって生じる危険性がある埋設管の損傷を、未然に防止するためである

その他の留意点

- ケーブルは途中で接続しないのが望ましい。やむをえず接続を行う場合は、ハンドホールまたは照明灯の灯柱内とする。管路、トラフ内で接続させてはならない
- 保護管の内径は、ケーブル仕上り面積が、管の内断面積の 40% 以下になるように決める
- ケーブルの屈曲半径は、灯柱内を除き、高圧では仕上り外径の 12 倍、定圧では 6 倍以上とする
- 建物屋外側や電柱に沿ってケーブルを立ち上げる場合は、地表面上 2.5 m の高さまで保護管を用いる

3 ● 接　地　極

　接地極（接地工事）は、金属製照明灯、安定器外箱、配電盤、鉄箱などの漏れ電流による危険防止のために、D 種接地工事を行う。

- 接地線は、直径 1.6 mm 以上の軟銅線を用いる
- なるべく湿気の多い場所で、ガス、酸などによる腐食のおそれがない場所を選ぶ
- 接地極の上端を地下 0.75 m 以上の深さに埋設する

- 接地極は、灯柱から **1.0 m** 以上離した位置に設ける
- 建築物の避雷針の接地極からは **2.0 m** 以上離して埋設する

D 種接地工事

300 V 以下の低圧電気機械器具や金属製外箱、および金属管などに施す接地工事。接地抵抗値は 100 Ω 以下（漏電遮断器などの設置により、0.5 秒以内に地絡を生じた電路を遮断できれば 500 Ω）。

4 ● 照度と照明器具

JIS の照度基準によると、公園の照度は、主要な場所で **5 lx**（ルクス）以上（**30 lx** まで）、その他の場所で **1 lx** 以上（**10 lx** まで）となっている。なお、夜間の利用形態によっては、減光させるような装置も必要とされる。

🌿 光源の種類と特性 🌿

光源の種類	特　性
高圧（透明型）水銀ランプ	・寿命が長く、効率がよい ・光色は緑がかった青。演色性にやや欠けるが、緑が際立ち、公園照明には適す
蛍光灯型水銀ランプ	・太陽光に近い自然な照明 ・赤色光を補ってさえた白色光となり、演色性がよい ・公園の出入口、建物に適す
ナトリウム型水銀ランプ	・オレンジ色で、効率がよい ・演色性は悪い。トンネルなどで使用される
メタルハライドランプ	・演色性に優れている。公園、花壇などで使用される ・寿命が短く（水銀ランプの半分）、価格が高いのが難点
蛍光ランプ	・演色性がよい。花壇、庭園、便所などの建物に使用される ・価格が安く、効率もよい。熱の放射がない

問題 1　公園内の電気設備工事に関する記述のうち、**適当でないもの**はどれか。

(1) 低圧架空引込線を公園の敷地内へ引き込む際、車両が通行する園路を横断する箇所では、路面から引込線までの高さを 6.0 m 確保した。

(2) 地中において低圧電線と弱電流電線を交差して設置する際、両電線の間隔を 0.4 m 離して布設した。

(3) 照明灯の接地極を、建築物の避雷器の接地極及びその裸導線の地中部分から 2.5 m 離して布設した。

(4) 照明灯の接地極を、なるべく湿気の少ない場所を選び、接地極の上端が地表面下 0.5 m の深さに布設した。

解説　(4) 接地極の上端は、**地下 0.75 m 以上の深さ**に埋設することから、この記述は適当ではない。　　　　　　　　　　　　　　　　　　　　　　　　　　　【解答 (4)】

問題 2　公園内の電気設備工事に関する記述のうち、**適当でないもの**はどれか。

(1) 公園の敷地内へ低圧架空引込線を引き込む際、公園敷地内では電線までの高さを地表上 5.0 m とした。

(2) 公園屋外灯の接地極を埋設する際、建物の避雷器の接地極から 1.0 m 離した。

(3) 地中配線ケーブルを建物外壁に沿って立ち上げる際、地表上 2.5 m の高さまで保護管に収め、保護管の端部には雨水の浸入防止用カバーを取り付けた。

(4) 使用電圧 200 V の公園屋外灯を設置する際、金属柱であったことから、D 種接地工事を施した。

解説　(2) 接地極は、建物の避雷針の接地極から **2.0 m 以上**離さなければならない。　　　　　　　　　　　　　　　　　　　　　　　　　　　　　　　　【解答 (2)】

10. 建 築

重要ポイント講義

1 ● 軸 組

　土台、柱、梁、桁、筋違（筋交い）などから構成される建築の骨組の総称である。屋根や床にかかる荷重を基礎に導き、地震や台風などに抵抗する骨組となる。

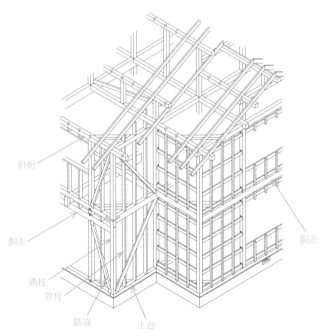

軒桁

胴差

胴差

通柱

管柱

筋違

土台

主な軸組の見取図

土台 （どだい）	建物最下部の横木で、柱からの荷重を基礎に伝える
通柱 （とおしばしら）	土台から軒桁まで、複数階を貫通して継がずに通った柱
管柱 （くだばしら）	各階だけに入っている柱であり、桁などで留められている
胴差 （どうさし）	2階以上の建物で、上下の柱を受け合わせる側面の横架
軒桁 （のきげた）	軒の下にある桁で、小屋梁、垂木を受けて、屋根荷重を柱に伝達する

2 ● 小 屋 組

　屋根や天井の自重、雪や風などの荷重を安全に支持し、この荷重を柱に伝達するための骨組を小屋組という。建物の頂部の水平面を固める役割をもつ。

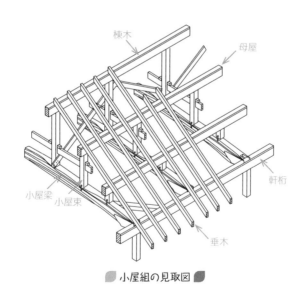

棟木　母屋　軒桁　小屋梁　小屋束　垂木

■ 小屋組の見取図 ■

🍃 小屋組の部材 🍃

和風小屋組	曲げ材としての小屋梁をかけて、その上に鉛直力を支える小屋束を立ち上げることで母屋を支える形式
洋風小屋組	小屋組に斜材を用いて、全体をトラスに組み上げた形式
小屋梁	小屋組に用いられる梁
小屋束	母屋を支える垂直材
棟 木	屋根の一番頂部にある部材
垂 木	野地板（かわら等の屋根葺の下地となる板材）を受けるための部材
母 屋	垂木を支える水平材

3 ● 床 組

床を構成する骨組構造を床組という。

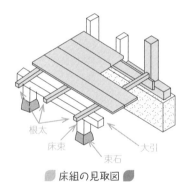

🍃 床組の見取図 🍃

🍃 床組の部材 🍃

根 太	床板を受けるために、床板のすぐ下にある部材
大 引	根太を支えて荷重を下に伝達する水平材
床 束	大引きからの荷重を束石に伝達する縦の部材
束 石	床束を支持し荷重を地盤に伝達する基礎石、またはコンクリートブロック

問題1 下図に示す木造建築物の和小屋組及び床組の（A）～（C）の部材の名称の組合せとして、**適当なもの**はどれか。

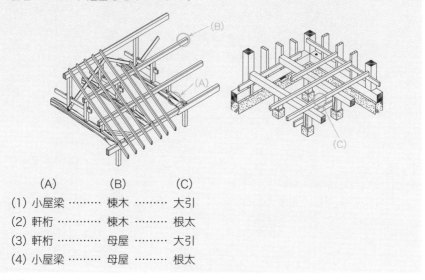

	(A)	(B)	(C)
(1)	小屋梁 ………	棟木 ………	大引
(2)	軒桁 …………	棟木 ………	根太
(3)	軒桁 …………	母屋 ………	大引
(4)	小屋梁 ………	母屋 ………	根太

解説 木造建築の部材名はときおり出題されるので、しっかり覚えておこう。

【解答（4）】

問題2 建築物を下図に示す（A）、（B）の2方向から見た場合の「屋根の形状（模式図）」と、その「形式」を表す語句の組合せとして、**適当なもの**はどれか。

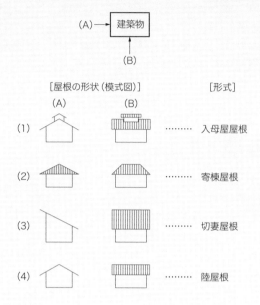

解説 （1）越屋根、（2）寄棟屋根、（3）片流れ屋根、（4）切妻屋根。

なお、陸屋根は平ら（水平）な屋根のこと。 【解答（2）】

Point!! 本文では関係する知識の記述は割愛したが、この問題の図を見ながら屋根の形式を覚えておくとよいだろう。

11. バリアフリー・ユニバーサルデザイン

出題傾向 バリアフリー・ユニバーサルデザインに関する出題も隔年程度の頻度で出題がみられる。

園路の幅員や勾配、駐車場、階段や手すりなど、主要寸法などの基準を覚えておく必要がある。

重要ポイント講義

1 ● 対象となる人々

公園では、高齢者や障害者等を含むすべての人にとっての使いやすさを目指した、ユニバーサルデザインの視点で整備することが求められている。

以前から、施設の導入や配置を決定する場合に、車いすでの物理的な障害を取り除くバリアフリーは取り入れられてきた。

最近では、さまざまな障害（視覚や聴覚に障害をもった情報障害、難病者、内部疾患者、知的障害者、精神障害者など）を含めた幅広い対応が必要となっている。このような配慮は、利用者の年齢（幼児、児童、高齢者）、妊婦、ベビーカーを押す人、けが人なども含め、健常者にも利用しやすい施設づくりにつながる。これがユニバーサルデザインの考え方である。

2 ● 障害者等のための代表的な設計基準

駐車場

駐車スペース	設計基準
車いすドライバー専用	・幅は 3.5 m 以上 ・床面はすべりにくく平坦に仕上げる ・駐車位置後部には、車いすが通行可能な有効幅員 1.2 m 以上の安全路を設ける ・床に国際シンボルマーク、車いすドライバー専用の旨を塗装表示する ・進入路から案内標識を設置する
障害者優先	車いすに乗る必要のない障害者のためのスペースは、一般と同じ 2.5 m 程度の幅員とし、その他は車いすドライバー専用の駐車スペースと同じとする

出入口

出入口	設計基準
有効幅員	1.2 m 以上
段　差	段差は設けない。やむをえず段差をつける場合は 2 cm 以下
勾　配	段差がある場合のすり付け勾配は、8%以下
車止め柵	車止め柵を設ける場合は、標準 90 cm 間隔で設置し、その前後に 1.5 m 以上の水平部分を設ける

園路

園路	設計基準
有効幅員	1.2 m 以上。有効幅員が 1.8 m 未満の場合は、幅員 1.8 m 以上のすれ違い箇所を適宜設ける
勾　配	縦断勾配は 4%以下。3～4%の勾配が 30 m 以上続く場合は、途中に 1.5 m 以上の水平部分を設ける。園路上に水平部分を確保できない場合は、園路際に車いす等の待避スペースを設置する
表面仕上げ	ぬれてもすべりにくく、平坦な仕上げ。砂利敷きは用いない
園路を横断する排水溝	車いすのキャスターや杖の先が落下しないように配慮した、すべりにくい構造のふたを設ける。園路と同じレベルにして段差をつけない
縁石の切下げ	有効幅員 1.2 m 以上、段差は 2 cm 以下、すり付け勾配は 8%以内
手すり	必要に応じて手すりを設ける

階段

階段	設計基準
有効幅員	1.2 m 以上
形　状	蹴上げ 15 cm 以下、踏面 30 cm 以上、蹴込み 2 cm 以下とし、同じ階段では寸法を一定にする
水平部分	階段の終始部分と高さ 2.5 m ごとに水平部分（踊り場）を設ける。踊り場の奥行きは 1.2 m 以上確保する
手すり	少なくとも片側に連続した手すりを設ける。階段の終始点より 30 cm 以上水平に延長し、端部は下方か壁側に折り曲げる
手すりの高さ	1 列の場合で 80 cm 程度、2 列の場合で 85 cm、65 cm が標準。階段の幅が 3 m 以上の場合は、中間にも手すりを設ける
表　示	床の舗装材や標識、視覚障害者用誘導ブロック等で明確に示す

踏面30 cm以上

蹴上げ15 cm以下

有効幅員
1.2 m以上

■ 階段の寸法 ■

■ 傾斜路 ■

傾斜路	設計基準
有効幅員	1.2 m 以上
勾　配	縦断勾配は、8%以下。横断勾配はできるだけ水平か、水勾配程度
水平部分	高さ 75 cm を超える傾斜路においては、高さ 75 cm 以内ごとに長さ 1.5 m 以上の水平部分を設ける
表面仕上げ	ぬれてもすべりにくく、平坦な仕上げ。砂利敷きは用いない
傾斜路の面	視覚障害者が識別しやすいもの
手すり	少なくとも片側に連続した手すりを設ける。手すりの高さは1 列の場合で 75 ～ 85 cm、2 列の場合で 85 cm、65 cm が標準

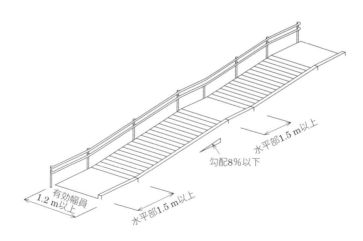

水平部1.5 m以上

勾配8%以下

有効幅員
1.2 m以上

水平部1.5 m以上

■ 傾斜路の寸法 ■

サイン

サイン	設計基準
設置高さ	車いす使用者や幼児等の見やすさにも配慮。上端の高さは185 cm 以下
点字表示、触知図	点字表示、触知図、音声案内装置などを設置
広　さ	車いす使用者が容易に接近できるよう、表示面の方向に150×150 cm 以上の水平部分を動線に支障のないように設ける

休憩施設

休憩施設	設計基準
ベンチ	・腰掛板の高さは 40 〜 45 cm を標準とする ・園路沿いの休憩スペースでは、園路際から 60 cm 以上離し、通行の障害にならないようにする ・ベンチに隣接して、車いす使用者等が近づける平坦で硬い表面の、150×150 cm 以上のスペースを確保する
野外卓	・野外卓に隣接して、車いす使用者等が近づける平坦で硬い表面の、150×150 cm 以上のスペースを確保する ・いすの一部を取り除き、卓下は膝のスペースとするため、高さ 65 cm 以上、奥行き 45 cm 以上を確保した、車いす使用者の利用できるものを設置する

水飲み

水飲み	設計基準
飲み口までの高さ	70 〜 80 cm 程度
飲み口	飲み口は上向き。レバー式等で、手前で操作しやすいものとする
車いすの利用スペース	・車いすで利用しやすいように下部に高さ 65 cm 以上、奥行き 45 cm 以上のスペースを設ける ・車いすが接近できるように、使用方向 150 cm 以上、幅 150 cm 以上の水平部分を設ける。水平部分には、踏み台等の障害物を置かない

安全柵

安全柵	設計基準
安全柵の高さ	転落防止のための安全柵の高さは 110 cm 以上とする
縦格子	安全柵が縦格子型の場合は、縦格子の内寸法は 11 cm 程度以下とする
視　界	転落防止の柵・壁は、車いす使用者の視界を妨げない形状にする

11．バリアフリー・ユニバーサルデザイン

多機能便所

多機能便所	設計基準
出入口の有効幅	車いす使用者が通過できるよう 80 cm 以上
傾斜路	傾斜路を設ける場合は、傾斜路の基準を満たすこと
便房の大きさ	内寸で間口 2.0 m、奥行き 2.0 m 以上の水平面
取っ手	手動式の取っ手は高さ 85 〜 90 cm に取り付け、棒状、レバー式などが使いやすい
手すり	手すりは、水平高さ 65 〜 70 cm で壁面に取り付ける
広さ	便所の手前に、車いす使用者が転回できる 150×150 cm 以上の広さを設けることが望ましい

標準問題で実力アップ!!!

問題1 高齢者、障害者の利用に配慮した公園施設の施工に関する記述のうち、**適当でないもの**はどれか。

(1) 園路について、車いす使用者の利用に支障のないように 100 m ごとに車いすが転回できる広さの場所を設けたうえで、園路の有効幅を 100 cm とした。

(2) 階段について、高齢者や杖使用者等に配慮し、階段の両側に連続して 2 段手すりを設け、上段の高さを 85 cm とし、下段の高さを 65 cm とした。

(3) 傾斜路について、縦断勾配を 5%とし、車いす使用者同士がすれ違えるように 180 cm の有効幅とした。

(4) 駐車場について、車いす使用者が円滑に利用できるように幅を 350 cm とし、駐車施設の後部に有効幅 120 cm の通路を設けた。

解説 (1) 車いすの利用できる園路は 1.2 m 以上の幅員が必要。　　　【解答 (1)】

問題2 車いすの利用に配慮した公園施設に関する記述のうち、**適当でないも**のはどれか。

(1) 飲用水栓の飲み口までの高さを80cmとし、下部クリアランスを65cmとした。

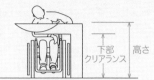

(2) サインの上端の高さを、車いすから見やすいよう1.5mとした。

(3) ベンチは、通行の障害とならないよう園路際から30cm後退して設置した。

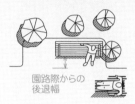

(4) 野外卓に接近できるよう、使用方向に1.5mの水平部を設けた。

解説 (3)園路に沿った休憩スペースでは、**ベンチを園路際から60cm以上離して**、交通の支障にならないようにしなければならない。したがって、この記述にある**30cm**は距離が近すぎるので不適当である。他の記述は適当である。

【解答 (3)】

11. バリアフリー・ユニバーサルデザイン

12. 造園技法

出題傾向 造園技法としては計3〜4問、出題されている。このうち、飛石・延段、滝組については、例年1〜2問、出題されている。なお、建築と関連しての茶室や露地に関する設問も例年1問みられる。

本書では、日本庭園の役木についても造園技法に含めることとした。これはほぼ例年1問の出題傾向がある。

重要ポイント講義

1 ● 日本庭園の役木

　古来の作庭、築山庭造の書物に著されている、日本庭園の真の庭における樹木の役所を役木という。

2 ● 敷石、飛石、延段

敷　石

　敷石を大別すると、切石敷き、延段に分けられる。

　切石敷きは、形の整った整形の切石を敷いた園路である。

　延段は、面の平らな割石や玉石などを敷き詰めた園路であり、飛石との連絡のために用いられたりする。延段は、形の整った素材によって構成される真から、行、草、崩しへと野趣のある形式がある。

延段の施工（切石敷きもほぼ同様）

- 床掘りし、砂や空練モルタル1:3を投入し、よく突き固める
- 薄い自然石（鉄平石）を用いる場合のみ、割栗石や砕石を敷き均してよく締め固め、その上にコンクリートを打設、乾燥後に石を張り付ける
- 薄い石を用いる以外は、基礎にコンクリートを使用することは避け、三和土、漆喰仕上げとする
- 石の張り方は、周辺部の角石、隅石、耳石を先に並べてから、その後に中石を張る
- 目地の形、石の配置には気をつけて仕上げる。石の結びつきが弱く見えるような四ツ目地、八ツ巻き目地などは避けること

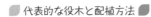
代表的な役木と配植方法

独立して用いられる主要木	
正真木 （しょうしんぼく）	庭の中心に植栽される主要景観となる樹木。主木となる樹木として重要であり、樹形の優れた常緑の大木を原則として植栽する。アカマツ、クロマツ、カヤ、コウヤマキ、ラカンマキ、モッコク、モクセイ、イチイなど
景養木 （けいようぼく）	正真木とは対比美をなす樹木。そのため正真木が広葉樹であれば針葉樹に、針葉樹であれば広葉樹にと、対比できる種を選ぶ。植栽位置は、正真木とはかなり離れた池の中島に植える。イヌツゲ、モチノキ、イチイ、チャボヒバ、モッコク、ヒメコマツなど
寂然木 （じゃくねんぼく）	庭が南面のときには、東の方向に配植する樹木。庭の奥行きをつける。日かげをつくるような、常緑の針葉樹、または常緑の広葉樹のなかでも、特に幹や枝葉の美しいものを選ぶ。イブキ、マツ類、ツガ、モチノキ、モッコク、カシ、スギなど
夕陽木 （ゆうひぼく・せきようぼく）	寂然木の東に対して、西側に配植される樹木。主として落葉樹で、ウメ、サクラなどの花物、カエデなどの紅葉物、シダレヤナギなどの形がよく、独り景をなすもの。常緑樹を用いても、花木を混ぜるようにする
見越松 （みこしのまつ）	背景樹で、庭の境界に植栽する。庭が狭ければ、塀の外側でもよい。マツ、カシ、ツガ、マキ、彩りのあるウメなども用いる
池泉とのつなぎ配植	
池際の木 （いけぎわのき）	池の水面に影を映し、夏の炎天の涼や月見の景趣を添えるために、池に枝をさし出した樹木で、樹種は問わないが、樹形のよいものが選ばれる
流枝松 （なげしのまつ）	池や流れの水面に枝を伸ばし、水面と地表との連続を計る樹木。マツ類、ハイビャクシン、イブキ、ウメモドキ、カエデ類など
工作物などとの釣合植栽	
鉢囲の木 （はちがこい）	手水鉢の周辺を飾る樹木。草本類、マツ類、ナンテン、ヒイラギナンテン、ウメ、アセビ、ニシキギ、ヤブツバキ、カンチク、クマザサ、ヤブコウジ、オモト、ツワブキ、シャガなど
灯障りの木 （ひざわり）	灯籠の前に枝をさしのべるように配置した樹木。灯火が枝葉で見え隠れし、ありありと見えないように配植されたもの。カエデ類、ウメモドキ、ニシキギ、マツなどが用いられる
灯籠控の木 （とうろうひかえのき）	灯籠の後ろ、または脇に添える樹木。常緑樹が多く、マツ類、イチイ、イヌツゲ、コウヤマキ、カヤなど
垣留の木 （かきどめ）	垣を回したときに、その端部の留め柱に添えて植栽する樹木。建物と庭との連携役にもなっている。樹木の高さは、垣の高さと並ぶ程度。ウメ、マキ、モッコク、イヌツゲ、モクレン、ウメモドキ、ニシキギなど。特に手水鉢の後ろの垣に添えてウメを植えた場合は、袖が香と呼ばれる。枝数が少ないものがよく、幹に風情のあるものがよいとされている
橋本の木 （はしもとのき）	橋の手前に植栽し、枝葉が橋上に差し出されて、水面に影を落とすようにする添景物である。シダレヤナギ、カエデ類、マツ類、ウメなど
庵添の木 （あんぞえ）	庭園内における峠茶屋風の四阿を「庵」と呼ぶ。その軒近くに植栽して緑陰をつくるために植栽された樹木。マツが第一で、次いでクリ、カキなど、田園趣味の豊かなものが続く
見付きの木 （みつき）	門、園路の前方の目立つ場所に植栽する樹木。大きくて姿のよい、ケヤキ、イチョウ、カヤ、モッコクなど
見返りの木 （みかえり）	門の内側にあって、帰途、門の付近にあって人目を惹きつけるような樹木

12. 造園技法

- 目地には、モルタル目地、芝目地、泥目地などがある
- 一般的な目地幅：1 〜 1.5 cm
- 一般的な目地深さ：1 cm
- 地表面からの高さ：10 cm 以上は危険な印象を与えるので、3 cm 程度がよい

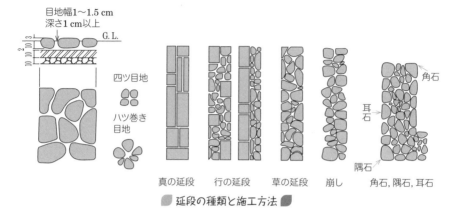

延段の種類と施工方法

飛　石

飛石は、茶庭から始まった園路であり、主な配置方法を図に示す。

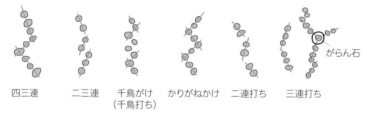

飛石の配置方法

飛石の施工

- 上面が平らで凹凸が少なく、欠け傷のない石材を選ぶ
- 石は、直径 30 cm 内外（一足物、小飛）、または直径 50 ～ 60 cm 程度（二足物、大飛）の自然石とする
- 最初に、踏分石などの役石を要所に打ってから、それに合わせて間の石を打つ。全体にバランスがとれるようにひとまず配置し、いろいろと歩いてみて配置を決定する
- 置いた場所に印をつけながら、いったん石を横に置く
- 土を掘って、石を据え直す。数個前の石を据えてから、天端の水平を保ちながら曲りなどの配置を微調整しつつ、その間の石を据える
- 石の下に隙間が空かないように、土を入れて突き固めることを繰り返す
- 鉄ごてで、石の周囲の土を飛石に接して仕上げる
- 軽くジョウロで打水をする
- 地表面からの高さ：大飛 6 cm 内外、小飛 3 cm 内外が一般的である

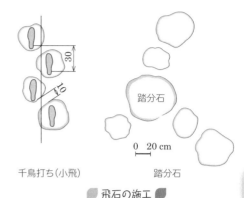

千鳥打ち(小飛)　　　踏分石

■ 飛石の施工 ■

3 • 役 石

庭園技法のなかでも、特別な役目をもって配置された石を役石という。役石には、中潜り、沓脱、つくばい（蹲踞）の石組などがある。

中潜り門の飛石

露地における中潜り門をはさんで、外露地と内露地を結び付けるように役石がある。「茶室側で亭主が来客を待つ」という動作を役石の名前としている。

沓脱の役石

縁側から庭の降り口部分、または躙口に置くのが、沓脱の役石である。建物側の 3 つの役石があり、その外側は飛石につながる。

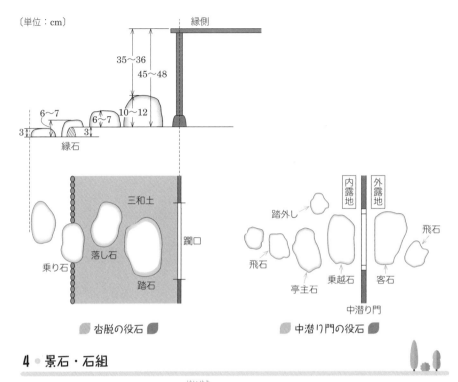

〔単位：cm〕

縁側

35〜36
45〜48
10〜12
6〜7
6〜7
6〜7
3
3

縁石

三和土

落し石

乗り石

蹲口

踏石

■ 沓脱の役石 ■

内露地
外露地

踏外し

飛石

飛石

乗越石

客石

亭主石

中潜り門

■ 中潜り門の役石 ■

4 ● 景石・石組

　個々の自然石の趣を鑑賞する景石（けいせき）や、複数の立体構成としての鑑賞を目的とした石組（いしぐみ）は、庭園の美しさを創り出す大事な要素である。

　石はその形、外観の特徴をよく見て、大きく美しく見せるように方向や高さ、埋込みの深さを調節する。伏せて置き、安定感を向上させたり、層理を生かして据えるなどの方法もある。

　複数の石の組方は、主石と副石の2石から始まる。複数の石の配置、位置関係、距離、方向などを勘案し、調和、比例、対照などといった美の構成を意識して仕上げる。前後左右に整然として並ぶということは避ける。

マスターノート

Master Note

つくばいと縁先手水鉢

つくばい（蹲踞）：水鉢（手水鉢）と数個の役石、ゴロタ石で構成された、茶会の際に手を洗い、口をすすぐための施設

🍃 **つくばいの構成** 🍃

水　鉢	高さ 30 〜 45 cm
前　石 （まえいし・ぜんせき）	手水を使うときに乗る石。飛石より少し高めに据える。手水鉢との距離はおおむね 60 〜 70 cm
湯桶石 （ゆおけいし・ゆとうせき）	寒中に暖かい湯の入った桶を置くための石
手燭石 （てしょくいし）	夜会の際に手燭を置くための石
水門（海）	ゴロタ石や瓦 3 〜 4 個を排水孔の上に積み、水はねを防ぐ

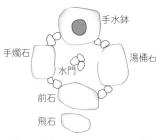

🍃 **つくばい役石の平面配置** 🍃

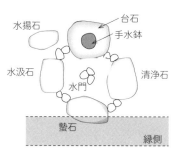

🍃 **縁先手水鉢** 🍃

縁先手水鉢（えんさきちょうずばち）：構成はつくばいに似るが、縁側から使用できるようにつくられたもの。書院鉢、鉢前とも呼ばれる

🍃 **縁先手水鉢の構成** 🍃

水　鉢	縁側から使うので背の高いものを使う
台　石	水鉢の台として使うもので、よく目につく石のため、前面は見栄えのよいものを使う。粘土で締め安定させる
清浄石 （せいじょういし）	手水鉢の右、縁側寄りに据える石で、天端の平らでないものを使う
水汲石 （みずくみいし）	天端の平らな石を、清浄石と反対側に据える
水揚石 （みずあげいし）	水鉢へ水を補給したり、清掃のために乗る石。天端の平らな石を用い、手水鉢の斜め後方に、水汲み石よりも少し高くなるように据える
蟄石 （かがみいし）	水門に落ちた水がはねるのを防ぐために用いる。薄くて幅の広い石を用い、縁の下に半分、または全部が隠れるように横長に据える。水返し石、こごみ石とも呼ばれる

庭園における流れや滝は、自然の風景を写実的、あるいは象徴的に模したり表現するものとして受け継がれてきた。多くの石を必要とせず、要所に役石を設けるなどの技法がある。

滝は深山の趣を出すために、手前に飛泉障りの木（カエデ、マツなど）、背景に滝囲いの木（マツ、モミ、シイ、カシなど）の役木を植栽し、暗くする。

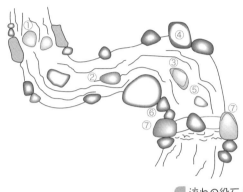

①沢飛石：園路の連続として、流れを渡る飛石
②水切石：流れの中にあって、流水を分流、勢いをつける石
③水越石：水面下に隠れており、水を盛り上げる石
④立　石：折れ曲がりの部分で水に当たるところの石
⑤底　石：底にあるものの、水面からも見える石
⑥つめ石：大きな石の支えになる石
⑦横　石：流れの幅を狭めて、瀬をつくるための石。流れの中では左右から水を流す

流れの役石

①水落石：水が流れ落ちる石。枯滝では鏡石という
②脇　石：
③波分石：水を左右に分ける石
④水受石：滝つぼで水を受ける石。細長い石の場合、鯉魚石ともいう
⑤水分石：

滝の役石

6 ● 茶室・露地

茶室とは、茶を饗することを目的として建てられた部屋、建物のことをいう。茶室には簡単な床の間が設けられ、客と主人の出入口が区分され、中央に炉を構えるのが基本構成である。

また、「茶事」が催されるためには、茶室のほかに、露地、水屋も必要となる。

滝落ち

　流れの水がほぼ垂直に落下する状態が滝であり、瀑布（ばくふ）ともいう。流水が水落石を離れて落下するもの、急傾斜な滝組みで白い泡をたてて流下するもの、1段から数段に分かれて落下するものなど、さまざまな落とし方がある。

🍃 代表的な滝の水の落ち方 🍃

向い落ち	2筋の水が向かい合って、同じように落とす方法
片落ち	滝つぼに水落石の半分ほどの大きさの石を据え、水を滝口の左のほうから落とした場合、その石の頭に当たって水を右のほうに落とすといった、水の向きを変えるやり方
伝い落ち	水落石の表面に水が伝え落ちる方法
離れ落ち	天端の角が鋭い水落石を立て、滝口の水を急流として落とし、水が石肌を伝わらず離れて一気に落とす方法
稜落ち（そば）	滝の面を少し左か右に斜めに向けることで、正面から見て滝が斜めに向いているようにする方法
布落ち	ためて静水面にした水を、表面の滑らかな水落石に緩く流しかけ、布をさらしかけたように落として見せる方法
糸落ち	凹凸のある水落石を用い、水がたくさんに分かれて、何本もの糸が下がったように落とす方法
重ね落ち	二重、三重に水落石を重ねて水路をつくり、滝の落差に応じて、水をいく筋もの滝にする方法

🍃 茶室の用語 🍃

躙口（にじりぐち）	茶室特有の小さな客の出入り口
中柱（なかばしら）	点前座と客座との間の炉隅に立てる柱。曲木が多いことから「曲柱（ゆがみばしら）」ともいう
床柱（とこばしら）	床の間の中心的な柱。書院（広間）茶室では面取角柱、数寄屋（草庵）茶室では丸太柱などが多く用いられる。材質は多岐にわたり、珍木、奇木等も取り入れられることがある

🍃 茶室の天井 🍃

落ち天井	他の天井面よりも一段低く、アジロ、ガマ、ヨシなどをメダケのさお縁で押さえた天井
船底天井	船底のような形状に板を貼り、中央部を高くした天井
さお縁天井	天井板をさお縁で押さえたもの
掛込天井（かけこみ）	屋根裏をそのまま表した傾斜天井

落掛 おとしがけ	床の間や書院窓の上の小壁下に架け渡してある横木
水屋 みずや	茶室の台所であり茶事の用意を調える場所。通し棚、釣棚などをつける。流しの三方の壁は腰板を張り、茶筅や茶巾を掛ける
待合い まちあい	茶事に招かれた客が待ち合わせる建物、部屋
露地 ろじ	茶室に付属した庭で、寄付き、中門、待合い、雪隠、つくばい、灯籠、井戸などで構成される。同一の露地を内と外で区分したものを二重露地という
中潜り門 なかくぐりもん	茶庭における二重露地の、内露地と外露地との境の門である

Point!! ≫≫ 茶室については、157 ページの **問題7** で図解を用いて解説したので参照のこと。

標準問題で実力アップ!!!

問題1 日本庭園における役木に関する記述のうち、**適当なもの**はどれか。

（1）夕陽木は、枝葉が石灯籠の火口にかかるように植栽される樹木で、カエデなどの枝葉がしなやかな落葉樹が主に用いられる。

（2）寂然木は、庭が南面の時、主に東の方向に植栽される樹木で、特に幹や枝葉の美しい常緑の針葉樹または常緑の広葉樹が用いられる。

（3）景養木は、庭の景致の中心となる樹木で、この樹木に従って他の樹木が配植されることから、姿が整い貫禄のある常緑の大木が主に用いられる。

（4）池際の木は、縁先手水鉢やつくばいの手水鉢の水面から 35 ～ 40 cm 上方に枝葉を覗かせるように植栽される樹木で、ナンテン、ニシキギなどが用いられる。

解説 （1）夕陽木は、寂然木の東に対し、**西側に配置される樹木**で、主として落葉樹。火口にかかるのは火障りの木。

（3）景養木は、**正真木と対比美をなして補う役割**。庭の景致として中心を担うのは正真木。

（4）池際の木は、**池の水面に影を映す**。手水鉢の水面上に枝葉を覗かせるのは**鉢請の木**。
147 ページの表「代表的な役木と配植方法」で示した役木とともに覚えておこう。

【解答（2）】

問題2 飛石と延段の施工に関する記述のうち、**適当でないもの**はどれか。

(1) 飛石の打ち方には、二連打ち、三連打ち、千鳥打ち等がある。

(2) 飛石の分岐するところに打つ大きめの石を踏分石といい、伽藍石や石臼を使うことがある。

(3) 延段の目地の大きさは、一般に、幅1cm～2cm、深さ1cm以上とるのが適当である。

(4) 延段の目地のとり方は、十字に交差させるようにするのが適当である。

解説 (4) 延段の目地は、**十字に交差するような規則的な目地を避ける**のが望ましい。

【解答 (4)】

問題3 下図に示す茶室のにじり口前の (A)～(C) の役石の名称の組合せとして、**適当なもの**はどれか。

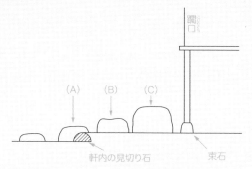

軒内の見切り石　　　　束石

```
      (A)           (B)           (C)
(1) 乗り石 ……… 落し石 ……… 踏石
(2) 踏段石 ……… 落し石 ……… 沓脱石
(3) 踏分石 ……… 乗り石 ……… 踏石
(4) 落し石 ……… 乗り石 ……… 沓脱石
```

解説 外側から建物に向かって、役石の名称は (A) 乗り石、(B) 落し石、(C) 踏石、という。したがって、(1) の組合せが適当である。

【解答 (1)】

12. 造園技法

問題 4　日本庭園における流れの役石の名称（イ）〜（ハ）とその説明（A）〜（C）の組合せとして、**適当なもの**はどれか。

〔名称〕

（イ）水切石　　（ロ）水越石　　（ハ）横石

〔説明〕

（A）：水面に隠れて水を盛り上げる

（B）：瀬を作るため流れの幅を狭める

（C）：水を分流し勢いをつける

	（イ）	（ロ）	（ハ）
(1)	(A) ………	(B) ………	(C)
(2)	(B) ………	(C) ………	(A)
(3)	(C) ………	(A) ………	(B)
(4)	(B) ………	(A) ………	(C)

解説　（イ）水切石は、流れの中にあって水を分流し勢いをつける役石なので、（C）が適当。

（ロ）水越石は、水面下に隠れていて、水を盛り上げる役石。（A）が適当である。

（ハ）横石は、流れの幅を狭めて瀬をつくるための役石で、（B）が適当である。

よって、正しい組合せは（3）となる。　　　　　　　　　　　【解答（3）】

問題 5　日本庭園における滝及び流れの役石に関する記述のうち、**適当なもの**はどれか。

（1）水落石は、滝の水が流れ落ちる滝の役石であり、枯滝では鏡石ともいう。

（2）水受石は、水面下で水を盛り上げて瀬落としをつくる流れの役石である。

（3）底石は、滝つぼに置き、落水による音やしぶきを表現する滝の役石である。

（4）水切石は、流れの両岸に据え、流れ幅を狭めて瀬をつくる流れの役石である。

解説　（1）水落石の説明として適当な記述である。

（2）水受石は、滝つぼで水を受ける石。説明文は水越石の意味である。

（3）底石は、流れの底にあるものの、水面からも見える石。説明文は水受石についての記述。

（4）水切石は、流れの中にあって流水を分流し、勢いをつける石。説明文は横石についての記述。　　　　　　　　　　　　　　　　　　　　　　　　　　　　　【解答（1）】

問題6 茶室及び露地に関する記述のうち、**適当でないもの**はどれか。

(1) 躙（にじり）口は、茶室の出入り口の1つであり、客が出入りをする際に利用される。

(2) 給仕口は、茶室の出入り口の1つであり、亭主が点前をする際に利用される。

(3) 客石は、露地に設ける飛石の中で、客が亭主に挨拶する際に乗る石で、中潜りの外露地側に据えられる。

(4) 踏分石は、露地に設ける飛石の中で、分岐する所に据えられる大ぶりの飛石である。

解説 (2) 給仕口は、茶室の出入口のひとつで、懐石を出す場合など、点前以外で客座に入るときの出入口。亭主が点前をするときの出入口は茶道口などと呼ばれている。

【解答 (2)】

問題7 茶室に関する各部の名称の組合せとして、**正しいもの**はどれか。

	(A)	(B)	(C)
(1)	床柱	掛込天井	茶道口
(2)	床柱	掛込天井	躙口
(3)	中柱	落ち天井	茶道口
(4)	中柱	落ち天井	躙口

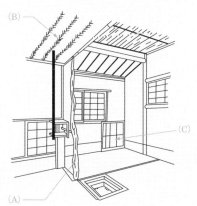

解説 茶室内には、床柱、中柱がある。中柱は、点前畳と客畳の境にあたり、炉隅に立てられる。（A）は中柱である。四畳半以下の小間となる点前座の上は、落ち天井にすることが多い。

落ち天井は、平天井（水平につくられた天井）で、他の天井からは一段低いものが多い。（B）は落ち天井である。掛込天井は、屋根裏をそのまま表した傾斜天井をいう。

（C）は躙口である。茶道口は、亭主が点前のために出入りする亭主口のことである。

よって、（4）の組合せが適当である。

【解答 (4)】

第一次・第二次検定の 共通ゼミ

ここでは第一次検定の問題Bに関する理解を深め、合格に必要な知識を習得することを目標にする。ここでの知識は第二次検定でも必要不可欠な基礎知識である。

各章ごとにより具体的な節を設け、この節ごとに新制度試験での出題や旧制度での問題分析の結果から出題傾向をまとめた。ここで問題として何が求められているのかを理解しておこう。

解答に必要となる知識は、「重要ポイント講義」でまとめた。ここで得た知識をもとにして「標準問題で実力アップ！」を解いてみよう。重要ポイント講義で得た知識を基本として解答できるはずだが、問題として取り上げられやすい用語や基準となる数値、計算式や計算方法などは、熟読して記憶しておく必要がある。

【ご注意】

第一次検定には、本編とともに前編で解説した問題Aの対策が必要です。また、第二次検定へと進んだ際には、しっかりと復習してほしい知識です。

測量の方法と計算

重要
ポイント講義

1 ● 主な測量の種類と方法

平板測量

　平板を用いて現場にて作図していく簡便な測量。水平に据え付けられた（整置）平板に、アリダード（前方視準板、後方視準板、定規、気泡が一体になった器具）を載せて、測点を図化していく。

- 器械が簡単で、移動が容易
- その場で図化するので、測定ミスや欠測などに気づきやすい
- アリダードで視準できる距離がおおむね 50 m 以下と短い
- 高い精度を得にくい
- 雨天時の測量は困難

水準測量

　地盤の高低を測量するもの。レベル（測量機器）を用い高低差を測る直接水準測量と、鉛直角と水平距離等を測り鉛直距離（高さ）を計算する間接水準測量の2つがある。

トランジット測量

　トランジットを用いて、水平角、垂直角を高い精度で測量するものである。

🔹 トランシット測量の種類 🔹

多角測量 （トラバース測量）	測点間の方位角と距離を求め、測点を多角的に結び付けて、座標値を計算する測量
高低測量	垂直方向の角度を測って、この角度と水平距離、または斜距離から計算によって高低差を求める測量
スタジア測量	トランシットの望遠鏡内の上視線、中視線、下視線によってはさまれた目盛を読み取って、この数値から水平距離を求める測量

2 水準測量の方法と計算

🔹 水準測量の用語 🔹

水準点	水準原点を基準として、精密な高低測量によって求められている既知の点
器械高 （I. H.）	望遠鏡の視準線の高さ（標高）。後視にその点の標高を加えたもの
後　視 （B. S.）	標高が既知の点での標尺の読み
前　視 （F. S.）	標高を求めようとする点での標尺の読み
移器点（T. P.） または盛替点	器械を据えかえるために、ある点に立てた標尺の前視と後視をともに読む点。これを新たな既知標高点として、水準測量を続けていく
中間点 （I. P.）	前視だけを読んだ点

水準測量の計算

水準測量の結果（野帳）から必要とする測点の地盤高を求める。

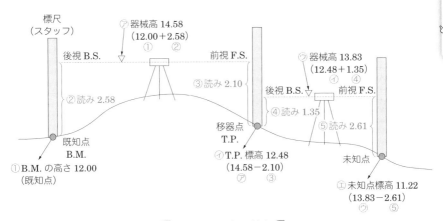

🔹 水準測量の手順（例）🔹

測量の方法と計算　　**161**

水準測量の野帳（前図を表にして記録、計算したもの）

測点	後視（B.S.）		器械高	前視（F.S.）		地盤高	
B.M.	②	2.58	⑦14.58			12.00①	
T.P.	④	1.35	⑨13.83	③2.10		12.48⑦	
未知点				⑤2.61		11.22⑦	

試験で出題される表の計算方法（昇降式）

測点	後視（B.S.）	前視（F.S.）	高低差		地盤高
			昇（＋）	降（－）	
B.M.	2.58				12.00
T.P.	1.35	2.10	0.48		12.48
未知点		2.61		1.26	11.22

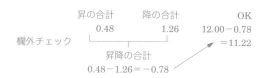

```
            昇の合計      降の合計              OK
            0.48        1.26        12.00－0.78
欄外チェック └─────────────────────┘    ←＝11.22
                  昇降の合計
            0.48－1.26＝－0.78
```

標準問題で実力アップ!!!

問題1　B.M.（標高 17.00 m）と測点間の水準測量を行った結果、下表に示す数値を得た。測点 No.2 の地盤高として、**正しいもの**はどれか。

ただし、誤差はないものとする。

(1) 16.54 m

(2) 16.65 m

(3) 17.35 m

(4) 17.46 m

測点	後視 B.S.（m）	前視 F.S.（m）
B.M.	1.92	
No.1	1.35	1.19
No.2	1.11	1.62

解説　表の横に、昇降法で計算を書き込みながら解答しよう。

測点	後視 B.S.（m）	前視 F.S.（m）
B.M.	1.92	
No.1	1.35	1.19
No.2	1.11	1.62

```
高低差〔m〕
  ＋       －
0.73                 …1.92－1.19
        0.27         …1.35－1.62
0.73 － 0.27 ＝ 0.46
```

よって、（4）が適当である。　　17.00 ＋ 0.46 ＝ 17.46 【解答（4）】

問題2 測点 No.5 の地盤高を求めるため、測点 No.1 を出発点として水準測量を行い下表の結果を得た。**測点 No.5 の地盤高**は次のうちどれか。

測点 No.	距離（m）	後視（m）	前視（m）	高低差（m） ＋	高低差（m） －	備考
1		1.2				測点 No.1…地盤高 5.0 m
	20					
2		1.5	2.3			
	20					
3		2.1	1.6			
	20					
4		1.4	1.3			
	20					
5			1.5			測点 No.5…地盤高 ☐ m

(1) 4.0 (2) 4.5 (3) 5.0 (4) 5.5

解説 高低差の欄や備考に書き込んでみよう！

　まずは、高低差の＋－の欄を計算し、それぞれの合計を求めた後に高低差（－0.5 m）を求める**昇降式**で解くと、5.0－0.5＝4.5 m が得られる。

　次の方法として、No.2 以降の地盤高を求めてみる（備考の欄）。

測点 No.	距離（m）	後視（m）	前視（m）	高低差（m） ＋	高低差（m） －	備考
1		1.2				測点 No.1…地盤高 5.0 m
	20					
2		1.5	2.3		1.1	→ 5.0－1.1＝3.9 m
	20					
3		2.1	1.6		0.1	→ 3.9－0.1＝3.8 m
	20					
4		1.4	1.3	0.8		→ 3.8＋0.8＝4.6 m
	20					
5			1.5		0.1	測点 No.5…地盤高 4.5 m

計0.8　計1.3　0.8－1.3＝－0.5 m
5.0－0.5＝　4.5 m
4.6－0.1＝　4.5 m

(2) 4.5 m が正しい。

　このように、測点ごとに地盤高を求めていく計算からの値と、高低差（＋）列の縦合計値、（－）欄の縦合計値（欄外チェック）から求めた値が一致すれば計算間違いがなくなる。 【解答（2）】

下図のように No.0 から No.3 までの水準測量を行い、図中の結果を得た。**No.3 の地盤高**は次のうちどれか。なお、No.0 の地盤高は 10.0 m とする。

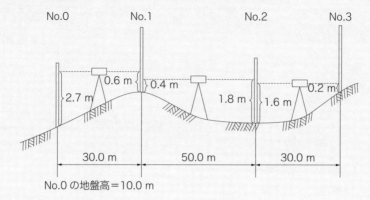

No.0 の地盤高＝10.0 m

(1) 11.8 m
(2) 11.9 m
(3) 12.0 m
(4) 12.1 m

解説 解答は昇降式の表を欄外に書いて求めてもよい。

ここでは図上に器械高を求めながら計算する方法で書き込みながら解いてみる。

下図の①～⑥が計算の手順である。

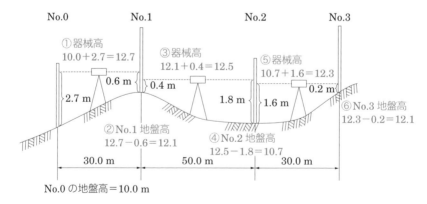

No.0 の地盤高＝10.0 m

(4) 12.1 m が正しい。

このように、それぞれの計算方法をマスターしておくとよい。

ただ、昇降式の表を用いたほうが、計算チェックができるので、ミスは防げる。

【解答（4）】

2章 契約、設計図書

1. 公共工事標準請負契約約款と契約図書

出題傾向 公共工事標準請負契約約款に関する問題は、例年1問出題されている傾向にあるので要点を覚えておこう。

重要 ポイント講義

1 公共工事標準請負契約約款

公共工事標準請負契約約款の目的

建設工事請負契約は、当事者間の意思の合致によるとはいうものの、多くが意思表示の不明確さや不完全さをともなう側面が懸念される。そのために、建設工事にかかわる紛争が生じやすいだけでなく、請負契約を締結する当事者間の力関係が一方的であることにより、契約条件が一方にだけ有利に定められやすく（片務性）、建設業の健全な発展と建設工事の施工の適正化を妨げるおそれもある。こうしたことから、請負契約の明確化、適正化を図る目的で公共工事標準請負契約約款がある。約款では、発注者を「甲」、受注者（請負者）を「乙」と呼ぶ。

設計図書

設計図書は、①図面、②仕様書（共通仕様書・特記仕様書）、③現場説明書、④これらに対する質問回答書である。

設計図書は、契約上の拘束力を有するものである。

内訳書・工程表

請負者は、設計図書に基づいて請負代金内訳書（内訳書）と工程表を作成し、発注者に提出し、その承認を受けなければならない。しかし、これらは法的な拘束力をもつものではない。

一括委任または一括下請負の禁止

請負者は、工事の全部や主たる部分、他の部分から独立してその機能を発揮する工作物の工事を、一括して第三者に委任したり、請け負わせてはならない。

（※右側余白に縦書き）第一次・第二次検定　共通ゼミ

（総則）抜粋

- 発注者（「甲」）および請負者（「乙」）は、この約款に基づき、設計図書に従い、日本国の法令を遵守し、この契約を履行しなければならない
- 乙は、契約書記載の工事を契約書記載の工期内に完成し、工事目的物を甲に引き渡すものとし、甲は、その請負代金を支払うものとする
- 仮設、施工方法その他工事目的物を完成するために必要な一切の手段（「施工方法等」）については、この約款および設計図書に特別の定めがある場合を除き、乙がその責任において定める
- 乙は、この契約の履行に関して知り得た秘密を漏らしてはならない
- この約款に定める請求、通知、報告、申出、承諾および解除は、書面により行わなければならない

下請負人の通知

　発注者は、請負者に対して、下請負人の商号・名称その他必要な事項の通知を請求することができる。

特許権等の使用

　乙は、特許権、実用新案権、意匠権、商標権その他日本国の法令に基づき保護される第三者の権利（以下「特許権等」という）の対象となっている工事材料、施工方法等を使用するときは、その使用に関する一切の責任を負わなければならない。ただし、甲がその工事材料、施工方法等を指定した場合において、設計図書に特許権等の対象である旨の明示がなく、かつ、乙がその存在を知らなかったときは、甲は、乙がその使用に関して要した費用を負担しなければならない。

　特許権等の使用は請負者の責任となる。ただし、発注者が設計書に明示せず、請負者も存在を知らなかった場合は、発注者の負担となる。

現場代理人および主任技術者等

- 請負者は、現場代理人、主任技術者（監理技術者）を定めて工事現場に常駐させ、設計図書に定めるところにより、その氏名その他必要な事項を発注者に通知しなければならない。これらの者を変更したときも同様とする
- 現場代理人は、工事現場に常駐し、この契約の履行、運営、取締りを行うほか、請負代金額の変更、請負代金の請求および受領等の権限を除き、この契約に基づく請負者の一切の権限を行使することができる
- 現場代理人、主任技術者（監理技術者）および専門技術者は、これを兼ねる

ことができる

工事材料の品質および検査等

- 工事材料の品質については、設計図書に定めるところによる。設計図書にその品質が明示されていない場合は、中等の品質を有するものとする
- 請負者は、監督員の検査を設計図書で指定された工事材料は、検査に合格したものを使用しなければならない。この場合、検査に直接要する費用は、請負者の負担とする

工事用地の確保等

- 発注者は、工事用地その他設計図書において定められた工事の施工上必要な用地を、請負者が工事の施工上必要とする日までに確保しなければならない
- 請負者は、確保された工事用地等を善良な管理者の注意をもって管理しなければならない

設計図書不適合の場合の改造義務および破壊検査等

- 請負者は、工事の施工部分が設計図書に適合しない場合、監督員がその改造を請求したときは従わなければならない
- 監督員は、工事の施工部分が設計図書に適合しないと認められる相当の理由がある場合、必要があると認められるときは、その理由を請負者に通知して、工事の施工部分を最小限度破壊して検査することができる。この場合、検査および復旧に直接要する費用は請負者の負担とする

条件変更等

請負者は、工事の施工に当たり、設計図書の内容や現地の制約等が一致しない、表示が明確でないなどの状況を発見したときは、直ちに監督員に通知し、その確認を請求しなければならない。

設計図書の変更

発注者は、必要があると認めるときは、設計図書の変更内容を請負者に通知して、設計図書を変更することができる。この場合において、発注者は、必要がある場合には工期や請負代金額を変更したり、請負者に損害を及ぼしたときは必要な費用を負担しなければならない。

工事の中止

工事用地等の確保ができないこと、暴風、豪雨、洪水、高潮、地震、地滑り、落盤、火災、騒乱、暴動その他の自然的、また人為的な事象によって、請負者が工事を施工できないと認められるときは、発注者は、工事の中止内容を直ちに請負者に通知して、工事の全部または一部の施工を一時中止させなければならな

い。

請負者の請求による工期の延長

　請負者は、天候の不良、関連工事の調整への協力などの事由により工期内に工事を完成することができないときは、その理由を明示した書面により、発注者に工期の延長変更を請求することができる。

発注者の請求による工期の短縮

　発注者は、特別の理由により工期を短縮する必要があるときは、工期の短縮変更を請負者に請求することができる。この場合、必要があると認められるときは請負代金額を変更したり、請負者に損害を及ぼしたときは必要な費用を負担しなければならない。

部分使用

　発注者は、工事目的物の全部または一部を、引渡し前であっても請負者の承諾を得て使用することができる。

2 ● 公共工事の入札及び契約の適正化の促進に関する法律

目　的

　公共工事の入札及び契約の適正化の促進に関する法律（略称：入札契約適正化法）は、国、特殊法人等および地方公共団体が行う公共工事の入札および契約について、その適正化の基本となるべき事項を定めるとともに、情報の公表、不正行為等に対する措置および施工体制の適正化の措置を講じ、併せて適正化指針の策定等の制度を整備すること等により、公共工事に対する国民の信頼の確保とこれを請け負う建設業の健全な発達を図ることを目的とする。

　公共工事の入札および契約の適正化の基本となるべき事項は次の4点である。

① 　入札・契約の過程、内容の透明性の確保
② 　入札・契約参加者の公正な競争の促進
③ 　不正行為の排除の徹底
④ 　公共工事の適正な施工の確保

すべての発注者に対する義務付け措置

毎年度の発注見通しの公表	発注者は、毎年度、発注見通し（発注工事名、入札時期等）を公表しなければならない
入札・契約に係る情報の公表	発注者は、入札・契約の過程（入札参加者の資格、入札者・入札金額、落札者・落札金額等）および契約の内容（契約の相手方、契約金額等）を公表しなければならない

不正行為等に対する措置

- 発注者は、談合があると疑うに足りる事実を認めた場合には、公正取引委員会に対し通知しなければならない
- 発注者は、一括下請負等があると疑うに足りる事実を認めた場合には、建設業許可行政庁等に対し通知しなければならない

施工体制の適正化

- 一括下請負（丸投げ）は全面的に禁止する
- 受注者は、発注者に対し施工体制台帳（写し）を提出しなければならないものとし、発注者は施工体制の状況を点検しなければならない。受注者は点検を拒んではならない

3 契約図書

公共工事の請負契約に必要となる図書は、契約書と設計図、仕様書などである。契約図書とは、契約書および設計図書をいう。

設計図書は、図面、共通仕様書、特記仕様書、現場説明書、質問回答書で構成される。

仕様書は、各工事に共通する共通仕様書と、各工事で規定される特記仕様書に区別される。

契約図書

契約書	契約書	工事名、工期、請負代金、支払方法などを記し、発注者、請負者の契約上の権利や義務を定めたもの
	約款	契約の解除、請負代金の変更、違約事項などで、契約条項で定型的な内容を定めたもの
設計図書	図面	発注者が示した設計図、発注者から変更または追加された設計図および設計図のもととなる設計計算書など
	共通仕様書	各工事に共通する仕様書 各建設作業の順序、使用材料の品質、数量、仕上げの程度、施工方法などの工事を施工するうえで必要な技術的要求、工事内容を説明した書類で、あらかじめ定型的な内容を盛り込み作成したもの
	特記仕様書	共通仕様書を補足し、当該工事の施工に関する明細、または工事に固有の技術的要求の他諸条件を定めたもの
	現場説明書	工事の入札に参加するものに対して、発注者が当該工事の契約条件などを説明するための書類
	質問回答書	図面、共通仕様書、特記仕様書、現場説明書についての入札参加者からの質問に対して、発注者が全入札者に回答する書面

問題1 「公共工事標準請負契約約款」に関する記述のうち、**適当でないもの**はどれか。

(1) 受注者は、設計図書に特許権の対象である旨が明示された工事材料を使用するときは、原則として、その使用に関する一切の責任を負わなければならない。

(2) 受注者は、工事目的物及び工事材料等について、設計図書に定めるところにより建設工事保険その他の保険等に付さなければならない。

(3) 発注者及び受注者は、約款に定める、申出、通知を口頭で行うことができるが、請求、報告、承諾、解除は書面で行わなければならない。

(4) 発注者は、工事用地その他設計図書において定められた工事の施工上必要な用地を、工事の施工上必要とする日までに確保しなければならない。

解説 (3) この約款に定める請求、通知、報告、申出、承諾および解除は、**書面により行わなければならない**。口頭で行うことはできない。　　　　　　**【解答 (3)】**

問題2 「公共工事標準請負契約約款」に関する記述のうち、**適当でないもの**はどれか。

(1) 発注者及び受注者は、約款に定める催告、請求、通知、承諾及び解除については書面により行わなければならないが、申出、報告については口頭で行うことができる。

(2) 監督員は、支給材料の引渡しに当たっては、受注者の立会いの上、発注者の負担において、当該支給材料を検査しなければならない。

(3) 発注者と受注者のいずれの責めにも帰すことができないものにより、工事目的物に損害が生じ、その状況が発注者により確認されたときは、受注者は、損害による費用の負担を発注者に請求することができる。

(4) 発注者は、工事目的物の引渡しの際に契約不適合があることを知ったときは、その旨を直ちに受注者に通知しなければ、当該契約不適合に関する請求をすることはできない。ただし、受注者がその契約不適合があることを知ったときは、この限りでない。

解説 (1)「口頭で行うことができる」が適当でない。この出題パターンが多いが、他の選択肢もしっかり読んで覚えておこう。　　　　　　**【解答 (1)】**

2. 請負工事費

出題傾向 請負工事費の内訳とその内容に関する問題が、例年1問出題されている。内訳についての理解を深めておこう。

重要 ポイント講義

1 • 請負工事費の内訳

請負工事費の内訳は次のように構成されている。

請負工事費の内訳

工事原価	材料、労務、機械、仮設などや、現場における工事管理上必要となるすべての経費を合計したもの
直接工事費	目的物をつくるために直接必要とされる経費
材料費	機械経費にかかわるものを除く
労務費	機械経費にかかわるものを除く
直接経費	機械経費（機器器具損料と運転経費） 電力・水道・光熱費、特許使用料
間接工事費	目的物の出来高には直接関係はないものの、共通して使用されるものに要する費用
共通仮設費	工事を完成させるために必要な仮の設備・作業
営繕費	現場事務所、労務宿舎の営繕に関する費用
運搬費	機械器具の運搬に要する費用
事業損失防止施設費	工事施工に伴って発生する騒音、振動、地盤沈下、地下水の断絶等に起因する事業損失を未然に防止するための仮設備の設置費と維持管理費、調査等の費用
準備費	準備、跡片付けに要する費用
安全費	安全管理、安全施設などの費用
役務費	電力、用水などの基本料金、土地の借り上げの費用
技術管理費	品質管理試験、工程管理のための費用
現場管理費	請負業者の工事現場の管理に要する変動的な経費で、労務管理、各種保険、給料手当などの人件費、法定福利費、旅費・交通費、通信費、安全訓練に要する費用など
一般管理費	工事現場以外で発生する、本店・支店などの維持に必要な経費で、役員報酬、従業員給与、退職金、土地・建物の維持管理費など

問題1 公共工事における請負工事費のうち、共通仮設費に**含まれないもの**はどれか。

(1) 調査・測量、丁張に要する費用

(2) 品質管理のための試験に要する費用

(3) 現場労働者の安全・衛生及び研修訓練に要する費用

(4) 現場事務所の土地・建物の借上げに要する費用

解説 (3)「現場労働者の安全・衛生および研修訓練に要する費用」は現場管理費に含まれる。共通仮設費ではないので、この選択肢が適当ではない。 【解答(3)】

問題2 公共造園工事における請負工事費に関する次の記述の(A)、(B)に当てはまる語句の組合せとして、**適当なもの**はどれか。

「間接工事費は共通仮設費と現場管理費に分類され、共通仮設費には(A)が、現場管理費には(B)が含まれる。」

	(A)	(B)
(1)	現場内における器材の運搬に要する費用	現場労働者の安全衛生や研修訓練に要する費用
(2)	現場内における器材の運搬に要する費用	品質管理のための試験に要する費用
(3)	建物、車両、機械装置、事務用備品の減価償却費	現場労働者の安全衛生や研修訓練に要する費用
(4)	建物、車両、機械装置、事務用備品の減価償却費	品質管理のための試験に要する費用

解説 共通仮設費には、器具の運搬等に要する費用（運搬費）が含まれる。また、現場管理費には安全衛生や研修訓練等に要する費用が含まれる。

なお、建物、車両、機械装置、事務用品、備品等の減価償却費は**一般管理費**、品質管理のための試験は共通仮設費（技術管理費）に含まれる。 【解答(1)】

3章 関連法規

1. 都市公園法

出題傾向 都市公園法に関する問題は、例年1問出題されている傾向にあるので要点を覚えておこう。

重要 ポイント講義

1 都市公園と公園施設

都市公園

都市公園とは、以下の定義の公園、緑地で、その設置者である地方公共団体または国がこの公園、緑地に設ける公園施設を含むものである。

🍂 都市公園の定義 🍂

地方公共団体が設置するもの	・都市計画施設である公園または緑地 ・都市計画区域内において設置する公園または緑地
国が設置するもの	・1つの都府県の区域を超えるような広域の見地から設置する都市計画施設である公園または緑地（イ号） ・国家的な記念事業、わが国固有の優れた文化的資産の保存および活用を図るために設置する都市計画施設である公園または緑地（ロ号）

公園施設

都市公園の効用をまっとうするために設けられる施設を公園施設という。

園路および広場

修景施設	植栽、芝生、花壇、生垣、日かげ棚、噴水、水流、池、滝、築山、彫像、灯籠、石組、飛石など
休養施設	休憩所、ベンチ、野外卓、ピクニック場、キャンプ場など
遊戯施設	ぶらんこ、すべり台、シーソー、ジャングルジム、ラダー、砂場、徒渉池、舟遊場、魚釣場、メリーゴーラウンド、遊覧用電車、野外ダンス場など
運動施設	野球場、陸上競技場、サッカー場、ラグビー場、テニスコート、バスケットボール場、バレーボール場、ゴルフ場、ゲートボール場、水泳プール、温水利用型健康運動施設、ボート場、スケート場、スキー場、相撲場、弓場、乗馬場、鉄棒、吊り輪、リハビリテーション用運動施設などと、これらに付属する観覧席、更衣所、控室、運動用具倉庫、シャワーなどの工作物
教養施設	植物園、温室、分区園、動物園、動物舎、水族館、自然生態園、野鳥観察所、動植物の保護繁殖施設、野外劇場、野外音楽堂、図書館、陳列館、天体・気象観測施設、体験学習施設、記念碑などと、古墳、城跡、旧宅その他の遺跡やこれらを復原したもので、歴史上または学術上価値の高いもの
便益施設	売店、飲食店（料理店、カフェ、バー、キャバレーなどを除く）、宿泊施設、駐車場、園内移動用施設、便所、荷物預り所、時計台、水飲場、手洗場など
管理施設	門、柵、管理事務所、詰所、倉庫、車庫、材料置場、苗畑、掲示板、標識、照明施設、ごみ処理場（廃棄物の再生利用のための施設を含む）、くず箱、水道、井戸、暗渠、水門、雨水貯留施設、水質浄化施設、護岸、擁壁など
その他の都市公園の効用をまっとうする施設	展望台、集会所、食糧・医薬品等の災害応急対策に必要な物資の備蓄倉庫、その他災害応急対策に必要な施設

2 ● 都市公園の設置基準

公園施設の設置基準として、都市公園に公園施設として設けられる建築物の建築面積などが定められている。都市公園は主に屋外におけるレクリエーション施設であり、災害時における避難地として利用されるものでもあることから、あまりにも多くの建築物が設けられると都市公園としての機能に支障を生じることになる。しかし、都市公園の効用を利用増進するためには、ある程度の建築物は必要であり、その限度を示すのが設置基準である。

公園施設の設置基準

許容建築面積の特例：

① 建築面積の総計は、原則として当該都市公園の敷地面積の **2%** を超えてはならない

② 都市公園に休養施設、運動施設、教養施設、備蓄倉庫などの災害応急対策に必要な施設、都道府県立自然公園の利用のための施設である建築物を設ける場合は、敷地面積の **10%** を限度とし、原則の **2%** を超えることができる

③ 文化財保護法の国宝、重要文化財等や、景観法の景観重要建造物である場合には、敷地面積の **20%** を限度とし、原則の **2%** を超えることができる

④ さらに、高い開放性を有する建築物（屋根付き広場、壁を有しない雨天用運動場など）を設ける場合においては、敷地面積の **10%** を限度として、①〜③の建築面積を超えることができる

⑤ 仮設公園施設（**3 か月**を限度として公園施設として臨時に設けられる建築物）を設ける場合においては敷地面積の **2%** を限度として、①〜④の建築面積を超えることができる

公園施設の構造： 公園施設は、安全上および衛生上、必要な構造を有するものとしなければならない

公園施設に関する制限等：

• 1 つの都市公園に設ける運動施設の敷地面積の総計は、敷地面積の **50%** を超えてはならない

• メリーゴーラウンド、遊戯用電車などの遊戯施設で利用料金をとるものは **5 ha** 以上、ゴルフ場は **50 ha** 以上、の敷地面積を有する都市公園でなければ設けてはならない

• 分区園を設ける場合、1 つの分区の面積は、**50 m²** を超えてはならない

• 宿泊施設は、当該都市公園の効用を全うするため特に必要があると認められる場合以外は設けてはならない

• その利用にともない危害を及ぼすおそれがあると認められる公園施設については、柵その他の危害を防止するために必要な施設を設けなければならない

• 保安上必要と認められる場所には、照明施設を設けなければならない

問題1 「都市公園法」に関する記述のうち、**正しいもの**はどれか。

(1) 都市公園の占用の期間は、いかなる工作物であっても10年を超えることはできない。

(2) 都市公園に設ける運動施設の敷地面積の総計は、当該都市公園の敷地面積の3分の2以下でなければならない。

(3) 都市公園は、国又は地方公共団体以外の者でも特定の要件を満たす者であれば、これを設置することができる。

(4) 競技会、集会、展示会のために設けられる工作物は、仮設のものであれば、許可を受けずに都市公園を占用することができる。

解説 (1) 都市公園法 第6条4項で、「都市公園の占用の期間は、10年をこえない範囲内において政令で定める期間をこえることができない。これを更新するときの期間についても、同様とする。」という条文があり、記述は正しい。

(2) 都市公園に設ける運動施設の敷地面積の総計は、当該都市公園の敷地面積の**100分の50（50％）**を超えてはならない。3分の2ではないので誤り。

(3) 都市公園の管理は、地方公共団体で設置する都市公園はその地方公共団体が、国で設置する都市公園は国土交通大臣が行うとされ、その管理をすることとなる者が設置することとなっている。国または地方公共団体以外の者は都市公園を設置できない。

(4) 仮設工作物も占用の許可が必要である。 【解答(1)】

Point!! 都市公園法 第7条にある都市公園での占用について知っておこう。

都市公園の占用が公衆のその利用に著しい支障を及ぼさず、かつ、必要やむを得ないと認められるものであって、政令で定める技術的基準に適合する場合に限り、第6条第1項又は第3項の許可を与えることができる。

一 電柱、電線、変圧塔その他これらに類するもの

二 水道管、下水道管、ガス管その他これらに類するもの

三 通路、鉄道、軌道、公共駐車場その他これらに類する施設で地下に設けられるもの

四 郵便差出箱、信書便差出箱又は公衆電話所

五 非常災害に際し災害にかかった者を収容するため設けられる仮設工作物

六 競技会、集会、展示、博覧会その他これらに類する催しのため設けられる仮設工作物

七 前各号に掲げるもののほか、政令で定める工作物その他の物件又は施設

問題2 「都市公園法」に関する記述のうち、**誤っているもの**はどれか。

(1) 公園管理者は、その管理する都市公園の台帳を作成し、これを保管しなければならない。

(2) 公園管理者以外の者が都市公園に非常災害に際し被災者を収容するための仮設工作物を設ける場合は、占用の許可は不要である。

(3) 公園管理者以外の者が設ける公園施設の設置許可の期間は、10年を超えることができない。

(4) 公園管理者以外の者が都市公園の地下に公共駐車場を設ける場合は、占用の許可が必要である。

解説 (1) 都市公園法 第17条で「公園管理者は、その管理する都市公園の台帳を作成し、これを保管しなければならない。」という条文があり、記述は正しい。

(2) 都市公園に、非常災害に際し、被災者を収容するための仮設工作物を設ける場合は、**占用の許可は必要となる**ので、記述は誤り。

(3)、(4) は記述どおり正しい。

【解答 (2)】

問題3 「都市公園法」の占用に関する記述のうち、**適当なもの**はどれか。

(1) 都市公園を占用しようとする場合は、すべて都道府県知事の許可を受けなければならない。

(2) 都市公園の占用許可の期間は、10年をこえて定めることはできない。

(3) 都市公園において工事用板囲い、足場、詰所その他の工事用施設を設置する場合には、占用の許可を必要としない。

(4) 電気事業者が都市公園の地下に電線を埋設する場合には、占用の許可を必要としない。

解説 (1) 都市公園の占用は、管理者が市町村であれば、許可も管理者となる。すべて都道府県知事ではない。

(3) 工事用仮囲いなども占用許可が必要である（都市公園法施行令第12条7）。

(4) 地下埋設工事も占用許可が必要である。 【解答 (2)】

2. 建 築 基 準 法

重要ポイント講義

1 ● 建築物の建築等に関する申請および確認

建築確認申請

　建築主は、確認申請対象建築物を建築（新築、増築等）しようとする場合、または、これらの建築物の大規模な修繕、模様替えをしようとする場合において、この工事に着手する前に、その計画が建築基準関係規定に適合するものであることについて、確認の申請書を建築主事に提出し、確認済証の交付を受けなければならない。これを建築確認申請と呼ぶ。

　この建築確認事務を取り扱う建築主事を置く行政機関は特に特定行政庁と呼ばれる。建築基準法の改正（平成 10 年）により、建築確認事務について民間委託ができるようになった。

　なお、建築物以外の工作物でも、煙突、広告塔、高架水槽、擁壁その他これらに類する工作物、製造施設、貯蔵施設、遊戯施設等の工作物で一定規模以上のものは、建築確認申請制度等の規定の準用を受け、建築確認が必要である。

建築確認申請が必要な建築物、工作物等

　一定規模の大規模建築物等のほか、都市計画区域内、準都市計画区域内または知事の指定区域内などの建築物が建築確認を必要とする建築物である。

■ 確認申請が必要となる代表的な工作物

- 高さが 6 m を超える煙突
- 高さが 15 m を超える鉄筋コンクリート造の柱、鉄柱、木柱など
- 高さが 4 m を超える広告塔、広告板、装飾塔、記念碑など
- 高さが 8 m を超える高架水槽、サイロ、物見塔など
- 高さが 2 m を超える擁壁
- 乗用エレベーター、エスカレーターで観光のためのもの
- ウォーターシュート、コースターなどの高架の遊具
- メリーゴーラウンド、観覧車、飛行塔など回転運動をする遊戯施設で原動機を使用するもの

工事完了検査の申請制度・検査済証の交付

建築主は、工事を完了したときは、建築主事等に工事完了の検査を申請し、検査を受けることが必要である。この建築物等が建築基準関係規定に適合していると認められたときは、検査済証の交付を受ける。完了検査の申請は、工事が完了した日から 4 日以内に建築主事に到達しなければならない。

仮設建築物等に対する制限の緩和

災害があった場合において建築する停車場、郵便局、官公署その他これらに類する公益上必要な用途に供する応急仮設建築物、または工事を施工するために現場に設ける事務所、下小屋、材料置場その他これらに類する仮設建築物については、建築確認申請などを適用しないという制限の緩和がある。

第一次・第二次検定 共通ゼミ

マスターノート

Master Note

違反建築物に対する措置

特定行政庁は、建築基準法令の規定または許可に付した条件に違反した建築物、建築物の敷地については、建築主、工事の請負人（請負工事の下請人を含む）、現場管理者、所有者・管理者・占有者に対して、工事の施工停止を命じたり、相当の猶予期限を付けて、この建築物の除却、移転、改築、増築、修繕、模様替え、使用禁止、使用制限等、違反を是正するために必要な措置をとることを命ずることができる。

工事現場における確認の表示等

工事の施工者は、当該工事現場の見やすい場所に、建築主、設計者、工事施工者、工事の現場管理者の氏名、名称、当該工事に係る確認があった旨の表示をしなければならない。

問題1 「建築基準法」に関する記述のうち、**誤っているもの**はどれか。

(1) 建築主は、建築物を建築しようとする場合、工事に着手してから4日以内に、建築主事等の確認を受けて確認済証の交付を受けなければならない。

(2) 建築主は、建築主事等の確認を受けた工事を完了したときは、建築主事等の検査を申請しなければならない。

(3) 工事の施工者は、工事現場の見やすい場所に建築主事等の確認があった旨の表示をするとともに、工事現場に工事係る設計図書を備えておかなければならない。

(4) 工事の施工者は、工事の施工に伴う地盤の崩落、建築物の倒壊等による危害を防止するために必要な措置を講じなければならない。

解説 (1) 確認済証は**工事着手前の交付**が必要であり。工事着工してからではないので、記述は誤り。 【解答 (1)】

Point!! 「確認済証の交付」と「検査済証の交付」を混乱しないように覚えておこう。また、試験問題をしっかり読んで解答しないと、思いこみで読み間違うこともあるので注意！

問題2 都市公園において行われる行為のうち、「建築基準法」に基づく建築確認を**必要としないもの**はどれか。

(1) 原動機を使用するメリーゴーラウンドの設置
(2) 高さ5mの記念塔の設置
(3) 高架のコースターの設置
(4) 公園工事の施工のための仮設の事務所の設置

【解答 (4)】

3. 建　設　業　法

出題傾向 建設業法に関する問題は、例年2〜3問出題されている。内訳についての理解を深めておこう。

重要ポイント講義

1 施工技術の確保—主任技術者と監理技術者—

　元請、下請にかかわらず、建設業者はその請け負った建設工事を施工する際に、その現場の施工の技術上の管理を行う主任技術者を置かなければならない。特定建設業では、その工事を施工するために締結した下請契約の請負代金の額が4,000万円以上となる場合は、その現場の施工の技術上の管理を行う監理技術者を置かなければならない。

第一次・第二次検定　共通ゼミ

技術者の区分

　主任技術者および監理技術者は、工事現場における建設工事を適正に実施するため、この現場における施工計画の作成、工程管理、品質管理その他の技術上の管理と、この施工に従事する者の技術上の指導監督の職務を誠実に行わなければならないとされている。また工事現場に従事する者は、主任技術者または監理技術者が、その職務として行う指導に従わなければならない。

主任技術者と監理技術者

区　分	対象となる工事
主任技術者	建設業者は、請け負った建設工事を施工するときは、工事現場における建設工事の施工の技術上の管理を担う「主任技術者」を置かなければならない
監理技術者	元請となる特定建設業者は、その工事における下請金額（複数の場合は、それらの請負代金の額の総額）が4,000万円（建築工事である場合は6,000万円）以上となる場合は、「監理技術者」を置かなければならない
専　任	公共性のある施設や工作物（国や地方公共団体の発注する施設など）に関する重要な建設工事で、工事1件の請負代金の額が3,500万円（建築工事である場合は7,000万円）以上となる場合は、主任技術者または監理技術者は、工事現場ごとに「専任」でなければならない

また、主任技術者および監理技術者は、現場代理人を兼ねることができる。現場代理人とは、「契約の履行に関し、工事現場に常駐し、その運営、取締を行うほか、約款に基づく請負者の一切の権限を行使する者」である。

技術者の設置を必要とする工事

許可を受けている業種		指定建設業（7 業種） （土木一式、建築一式、管工事、鋼構造物、舗装、電気、造園）	
許可の種類		特定建設業	一般建設業
元請工事における 下請代金合計		4,000 万円※以上	4,000 万円※未満	4,000 万円※以上は 契約できない
工事現場の技術者制度	工事現場に 置くべき技術者	監理技術者	主任技術者
	技術者の資格要件	・一級国家資格者 ・国土交通大臣 　特別認定者	・一級国家資格者 ・二級国家資格者 ・実務経験者
	技術者の現場専任	公共性のある施設もしくは工作物、または多数の者が利用する施設、もしくは工作物に関する重要な建設工事であって、請負金額が 3,500 万円以上となる工事	
	監理技術者 資格者証 の必要性	必要	必要なし

※　建築一式工事の場合 6,000 万円

2 ● 建設業の許可

許可の種別

　建設業の許可は、一般建設業と特定建設業に区分して行われ、同時に両者の建設業になることはない。また 2 つ以上の都道府県にまたがって営業所（本店、支店など）を設けて営業する場合は国土交通大臣、1 つの都道府県内にのみ営業所を設けて営業する場合は都道府県知事の許可を得なければならない。

マスターノート

Master Note

知事許可と大臣許可

　　2 つ以上の都道府県で建設業を営む営業所を設ける場合　➡　国土交通大臣許可

　　1 つの都道府県だけに建設業を営む営業所を設ける場合　➡　都道府県知事許可

一般建設業と特定建設業

種　別	内　容
一般建設業	・下請専門 ・元請の場合、4,000 万円（建築工事では 6,000 万円）に満たない工事しか下請業者に出さない
特定建設業	・元請の場合、4,000 万円（建築工事では 6,000 万円）以上の工事を下請業者に施工させることができる

上記の「工事」　＝　建設業の許可を得なくても営業できる軽微な工事

建設業の許可を得なくても営業できる軽微な工事

- 工事 1 件の請負代金が 1,500 万円未満の建築一式工事
- 延べ面積 150 m² 未満の木造住宅工事
- 工事 1 件の請負代金が 500 万円未満の建築一式以外の建設工事

マスターノート　Master Note

一般建設業の許可と特定建設業の許可

元請として請け負った工事のうち、合計 4,000 万円以上
（建築一式は 6,000 万円以上）の工事を下請けに出す場合　➡　特定建設業の許可

上記未満の工事しか下請に出さない場合　➡　一般建設業の許可

許可の有効期間

　許可業種は、土木工事業、建築工事業、造園工事業などの 29 業種であり、軽微な工事以外の工事を請け負う場合は、工事の種類ごとに許可業種に該当する許可が必要である。

　許可の有効期間は 5 年間であり、5 年ごとに更新しなければならない。

許可の基準

建設業者の許可を受けるには、次のすべてを満たさなければならない。

- 経営業務の管理責任者の設置：建設業の経営経験を一定期間積んだ者がいること
- 専任技術者の設置：許可を受けようとする建設業の工事について一定の実務経験、または国家資格等をもつ技術者を営業所に専任で置くこと
- 財産的基礎があること
- 誠実性の要件を満たすこと

第一次・第二次検定　共通ゼミ

・企業やその役員、支店長、営業所長などが請負契約に関して不正・不誠実な行為をするおそれが明らかな者（暴力団等）でないこと

マスターノート
Master Note

欠格要件

次のような場合、許可要件を満たしていても建設業の許可は受けられない。

- 成年被後見人、被保佐人または破産者で、復権を得ない者
- 許可を取り消され、その取消の日から5年を経過しない者
- 許可の取消を逃れるために廃業の届出を行った者で、当該届出の日から5年を経過しない者
- 特定の規定、法律の違反、刑法等の一定の罪を犯し、その執行を終わり、またはその刑の執行を受けることがなくなった日から5年を経過しない者
- 営業の停止を命ぜられ、その停止の期間が経過しない者
- 営業を禁止され、その禁止の期間が経過しない者

このほかに、国土交通大臣または都道府県知事が許可を取り消す場合がある。

- 許可を受けてから1年以内に営業を開始せず、または引き続いて1年以上営業を休止した場合
- 不正の手段により許可を受けた場合
- 営業の停止の処分に違反した場合

3 ● 元請負人と下請負人

建設工事を注文者から請け負った建設業者と、他の建設業者の間で、この工事の全部または一部について締結される請負契約を下請契約と呼ぶ。いいかえると、元請負人とは、下請契約における注文者である建設業者であり、下請負人とは、下請契約における請負人ということになる。

■ 一括下請負の禁止

建設業者は、その請け負った建設工事をいかなる方法をもってするかを問わず、一括して他の者に請け負わせてはならない。ただし、建設工事が多数の者が利用する施設や工作物に関する重要な建設工事以外の建設工事である場合において、当元請負人があらかじめ発注者の書面による承諾を得ている場合はこの限りではない。

標準問題で実力アップ!!!

問題1 建設業の許可、技術者の配置に関する記述のうち、「建設業法」上、**誤っているもの**はどれか。

(1) 地方公共団体から直接請け負った造園工事について、2,800万円の下請契約を締結して施工する建設業者は、特定建設業の許可を受けた者に限られる。

(2) 造園工事業と土木工事業の一般建設業の許可を受けようとする建設業者が、一つの営業所に置く専任の技術者は、造園工事と、土木一式工事の主任技術者の要件を共に満たす者1名のみとすることができる。

(3) 一般建設業の許可を受けている建設業者が、地方公共団体が発注した造園工事の一次下請負人として、請負工事を施工する場合は、主任技術者の配置が必要である。

(4) 地方公共団体から9,000万円、7,000万円の2本の造園工事を直接請け負い、それぞれに4,500万円と4,000万円の下請契約を行おうとする場合、それぞれの工事に所定の監理技術者補佐を専任で配置すれば、一人の監理技術者が、その2つの工事を兼務することができる。

解説 (1) 元請として請け負った工事のうち、4,000万円未満の工事を下請に出す場合は、一般建設業の許可があればよい。したがって、(1) が誤っている。

【解答 (1)】

問題2 「建設業法」及び「公共工事の入札及び契約の適正化の促進に関する法律」に基づく施工体制台帳及び施工体系図に関する記述のうち、**誤っているもの**はどれか。

(1) 公共工事を受注した建設業者が、当該建設工事を施工するために下請契約を締結したときは、施工体制台帳を作成し、その写しを発注者に提出しなければならない。

(2) 施工体制台帳の作成義務のある建設業者は、作成した施工体制台帳を当該工事現場の最寄りの営業所に備え置かなければならない。

(3) 施工体制台帳の作成義務のある建設業者は、施工体系図を当該工事現場の見やすい場所に掲げなければならない。

(4) 施工体制台帳には、台帳の作成義務のある建設業者及び下請負人の健康保険等の加入状況を記載しなければならない。

解説 (2) 施工体制台帳は、工事現場ごとに備え置かなければならないので、記述は誤りである。

【解答 (2)】

- 当該建設工事を施工するために締結した下請契約の請負代金の額が政令で定める金額以上になるときは、建設工事の適正な施工を確保するため、国土交通省令で定めるところにより、当該建設工事について、下請負人の商号または名称、当該下請負人に係る建設工事の内容および工期その他の国土交通省令で定める事項^(※)を記載した施工体制台帳を作成し、工事現場ごとに備え置かなければならない
  ※ 建設業法施行規則 第14条2に詳しく規定されている。この中で、施工体制台帳を作成した建設業者と下請負人の健康保険等の加入状況を記載することになっている
- 作成した施工体制台帳の写しを発注者に提出しなければならない
- 当該建設工事における各下請負人の施工の分担関係を表示した施工体系図を作成し、これを当該工事現場の見やすい場所に掲げなければならない。なお、「見やすい場所」とあるのは「工事関係者が見やすい場所および公衆が見やすい場所」とする

問題3 「建設業法」及び「公共工事の入札及び契約の適正化の促進に関する法律」に関する記述のうち、**誤っているもの**はどれか。

(1) 発注者から直接建設工事を請け負った特定建設業者は、当該建設工事の下請負人がその下請負に係る建設工事に関し、関係する法令の規定に違反しないよう、当該下請負人の指導に努めるものとする。

(2) 元請負人は、下請負人が請け負った建設工事について、検査によって建設工事の完成を確認した後、下請負人が申し出たときは、原則として、直ちに当該建設工事の目的物の引き渡しを受けなければならない。

(3) 公共工事を請け負った建設業者が、その建設工事を一括して他人に請け負わせる場合は、あらかじめ発注者の書面による承諾がなければならない。

(4) 元請負人は、前払金の支払いを受けたときは、下請負人に対して、資材の購入、労働者の募集その他建設工事の着手に必要な費用を、前払金として支払うよう適切な配慮をしなければならない。

解説 (3) 多数の者が利用する公共事業では、一括下請負が禁止されている（「一括して他人に請け負わせる」ことは禁止されている。書面による承諾を得ることはできない）。

【解答 (3)】

4. 労 働 基 準 法

出題傾向 労働基準法に関する問題が、例年 1 問出題されている。
内訳についての理解を深めておこう。

重要
ポイント講義

1 労 働 契 約

適用事業の範囲（適用除外）

　労働基準法は、労働者を使用する事業または事務所に適用するものであり、同居の親族のみを使用する事業や事務所、家事使用人については適用しないこととされている。

労働契約

　労働契約は、使用者と個々の労働者とが、労働することを条件に賃金を得ること、つまり労務給付に関して締結する契約をいう。労働基準法に定められている基準に達しないような労働契約の部分は無効となり、労働基準法で定める基準になる。

労働条件

　労働条件は、労働者と使用者が対等の立場で決定し、両者は労働協約、就業規則、労働契約を守る必要がある。

■ 代表的な労働条件 ■

均等待遇の原則	使用者は労働者の国籍、信条、社会的身分を理由として、賃金・労働時間等の労働条件について、差別的取扱いをしてはならない
男女同一賃金の原則	使用者は、労働者が女性であることを理由として賃金についての差別的取扱いをしてはならない
未成年者の労働契約	親権者または後見人は、満 20 歳未満の未成年者に代わって労働契約を締結してはならない。また、未成年者は独立して賃金を請求することができ、親権者・後見人が賃金を代わって受け取ってはならない

4. 労 働 基 準 法

187

第一次・第二次検定　共通ゼミ

マスターノート

使用者が明示すべき労働条件

書面により明示しなければならない事項：

- 賃金の決定、計算、支払いの方法、締切と支払時期
- 昇給に関する事項
- 就業場所、従事すべき業務
- 始業、終業の時刻、休憩時間、休日・休暇、交代式勤務等の就業時転換
- 退職に関する事項
- 労働契約の期間（有期労働契約の場合）

定めのある場合に明示しなければならない事項：

- 退職手当その他の手当、賞与
- 安全および衛生
- 食事、作業用品
- 職業訓練
- 表彰、制裁
- 休職　など

2 労働時間

法定労働時間

1日8時間、週40時間の原則	労働時間は1日8時間（休憩時間を除く）、1週40時間を超えてはならない
変形労働時間制	ただし労使協定、就業規則等により、週休を確保するため1か月あるいは1年を限度として、平均して1週の労働時間が40時間を超えない定めをした場合、特定の日に8時間または特定の週に40時間以上を労働させることができる。ただし、1日10時間、1週間52時間を限度とする

休憩時間

休憩時間は、労働時間が6時間を超える場合は少なくとも45分、8時間を超える場合は少なくとも1時間の休憩時間を労働時間の途中に与え、労働者は自由に利用することができる。休憩時間は一斉に与えなければならないが、労働組合等の書面による協定がある場合はこの限りでない。

休　日

使用者は、労働者に少なくとも1週1回の休日を与えなければならない。ただし、4週を通じて4日以上の休日を与える場合はこの限りでない。

年次有給休暇は6か月にその間の全労働日の8割以上出勤したときは10日以上の休暇を与え、1年ごとに1日加算、最大20日間とする。

マスターノート Master Note

時間外および深夜・休日労働

　使用者は、労働者の過半数で組織する労働組合等と書面で協定し、行政官庁に届け出た場合は、法定労働時間、休日の規定にかかわらず労働時間の延長や休日労働させることができる（**36 条協定**）。しかし、1 週 15 時間、1 か月 45 時間、1 年 360 時間を超えてはならない。

　坑内労働のような健康上有害な業務の労働時間の延長は、1 日について 2 時間を超えてはならない。

主な健康上有害な業務：

- 異常気圧下での業務
- 削岩機、鋲打機など身体に著しい振動を与える業務
- 重量物の取扱いなどの重激な業務
- 高温または低温の条件下で行う業務　　　など

　※　監督、管理の地位にある者、監視または断続的労働に従事するもので行政官庁の許可を受けた者は、労働時間、休憩および休日に関する規定は適用されない。ただし、深夜業は適用を受ける。

　深夜業は、午後 10 時から翌午前 5 時の間に労働する場合。

3　就業制限、年少者、女性

年少者労働基準規則

深夜業	満 18 歳に満たない男女を年少者といい、労働時間、時間外・休日労働の例外規定（36 条協定、変形労働時間など）を適用しない。使用者は、年少者を午後 10 時から翌午前 5 時までの間に労働してはならない。ただし、交替制によって使用する満 16 歳以上の男性についてはこの限りではない
就業制限	使用者は、年少者を危険有害業務や坑内労働に就かせてはならない

　なお、満 15 歳に達した日以後の最初の 3 月 31 日が終了しない児童は、労働者として使用してはならない。

女性労働基準規則

　妊娠中の女性を妊婦、産後 1 年以内の女性を産婦とし、妊産婦の妊娠、出産、保育等に有害な業務、また妊産婦以外の女性については妊娠・出産機能に有害な業務に関して就業制限がある。年少者と同じく、原則として坑内労働はできない。

4. 労働基準法　**189**

第二次・第三次検定　共通ゼミ

4 • 賃　金

　労働基準法において賃金とは、給料、手当、賞与、その他の名称はともかくとして、使用者が労働者の労働に対して支払うものすべてをいう。

賃金支払いの原則

賃金の支払いの5つの原則

　賃金には、通貨で支払う、直接労働者に支払う、全額を支払う、毎月1回以上支払う、一定期日（決まった日）に支払う、という原則がある

　ただし、臨時に支払われる賞与や賃金はこの限りではない。また、労使協定で書面による取決めがあれば、賃金の一部を控除したり現物品で支払うこともできる。賃金の最低基準は、最低賃金法の定めによる。

休業手当・非常時払

休業手当	使用者の責任により休業する場合は、休業期間中であっても平均賃金の60％以上の手当を労働者に支払わなければならない
非常時払	また労働者が、非常の場合（出産、疾病、災害等）の費用にするため賃金の請求をしたときは、支給日前であってもそれまでの労働に対する賃金を支払わなければならない

マスターノート
Master Note

時間外および深夜・休日労働の割増賃金

種別	条件	割増率
時間外労働割増賃金	法定時間外労働（1日8時間を超える労働・1週40時間を超える労働等）をした場合	×0.25以上
休日労働割増賃金	法定休日労働（1週1日の休日に労働）をした場合	×0.35以上
深夜労働割増賃金	深夜時間帯（午後10時から翌午前5時までの間）に労働した場合	×0.25以上

（1）　時間外労働が深夜時間帯に及んだ場合にはその時間は5割増（×0.5）以上
（2）　休日労働が深夜時間帯に及んだ場合にはその時間は6割増（×0.6）以上
　　※　休日に何時間労働してもすべて休日労働。休日労働と時間外労働とが重なることはない。

　なお、割増賃金の計算の基礎からは、①家族手当、②通勤手当、③別居手当、④子女教育手当、⑤臨時に支払われた賃金、⑥1か月を超える期間ごとに支払われる賃金、⑦住宅手当、の7つの手当のみ除外することができる。

賃金台帳
■ 記録の保存

　また使用者は、労働者名簿、賃金台帳および雇入、解雇、災害補償、賃金など労働関係に関する重要な書類を **3 年間保存** しなければならない。

　使用者は、事業場ごとに賃金台帳を調製し、賃金計算の基礎となる事項および賃金の額、その他厚生労働省令で定める事項を賃金支払のつど遅滞なく記入しなければならない。

5　解　雇

　解雇は、客観的に合理的な理由を欠き、社会通念上相当であると認められない場合は、その権利を濫用したものとして無効になる。

解雇制限

　使用者は、労働者が業務上負傷したり、疾病にかかりその療養で休業する期間とその後 30 日間は解雇してはならない。

　また、産前産後の女性が休業する期間とその後 30 日間は解雇できない。

　ただし、打切補償を支払う場合や、天災事変その他やむをえない事由のために事業の継続が不可能になった場合はこの限りではない。この場合は、その事由について行政官庁の認定を受けなければならない。

解雇予告

　使用者は、労働者を解雇しようとする場合は、少なくとも **30 日前に予告** しなければならない。解雇予告の除外は次のとおり。

■ 解雇予告が不要な場合 ■

解雇予告除外者	即時解雇のできる期間※
日々雇い入れられる者	1 か月以内
2 か月以内の期間を定めて使用される者	契約期間以内
季節的業務に 4 か月以内の期間を定めて使用される者	契約期間以内
試用期間中の者	14 日以内

※　この期間を超えて引き続き働くことになった場合は解雇予告制度の対象になる。

　30 日前に解雇の予告をしない場合は、**30 日分以上の平均賃金を支払わなければならない**。ただし、天災事変その他やむをえない事由（例：火災による焼失、地震による倒壊など）のために事業の継続が不可能になった場合はこの限りではないとされている。また、予告の日数は、1 日について平均賃金を支払った場合は、その日数を短縮できる。

就業規則の作成と届出

常時 10 人以上の労働者を使用する使用者は、就業規則を作成し、行政官庁に届け出なければならない。内容を変更した場合においても、同様とする。就業規則に記述するのは、始業・終業の時刻、休憩時間、休日、休暇に関する事項、賃金、退職等に関する事項である。

標準問題で実力アップ!!!

問題1 「労働基準法」に関する記述のうち、**誤っているもの**はどれか。

(1) 使用者は、労働者の過半数で組織する労働組合と労働基準法第 36 条に基づき書面による協定をし、行政官庁に届け出た場合においては、その協定で定めるところによって労働時間を延長し、又は休日に労働させることができる。

(2) 使用者は、産後 8 週間を経過しない女性を就業させてはならない。ただし、産後 6 週間を経過した女性が請求した場合において、その者について医師が支障がないと認めた業務に就かせることは、差し支えない。

(3) 常時 10 人以上の労働者を使用する使用者は、始業及び終業の時刻、賃金の支払時期などの事項について就業規則を作成し、行政官庁に届け出なければならない。

(4) 使用者の責に帰すべき事由による休業の場合だけでなく、災害による不可抗力の休業の場合においても、使用者は、休業期間中当該労働者に、その平均賃金の 100 分の 30 以上の休業手当を支払わなければならない。

解説 (4) 休業期間中は、**平均賃金の 60％以上の手当て**を支払わなければならない。ただし、災害などは企業側にとっては不可抗力であり、使用者の責に帰すべき事由に該当しないとされていることから、災害による従業員の休業に対しては休業手当を支払う必要がない。

しかし、労働契約や就業規則などにより、災害などの不可抗力の休業中の時間についても賃金、手当等を支払うとしている場合は、「労働条件の不利益変更」に該当するため、支払う必要がある。

よって、(4) の記述が誤っている。 【解答 (4)】

問題2 「労働基準法」に関する記述のうち、**誤っているもの**はどれか。

(1) 使用者は、労働者が、退職の場合において、使用期間、業務の種類、退職の事由等について証明書を請求した場合においては、遅滞なくこれを交付しなければならない。

(2) 使用者は、労働者に対して、毎週少なくとも1回の休日を与えるか、又は4週間を通じ4日以上の休日を与えなければならない。

(3) 常時10人以上の労働者を使用する使用者は、始業及び終業の時刻、賃金の支払時期等の事項について就業規則を作成し、発注者に届け出なければならない。

(4) 建設業においては、使用者は、満15歳に達した日以後の最初の3月31日が終了するまでの児童を、労働者として使用してはならない。

解説 (3) 常時10人以上の労働者を使用する使用者は、就業規則を作成し、**行政官庁に届け出**なければならない。「**発注者**」ではないので誤りである。　　　【解答（3）】

問題3 「労働基準法」に関する記述のうち、**誤っているもの**はどれか。

(1) 臨時に支払われる賃金、賞与その他これに準ずるものを除き、賃金は毎月1回以上、一定の期日を定めて支払わなければならない。

(2) 使用者は、原則として、労働者に、休憩時間を除き、1週間については40時間を超えて、1週間の各日については8時間を超えて、労働させてはならない。

(3) 使用者は、労働時間が6時間を超える場合においては少なくとも45分、8時間を超える場合においては少なくとも1時間の休憩時間を労働時間の途中に与えなければならない。

(4) 使用者は、労働者を解雇しようとする場合においては、少なくとも10日前にその予告をしなければならない。

解説 (4) 使用者は、労働者を解雇しようとする場合は、少なくとも**30日前**に予告をしなければならない。　　　【解答（4）】

5. 労働安全衛生法

出題傾向 労働安全衛生法に関する問題が、例年2～3問出題されている。内訳についての理解を深めておこう。

重要ポイント講義

1 ● 安全衛生管理体制

　労働安全衛生法は、労働災害の防止のための危害防止基準の確立、責任体制の明確化および自主的活動の促進の措置を講じるなど、その防止に関する総合的計画的な対策を推進することにより、職場における労働者の安全と健康を確保し、快適な職場環境の形成を促進することを目的としている。このため、事業所の規模に応じた安全衛生管理体制をとる必要がある。

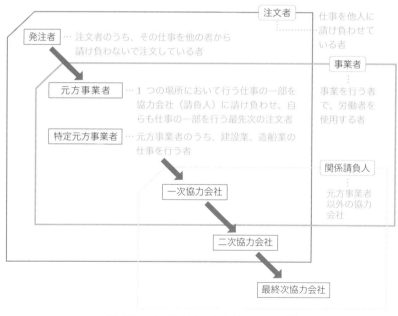

注文者 … 仕事を他人に請け負わせている者

発注者 … 注文者のうち、その仕事を他の者から請け負わないで注文している者

事業者 … 事業を行う者で、労働者を使用する者

元方事業者 … 1つの場所において行う仕事の一部を協力会社（請負人）に請け負わせ、自らも仕事の一部を行う最先次の注文者

特定元方事業者 … 元方事業者のうち、建設業、造船業の仕事を行う者

関係請負人 … 元方事業者以外の協力会社

一次協力会社

二次協力会社

最終次協力会社

 建設工事に関係するさまざまな立場

下請混在現場における安全衛生管理組織

建設現場では、元請・下請、共同企業体など、それぞれ所属業者の異なった労働者が混在して作業を行うことが多い。元請業者（特定元方事業者）は、同一現場で常時50人以上（トンネル掘削や圧気工法による作業では常時30人以上）の労働者がいる場合は、統括安全衛生責任者を選任しなければならない。

特定元方事業者が選任するもの

選任する 責任者・組織	必要とされる条件	役割など
統括安全 衛生責任者	同一場所で混在して作業を行う労働者が常時50人以上の場合に選任 ※隧道や橋梁での作業場所の狭い場合や、圧気工法による場合は常時30人以上で選任する	事業の実施についての総括管理権限と責任を負う 協議組織の設置・運営、作業間の連絡、作業場所の巡視、関係請負人の行う安全衛生教育の指導・援助、工程計画、機械設備の配置計画、法令上の措置についての指導といった統括管理の役割がある
元方安全 衛生管理者	統括安全衛生責任者が選任された事業所	統括安全衛生責任者が統括管理すべき役割のうち、技術的事項を管理する 特定元方事業者から選任
安全衛生 責任者	統括安全衛生責任者が選任された事業所。下請負人から選任	統括安全衛生責任者との連絡や、受けた連絡事項の関係者への連絡と管理、労働災害にかかる危険の有無の確認など

安全衛生管理体制（組織図）

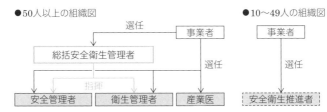

安全衛生管理体制

選任する 責任者・組織	必要とされる規模	役割など
総括安全 衛生管理者	常時 100 人以上の労働者を使用する事業場で選任	事業の運営を統括管理する者で、安全衛生に関する実質的な統括管理する権限と責任を有する
安全管理者 衛生管理者	常時 50 人以上の労働者を使用する事業場で選任	事業者または総括安全衛生管理者の指揮の下で、安全と衛生に関する技術的事項を管理する
安全衛生 推進者	常時 10 以上 50 人未満の事業場で選任（総括安全衛生管理者に代わり選任）	労働安全衛生業務（職場の点検、健康診断や健康保持増進の措置、安全衛生教育、労働災害の防止など）を担当する
産業医	常時 50 人以上の労働者を使用する事業場で、医師のうちから選出	労働者の健康管理（健康診断の実施と措置、作業環境の維持管理、衛生教育、健康障害の調査・再発防止など）を担当。事業者に勧告できる
安全委員会 衛生委員会 安全衛生 委員会	常時 50 人以上の労働者を使用する事業場で設けられる	それぞれ以下の目的のため、基本的な対策等に関することを調査審議させ、事業者に意見を述べることにしている ・安全委員会：労働者の危険を防止するため ・衛生委員会：労働者の健康障害を防止のため 　※それぞれの委員会の設置にかえて安全衛生委員会を設けることができる

※ 作業主任者の選任については、次項で解説する。

Point!! 統括安全衛生責任者と総括安全衛生管理者、安全衛生責任者と安全衛生推進者など、似たような用語が多いので、職制名と役割の関係などをしっかりと理解し、記憶しておこう。

マスターノート

Master Note

工事計画の届出

労働安全衛生法には、労働災害の生じるおそれのある大規模で高度な技術を要する工事や、危険または有害な機械等の設置をしようとするときなどでは、その計画を一定の期日までに届け出ることが義務づけられている。

届出先	届出期限	工事例
厚生労働大臣	30 日前	・高さが 300 m 以上の塔 ・1,000 m 以上の吊り橋　　など
労働基準監督署長	14 日前	・高さが 31 m を超える建築物 ・10 m 以上の掘削工事（掘削面の下方に労働者が立ち入らないものを除く）　　など
労働基準監督署長 （設置計画の届出が必要な設備）	30 日前	・3.5 m 以上の型枠支保工 ・10 m 以上の仮設通路（組立てから解体までの期間が 60 日未満は除く） ・吊り足場、張出足場、その他の足場（高さ 10 m 以上、組立てから解体までの期間が 60 日未満は除く）

2 ● 作業主任者

　事業者は、労働災害を防止するための管理を必要とする作業で、政令で定めるものについては、都道府県労働局長の免許を受けた者、または都道府県労働局長の登録を受けた者が行う技能講習を修了した者のうちから、作業の区分に応じて作業主任者を選任しなければならない。

マスターノート Master Note

作業主任者の選任が必要な作業の例

- 掘削面の高さが **2 m 以上**となる地山の掘削の作業
- 型枠支保工の組立て、解体の作業
- 土止め支保工の切梁、または腹起しの取付け・取外しの作業
- 吊り足場（ゴンドラの吊り足場を除く）、張出足場、高さ **5 m 以上**の構造の足場の組立て、解体、変更の作業
- コンクリート造りの工作物の解体、破壊の作業（高さ **5 m 以上**）
- コンクリート破砕器を用いて行う破砕の作業
- 金属製の部材で構成された建築物の骨組や塔の組立て、解体の作業（高さ **5 m 以上**）
- 軒の高さが **5 m 以上**の木造建築物の構造部材の組立て　　など

標準問題で実力アップ!!!

問題1　常時 35 人の労働者を使用する建設業の事業場において、「労働安全衛生法」上、選任しなければならない者として、**正しいもの**はどれか。

(1) 安全管理者　　(2) 衛生管理者　　(3) 安全衛生推進者　　(4) 産業医

解説　安全管理者、衛生管理者、産業医はそれぞれ常時 50 人以上の労働者を使用する事業場で選任される。**安全衛生推進者は常時 10 人以上 50 人未満の事業所で選任**しなければならない。設問の「常時 35 人の労働者のいる事業場」では、安全衛生推進者の選任が必要となる。　　　　　　　　　　　　　　　　　　　　【解答　(3)】

問題2 元請と下請が混在して常時 50 人の労働者を使用する同一の場所における建設工事について、「労働安全衛生法」に基づき、下図に示す安全衛生管理体制をとった。

図の (A)、(B) に当てはまる語句の組合せとして、**適当なもの**はどれか。

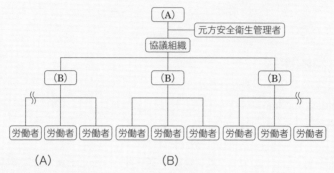

	(A)	(B)
(1)	総括安全衛生管理者	安全衛生責任者
(2)	総括安全衛生管理者	安全衛生推進者
(3)	統括安全衛生責任者	安全衛生責任者
(4)	統括安全衛生責任者	安全衛生推進者

解説 常時 50 人以上の労働者が同一の場所で混在して作業を行うため、**統括安全衛生責任者を選任**する必要がある。 ⇒ (3) または (4) にしぼりこみ。

統括安全衛生責任者を選任された事業場では、下請負人から**安全衛生責任者を選任**する必要がある。

したがって (3) が正しい。 【解答 (3)】

問題3 「労働安全衛生法」上、作業主任者を選任することを**必要としない作業**はどれか。
(1) 高さ 5 m の金属製の部材により構成される塔の解体
(2) 軒の高さが 4 m の木造建築物の構造部材の組立て
(3) 高さ 3 m の型枠支保工の組立て
(4) 掘削面の高さが 2 m の地山の掘削

解説 (2) 軒の高さが **5 m 以上**の木造建築物の構造部材の組立てでは作業主任者が必要となる。 【解答 (2)】

問題4 建設機械等を使用する作業のうち、「労働安全衛生法」で定める都道府県労働局長の免許又は技能講習修了の資格、若しくは「労働安全衛生規則」で定める資格を**必要としないもの**はどれか。

　　ただし、職業訓練の特例、道路交通法に規定する道路上の走行を除く。

　　(1) 吊り上げ荷重が2.9 t の移動式クレーンの運転
　　(2) 最大積載量が2.0 t の不整地運搬車の運転
　　(3) 機体重量が6.8 t のパワー・ショベルの運転
　　(4) 作業床の高さが8 m の高所作業車の運転

解説 (4) 作業床の高さが **10 m 以上**の高所作業車の運転では就業制限として、免許または技能講習修了の資格が必要となる。　　　　　　　　**【解答 (4)】**

Point!! ▶▶ 免許または技能講習修了の資格を必要とする主なもの

- **吊り上げ荷重が5 t 以上のクレーンの運転**
- 吊り上げ荷重が1 t 以上の移動式クレーンの運転
- **吊り上げ荷重が5 t 以上のデリックの運転**
- **最大荷重が1 t 以上のフォークリフトの運転**
- 機体重量が3 t 以上のブルドーザ、パワー・ショベルなどの建設機械の運転
- 最大積載量が1 t 以上の不整地運搬車の運転
- 作業床の高さが10 m 以上の高所作業車の運転　　　など

問題5 「労働安全衛生法」に関する記述のうち、**正しいもの**はどれか。

　　(1) 安全管理者は少なくとも毎月1回作業等を巡視し、整備、作業方法又は衛生状態に有害の恐れがあるときは、直ちに労働者の健康障害を防止するため必要な措置を講じなければならない。
　　(2) 建設業を行う事業者は、常時使用する労働者に対し、6月以内ごとに1回、一定の項目について医師による健康診断を行わなければならない。
　　(3) 建設業を行う事業者は、常時25人以上の労働者を使用する事業場ごとに、安全委員会を設けなければならない。
　　(4) 建設業を行う事業者は、衛生委員会を設置する場合、衛生管理者及び産業医をその構成員としなければならない。

解説 (1) 記述文は、安全管理者ではなく、**産業医**についてである。なお、安全管理者は巡視頻度についての規定はない。よって、誤り。
　　(2) 健康診断は **1年以内ごとに1回**となっているので、誤り。
　　(3) 常時 **50人以上**の労働者がいる職場で安全委員会を設けるので、誤り。

　　　　　　　　　　　　　　　　　　　　　　　　　　【解答 (4)】

6. その他関連法規

出題傾向 その他関係法規として、例年1問出題されている。工事を行ううえで留意すべき法規として、都市緑地法、都市計画法、森林法、騒音規制法、道路交通法などについて理解を深めておこう。

重要ポイント講義

1 ● 都市緑地法

　この法律は、都市における緑地の保全及び緑化の推進に関し、必要な事項を定めることにより、都市公園法やその他の都市における自然的環境の整備を目的とする法律と相まって、良好な都市環境の形成を図り、これによって健康で文化的な都市生活の確保に寄与することを目的としている。平成16年に法改正され、都市緑地保全法が都市緑地法になった。

■ 緑地の保全及び緑化の推進に関する基本計画（緑の基本計画）

　市町村は、都市における緑地の適正な保全及び緑化の推進に関する措置で主として都市計画区域内において講じられるものを総合的かつ計画的に実施するため、この市町村の緑地の保全及び緑化の推進に関する基本計画（以下「基本計画」という）を定めることができる。基本計画においては、次の事項を定める。

① 緑地の保全及び緑化の目標
② 緑地の保全及び緑化の推進のための施策に関する事項
③ その他必要な事項

- 地方公共団体の設置する都市公園の整備の方針、その他保全すべき緑地の確保、及び緑化の推進の方針に関する事項
- 特別緑地保全地区内の緑地の保全に関する、施設の整備、土地の買入れ・買い入れた土地の管理に関する事項、管理協定に基づく緑地の管理に関する事項など

■ 緑地保全地域、特別緑地保全地区における行為の届出

　緑地保全地域内において、次に掲げる行為をしようとする者は、国土交通省令で定めるところにより、あらかじめ、都道府県知事にその旨を届け出なければならない。

① 建築物その他の工作物の新築、改築、増築

② 宅地の造成、土地の開墾、土石の採取、鉱物の掘採、その他の土地の形質の変更

③ 木竹の伐採

④ 水面の埋立て、干拓

⑤ その他、緑地の保全に影響を及ぼすおそれのある行為で、政令で定めるもの

2 ● 都市計画法

　この法律は、都市計画の内容・その決定手続、都市計画制限、都市計画事業その他都市計画に関し必要な事項を定めることにより、都市の健全な発展と秩序ある整備を図り、これにより国土の均衡ある発展と公共の福祉の増進に寄与することを目的としている。

　都市計画は、農林漁業との健全な調和を図りつつ、健康で文化的な都市生活、機能的な都市活動を確保すべきこと、そしてこのためには適正な制限のもとに土地の合理的な利用が図られるべきことを基本理念として定めている。

■ 風致地区における行為の届出

　「都市計画区域」のうち、自然的要素に富んだ良好な景観を形成しており、都市の土地利用計画上、また都市環境の保全を図るため、風致の維持を図ることが必要な地区であって、地域地区の1つとして市町村が都市計画に定めた地区が風致地区である。

　風致地区内における建築物の建築、宅地の造成、木竹の伐採その他の行為については、政令で定める基準に従い、地方公共団体の条例で、都市の風致を維持するため必要な規制をすることができる。

3 ● 森 林 法

　この法律は、森林計画、保安林その他の森林に関する基本的事項を定めて、森林の保続培養と森林生産力の増進とを図り、これにより国土の保全と国民経済の発展とに資することを目的としている。

■ 保安林における制限

　保安林においては、都道府県知事の許可を受けなければ、立竹の伐採、立木の損傷、家畜の放牧、下草・落葉・落枝の採取、土石・樹根の採掘、開墾、その他の土地の形質を変更する行為をしてはならない（適用除外規定あり）。

4 ● 自然公園法

　この法律は、優れた自然の風景地を保護するとともに、その利用の増進を図り、もって国民の保健、休養、教化に資することを目的としている。

　自然公園とは、国立公園、国定公園（いずれも環境大臣の指定）、および都道府県立自然公園（都道府県知事の指定）をいう。

■ 特別地域、特別保護地区

　次の行為は、国立公園では環境大臣、国定公園では都道府県知事の許可を受けなければ、してはならない。

- ・工作物を新築し、改築し、増築すること
- ・木竹を伐採すること
- ・鉱物を掘採し、土石を採取すること
- ・広告物その他これに類する物を掲出、設置すること　　　など

Point!! ▶▶ これ以外にも、工事現場で理解しておかなければならない法規がたくさんある。次の標準問題で出題されやすいパターンを理解し、知識を深めておこう！

標準問題で実力アップ!!!

問題1　造園工事における法令に基づく必要な手続に関する記述のうち、**誤っているもの**はどれか。

(1) 道路に工事用板囲、足場又は詰所を設け、継続して道路を使用しようとする場合には、「道路法」に基づき、原則として市町村長に届け出なければならない。

(2)「騒音規制法」に基づく指定地域内において、一定の建設作業を行う場合には、原則として市町村長に届け出なければならない。

(3) 公園の樹木の剪定を隣接する道路を使用して作業を行う場合には、「道路交通法」に基づき、原則として警察署長の許可を受けなければならない。

(4)「都市計画法」に基づく風致地区内において木竹の伐採をしようとする場合には、原則として都道府県知事又は市町村長の許可を受けなければならない。

解説　(1) 道路法 第32条、同施行令 第7条4項により、道路に工事用板囲等を設ける等にて継続して道路を使用しようとする場合（占用）は道路管理者の許可を受けなければならない。道路管理者は、市町村道以外の場合もあり、該当する**道路管理者の許可が必要**となる。記述のように市町村長への届出ではない。　　　　　【解答（1）】

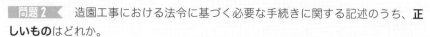

問題2 造園工事における法令に基づく必要な手続きに関する記述のうち、**正しいもの**はどれか。

(1) 人口集中地区において、工事の記録写真を撮影するため、航空法に基づく無人航空機であるドローンを飛行させる場合は、国土交通大臣の許可を受ける必要がある。

(2) 都市計画法に基づく風致地区において、木竹の伐採をしようとする場合は、原則として、都道府県知事又は市町村長に届け出なければならない。

(3) 道路に工事用の足場を設け、継続して道路を使用する場合、道路法に基づき警察署長に届け出なければならない。

(4) 貝づか、古墳その他埋蔵文化財を包蔵する土地として周知されている土地を工事の目的で発掘しようとする場合、文化財保護法に基づき、警察署長に届け出なければならない。

解説 (1) の記述は、航空法の規定であり正しい。

(2) 平成25年4月1日からは、風致地区のある市町村長が許可等を行うことになり、届け出も同様であることから、都道府県知事ではない。

(3) 足場が道路上に出る場合には、その道路の場所を管轄する警察署に「道路使用許可」を、その道路を管理する道路管理者（国、都道府県、市区町村）に「道路占用許可」を申請しなければならない。また、足場の高さや、設置する期間の長さによっては、労働基準監督署に足場設置届を提出する必要となる場合もある。

(4) 文化財保護法では、都道府県・政令指定都市等の教育委員会に事前の届出等が必要となるので、記述は誤り。 【解答 (1)】

4章 施工計画

1. 施工計画の概要

出題傾向 施工計画とその内容に関する基本的な問題は、例年1〜2問出題されている傾向にあるので要点を覚えておこう。

重要ポイント講義

1 ● 施工計画の立案と施工計画書の作成

施工計画は工事を開始する前に立案するものであり、工事の目的とする土木構造物を設計図書に定められた品質で、所定の工期内に、最小の費用で、しかも安全に施工するような条件と方法を検討する作業である。

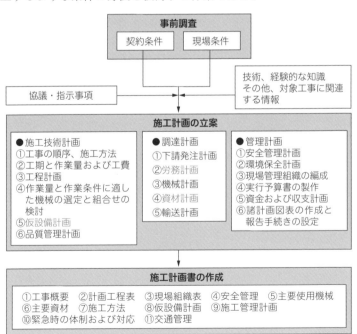

施工計画の立案と施工計画書の作成

マスターノート

最も経済的な施工計画を策定するためのポイント
- 使用する建設機械設備などを合理的に最小限とし、反復使用を考える
- 施工作業の段取待ち、材料待ちなどの損失時間をできるだけ少なくする
- 全工事期間を通じて、稼働作業員のばらつきを避ける

　設計図書には、完成すべき土木構造物の形状、寸法、品質などといった仕様が示されている。しかし設計図書には、どのようにして造り上げるかという施工方法について、特殊工法や指定仮設を用いる場合を除き、通常は施工者の任意として指示されていない。したがって、施工者は自らの技術と経験を活かして、いかなる手段で工事を実施するかを検討し、適切な施工計画を立案しなければならない。立案された施工計画は、施工計画書としてとりまとめ、発注者との協議に用いる。

2 ● 仮設備計画

　仮設備とは、工事の目的物を施工するために必要な工事用施設である。仮設備は、工事の目的物とする構造物でなく、あくまでも臨時的なものであるが、工事施工にとって必要となる重要な設備である。

仮設備の分類

仮設備の区分	設備の種類	
直接仮設備	工事に直接関係するもので足場、型枠、支保工、取付道路、各種プラントなどが該当する	
	①締切	鋼矢板・H鋼親杭横矢板、鋼管矢板、締切
	②荷役	走行クレーン、クレーン、ホッパ、仮設桟橋
	③運搬	工事用道路、軌道、ケーブルクレーン、タワー
	④プラント	コンクリート、アスファルト、骨材プラント
	⑤給水	取水設備、給水管、加圧ポンプ
	⑥排水	排水ポンプ設備、排水溝
	⑦給気	コンプレッサ、給気管、圧気設備
	⑧換気	換気扇、風管
	⑨電気	受電設備、高圧・低圧幹線、照明、通信
	⑩安全	安全対策用設備、公害防止用設備
間接仮設備	工事を間接的に支援するもので、現場事務所、宿舎、作業場、材料置場、倉庫、試験室などが該当する	
	①仮設物	現場事務所、寄宿舎、倉庫
	②加工	修理工場、鉄筋加工所、材料置場
	③調査・案内	調査試験室、現場案内所

直接仮設備と間接仮設備

本工事の施工のために必要なものを直接仮設備といい、間接的な仮設建物関係等を間接仮設備または共通仮設と呼ぶ。

間接仮設備に含まれる現場事務所や宿舎は、工事の施工にとって大切な設備であり、機能的なものにする必要がある。特に宿舎設備などは、労働基準法等の関係法令の規定を遵守して諸設備を完備しなければならない。

任意仮設備と指定仮設備

仮設備は、重要な施設として本工事と同様に扱われる指定仮設備と、施工業者の自主性に委ねられる任意仮設備に区分される。

- 一般的に指定仮設備は、工事内容に変更があった場合、その変更に応じた設計変更の対象になる
- 任意仮設備は、一般に契約上では一式計上されるので、特に条件が明示されず、本工事の条件変更があった場合を除き設計変更の対象にはならない
- 任意仮設備は、施工業者の創意と工夫、技術力が大いに発揮できるところでもあるので、工事内容、規模に対して過大あるいは過小とならないように適切なものを十分に検討し、必要かつ無駄のない合理的な設備としなければならない

仮設備計画

- 合理的かつ経済的なものを基本として、設置すべき設備・設置方法と、期間中の維持・管理ならびに撤去、跡片付けも含めて検討する
- 周辺地域の環境保全、建設事業のイメージアップなど、多面的な視点からの検討を十分に行い、快適な職場環境の実現と工事施工の安全性、効率性が発揮できるように計画する

問題1 「施工計画」とその「内容」に関する組合せのうち、**適当でないもの**はどれか。

（施工計画）　　　　　　　　　　　（内容）

(1) 仮設備計画 ………… 工事施工に必要な仮設備の種類、数量及び配置並びにそれらの維持、撤去及び跡片付けを計画する。

(2) 資材計画 …………… 工事用資材の輸送について、大型貨物自動車等の輸送経路、輸送方法及び交通誘導員の配置方法等の安全輸送上必要な事項を計画する。

(3) 労務計画 …………… 工程図表から労務予定表を作成し、いつ、何人必要であるかという職種別の労務調達を計画する。

(4) 出来形管理計画 …… 管理すべき構造物の形状寸法とそれらに要求される精度を明らかにし、管理基準を常に満足させるよう各種測定値などのデータを速やかに処理する方法を計画する。

解説 (2) 記述（内容）は、**輸送計画の内容**である。資材計画では、主要資材の必要数量や規格・基準、搬入時期や期間、現場内での保管場所や資材の養生などを計画する。

【解答 (2)】

問題2 建設工事における仮設備に関する記述のうち、**適当でないもの**はどれか。

(1) 仮設備においては、使用目的や使用期間などに応じて、作業中の衝撃や振動を十分考慮に入れた設計荷重を用いて強度計算を行う。

(2) 仮設備のうち任意仮設は、発注者から設計仕様や施工方法などの条件が提示されず、施工業者の自主性と企業努力にゆだねられており、契約変更の対象とならないことが多い。

(3) 仮設備計画では、工事施工に必要な仮設備の種類や数量及び配置を計画するとともに、それらの維持や撤去及び跡片付けも計画する必要がある。

(4) 仮設備計画では、工事用道路、給水設備などの共通仮設工事と、現場事務所、倉庫などの直接仮設工事の両方が含まれる。

解説 (4) 工事用道路や給水設備は**直接仮設備**、現場事務所や倉庫は**間接仮設備**に該当することから、この記述が適当ではない。

【解答 (4)】

第一次・第二次検定 共通ゼミ

2. 施工機械の選定と作業日数

重要 ポイント講義

1 施工機械の選定

施工機械の選定は、工事全体の工程管理の検討段階において、必要な条件を把握しながら、その条件に見合った合理的な選定と組合せを検討する必要がある。

▓ 工程管理計画での条件把握

工程管理計画を立案する際に、施工機械を選定するための条件を検討しておく必要がある。

マスターノート

施工機械を選定するための条件

- 作業可能日数、1日平均施工量、機械の施工速度等をもとにした施工日程の算定
- 想定される機械・設備の規模と台数の検討
- 工程表の作成

▓ 建設機械の選定における基本事項

▶ 適合性

施工機械を選定する際には、対象となる建設機械の機種・容量を工事条件に適合させなければならない。

▶ 経済性

施工機械の選定において経済性を考慮することは、工事全体のコストを下げる基本である。一般的に大規模な工事になるほど稼働させる建設機械は大型化し、小規模な工事では小型機械が選定される。また、特殊な建設機械よりも普及度の高いものは経済的となる場合が多い。

合理性

1つの作業、部分工事であっても複数の建設機械や作業員の組合せが構成される。また、現場で複数の作業が並行する場合は、さらに複雑な組合せが構成されることになる。こうした複数の建設機械と作業員を合理的に組み合わせることが重要である。

一般的に組み合わせる機械が多いほど作業効率が低下し、休止や待ち時間も長くなりやすい。一連の組合せ機械の作業効率は、構成する機械の最小の施工速度によって決まってくる。

2 ・作 業 日 数

工事を遂行するための作業日数は、工事着工から工事完了（竣工）までの作業可能日数と各部分工事の所要作業日数から算出する。

所要作業日数

所要作業日数は、投入できる機械・労力と材料の調達計画により、1日当たりの平均施工量から決定される。

$$所要作業日数 = \frac{工事量}{1日平均施工量}$$

$$1日平均施工量 \geqq \frac{工事量}{作業可能日数}$$

$$1日平均施工量 = 1時間平均施工量 \times 1日平均作業時間$$

$$運転時間率 = \frac{1日当たり運転時間}{1日当たり運転員の拘束時間}$$

作業可能日数

作業可能日数は、暦日による日数から定休日、天候その他の条件による作業不能日数を差し引いて推定する。土木工事の多くは屋外作業であることから、現地の地形、地質、水文・気象などの自然条件を十分に調査しておくことが大切である。対象となる工事の特性、関係法規（例：騒音、振動の規制によって1日の施工量が限られることがある）なども把握しておく必要がある。

作業可能日数は、所要作業日数以上でなければならない。

問題1 工程計画を立てる際の計算式のうち、**適当なもの**はどれか。

(1) (作業可能日数)＝(暦日の日数)－(定休日)

(2) (建設機械の1日平均作業時間)

＝(運転員拘束時間)－(日常整備時間及び修理時間)

(3) (所要作業日数)＝$\dfrac{(工事量)}{(1日平均施工量)}$

(4) (作業員の稼働率)＝$\dfrac{(全実作業量)}{(全作業員数)}$

解説 (1) 作業可能日数は休日だけでなく天候などの条件による作業不能日数も差し引く。**定休日だけでないので誤り。**

(2) 建設機械の1日平均作業時間は、日常整備時間および修理時間だけでなく、**機械の休止時間も差し引く。**

(4) 作業員の稼働率は、**稼働作業員数を全作業員数で割って算出する。**

【解答 (3)】

問題2 工程計画の用語に関する次の記述の正誤の組合せとして、**適当なもの**はどれか。

(イ) 暦日による日数から定休日を減じて算出したものが、作業可能日数である。

(ロ) 1時間当たり平均施工量に1日当たり機械運転員の拘束時間を乗じて算出したものが、建設機械の1日当たりの平均施工量である。

(ハ) 稼働作業員数を全作業員数で除して算出したものが、作業員の稼働率である。

	(イ)	(ロ)	(ハ)
(1)	正	正	正
(2)	正	誤	誤
(3)	誤	正	誤
(4)	誤	誤	正

解説 (イ) 作業可能日数は、定休日だけでなく天候などの条件による**作業不能日数も差し引くので誤り。**

(ロ) 建設機械の1日平均施工量は、**1時間平均施工量×1日平均作業時間。**作業時間は、機械運転員の拘束時間とは同一でないので誤り。

(ハ) は正しい記述である。

【解答 (4)】

3. 三大管理、原価管理

出題傾向 工程、品質、原価の三大管理要素の関係や、なかでも原価管理に関する問題が、例年 1 ～ 2 問出題されているので理解しておく必要がある。

重要ポイント講義

1 ● 原価管理

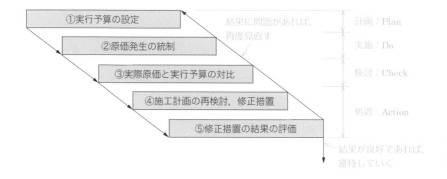

原価管理は、予定した費用で工事が進捗しているかどうかをチェックし、予定の費用を超えている場合には必要な対策を講じ、適切な工事原価の推移を維持しながら工事を完成に導く管理項目である。

原価管理の手順は、PDCA のデミングサークルと同様に、計画、実施、検討、処置プロセスを繰り返す管理作業である。原価管理に特有の作業を加え、上図に詳しくまとめる。

原価管理の基本は、早期に実行予算を作成して工事完成時の利益を予測することにある。工事着手前に実行予算を作成するのであるから、その精度を高め、実行予算作成作業を能率的にするため、類似工事の実績をはじめとする自社、または関係者の情報を役立てるとよい。

また、工程・品質・原価の三大管理要素を常に把握し、必要に応じて確認、修正しながら工事を進めていく。

第一次・第二次検定　共通ゼミ

原価発生の統制

　工事着手前に設定した実行予算をもとに、実際の原価をできるだけ低く抑えながら工事を進めていくことを**原価発生の統制**という。

2 ● 工程・品質・原価の関係

　工程、品質、原価の三大管理要素は、それぞれが独立したものではなく、相互に深い関連性をもっている。

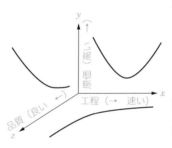

【工程と原価】
最も適切な工程で施工するとき、最も原価が安くなる。この工程を最適工期という
・工程を速めるほど、必要とする機械、設備、作業員が増え、工事費用が増大
・工程を遅らせると、金利や借用料金などの経費が増え、工事費用が増大

【工程と品質】
工程を速めるほど、品質は低下する

【品質と原価】
品質を上げるほど、原価が高くなる

■ 工程・品質・原価の関係 ■

3 ● 最適工期

　工事にかかる直接費と間接費の合計が最小となる、最も経済的な工期を**最適工期**という。

　三大管理要素に安全管理を加えた管理を**四大管理要素**、または単に四大管理という。施工管理の目的は、施工計画に基づいた計画的な工事を遂行するものであり、工程管理により「速く」、品質管理により「良く」、原価管理により「安く」、そして安全管理によって「安全に」、目的とする構造物を造り上げることといえる。

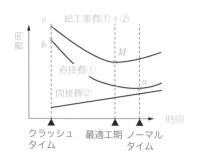

M：最適計画

　　直接費と間接費の合計が最小とな
　　るときが最適工期であり、その際
　　の工程が最適計画となる

a：ノーマルコスト

b：クラッシュコスト

c：オールクラッシュコスト

ノーマルコスト	各作業の直接費が最小となるような方法で工事を行うと、全工事の総直接費は最小となることから、これをノーマルコストという
ノーマルタイム	ノーマルコストとなるために要する期間をノーマルタイムという
クラッシュタイム	費用をかけても作業時間の短縮には限度があり、その限界となる期間をクラッシュタイム（特急時間）という
クラッシュコスト	クラッシュタイムにおける作業に要する直接費をクラッシュコストという
オールクラッシュコスト	クラッシュタイムにおける直接費（クラッシュコスト）と間接費の合計（総工事費）をオールクラッシュコストという

🍃 工期・建設費の関係 🍃

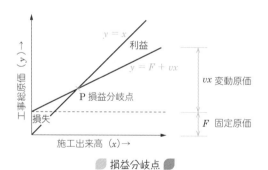

🍃 損益分岐点 🍃

問題1 原価、工程、品質の一般的な関係を表した下図の「X軸」、「Y軸」、「Z軸」を示す語句の組合せとして、**適当なもの**はどれか。

ただし、矢印の方向は、原価については、高い
工程については、はやい
品質については、良い　を表している。

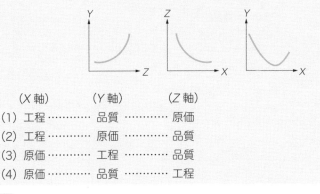

	(X軸)	(Y軸)	(Z軸)
(1)	工程 …………	品質 …………	原価
(2)	工程 …………	原価 …………	品質
(3)	原価 …………	工程 …………	品質
(4)	原価 …………	品質 …………	工程

解説 (2) X軸＝工程、Y軸＝原価、Z軸＝品質、が適当である。　　【解答 (2)】

問題2 工事の建設費と工期に関する記述のうち、**適当でないもの**はどれか。

(1) 経済的な工事を実施するには、合理的最小限の一定数の作業員をもって、全工事期間を通じて稼働作業員数の不均衡をできるだけ少なくする。

(2) 最適工期とは、工種ごとの直接費の総額が最小となる最も経済的な工期のことである。

(3) クラッシュ・タイムとは、工事を構成する各作業にどんなに直接費をかけても、それ以上には短縮できない時間のことである。

(4) 間接費は、一般に工期の延長に従って、ほぼ直線的に増加する傾向にある。

解説 (2) 最適工期は、総建設費（直接費＋間接費）が最小となる最適計画となるときの工期のことをいう。工種ごとの直接費ではない。　　【解答 (2)】

4. 建設副産物、廃棄物処理、環境保全

出題傾向 建設副産物の適正処理や再資源化に関する問題が、例年1問出題されているので理解しておく必要がある。

重要ポイント講義

1 建設リサイクル法

建設リサイクル法（正式名称：建設工事に係る資材の再資源化に関する法律）では、特定建設資材を用いた一定規模以上の工事について、受注者に対して分別解体や再資源化等を行うことを義務付けている。

4品目の特定建設資材が廃棄物になったものが特定建設廃棄物である。

建設リサイクル法の用語

建設資材廃棄物	建設資材が廃棄物になったもの
特定建設資材廃棄物	特定建設資材が廃棄物になったもの
特定建設資材	建設資材廃棄物になった場合に、その再資源化が、資源の有効な利用・廃棄物の減量を図るうえで、特に必要であり、再資源化が経済性の面において著しい制約がないものとして、建設資材のうち以下の4品目が定められている ・コンクリート ・コンクリートおよび鉄からなる建設資材 ・木材 ・アスファルト・コンクリート

特定建設資材と特定建設資材廃棄物

特定建設資材	特定建設資材廃棄物
コンクリート	コンクリート塊（コンクリートが廃棄物となったもの）
コンクリートおよび鉄からなる建設資材	コンクリート塊（コンクリート、および鉄からなる建設資材に含まれるコンクリートが廃棄物となったもの）
木材	建設発生木材（木材が廃棄物となったもの）
アスファルト・コンクリート	アスファルト・コンクリート塊（アスファルト・コンクリートが廃棄物となったもの）

建設リサイクル法の対象建設工事

対象建設工事の種類	規模の基準
建築物の解体工事	床面積の合計：80 m² 以上
建築物の新築・増築工事	床面積の合計：500 m² 以上
建築物の修繕・模様替等工事（リフォーム等）	工事費：1 億円以上
建築物以外の工作物の解体または新築工事（土木工事等）	工事費：500 万円以上

〔関連する義務〕
① 工事着手の 7 日前までに、発注者から都道府県知事に対して分別解体等の計画書を届け出る
② 工事の請負契約では、解体工事に要する費用や再資源化等に要する費用を明記する

■ 特定建設資材ごとの再資源化の留意点

　特定建設資材ごとの利用方法をまとめる。内容は元請業者のすべきことであるが、それぞれに「発注者及び施工者は、再資源化されたものの利用に努めなければならない」という規定もある。

特定建設資材ごとの留意点

コンクリート塊	分別されたコンクリート塊を破砕することなどにより、再生骨材、路盤材などとして再資源化をしなければならない
アスファルト・コンクリート塊	分別されたアスファルト・コンクリート塊を、破砕することなどにより再生骨材、路盤材などとして、または破砕、加熱混合することなどにより再生加熱アスファルト混合物等として再資源化をしなければならない
建設発生木材	分別された建設発生木材をチップ化することなどにより、木質ボード、堆肥等の原材料として再資源化をしなければならない。また、原材料として再資源化を行うことが困難な場合などにおいては、熱回収をしなければならない

■ 指定建設資材廃棄物（建設発生木材）の特記事項

　工事現場から最も近い再資源化のための施設までの距離が 50 km を超える場合、または再資源化施設までの道路が未整備の場合で、縮減（焼却等）のための運搬に要する費用の額が再資源化のための運搬に要する費用の額より低い場合については、再資源化に代えて縮減すれば足りる。

　元請業者は、工事現場から発生する伐採木、伐根等は、再資源化等に努めるとともに、それが困難な場合には、適正に処理しなければならない。

元請業者は、CCA処理木材について、それ以外の部分と分離・分別し、それが困難な場合には、CCAが注入されている可能性がある部分を含めてこれをすべてCCA処理木材として適正な焼却または埋立てを行わなければならない。

2 資源有効利用促進法

資源有効利用促進法（正式名称：資源の有効な利用の促進に関する法律）は、資源の有効利用を促進するために、全業種に共通の制度的枠組みとしての一般的なしくみを提供するものである。その具体的な規制として建設リサイクル法が関連している。

建設副産物

建設副産物とは、建設工事にともなって副次的に得られたすべての物品のことを指す。

その種類は、工事現場外に搬出された建設発生土、コンクリート塊、アスファルト・コンクリート塊、建設発生木材、建設汚泥、紙くず、金属くず、ガラスくず、コンクリートくず、陶器くず、またはこれらが混合した建設混合廃棄物などがある。

なお、建設発生土は、建設工事により搬出される土砂であることから、廃棄物処理法に規定される廃棄物には該当しない。

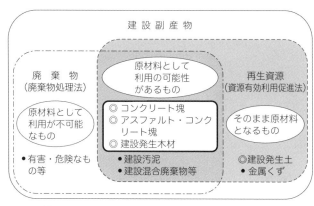

建設副産物

廃棄物 （廃棄物処理法）	原材料として 利用の可能性 があるもの	再生資源 （資源有効利用促進法）
原材料として 利用が不可能 なもの	◎ コンクリート塊 ◎ アスファルト・コンクリート塊 ◎ 建設発生木材	そのまま原材料 となるもの
・有害・危険なもの等	・建設汚泥 ・建設混合廃棄物等	◎建設発生土 ・金属くず

建設副産物に関する再生資源と廃棄物との関係

■ 再生資源利用計画書、再生資源利用促進計画書

　一定の規模を超える建設資材を搬入または搬出する現場に対し、「再生資源利用計画書」「再生資源利用促進計画書」の提出が義務付けられている。

◢ 計画書作成の条件 ◣

提出書類	作成が必要な工事の条件
再生資源利用 計画書（実施書）	次の建設資材を搬入する建設工事 ・土砂 1,000 m³ 以上 ・砕石 500 t 以上 ・加熱アスファルト混合物 200 t 以上
再生資源利用促進 計画書（実施書）	次の建設副産物を搬出する建設工事 ・土砂 1,000 m³ 以上 ・コンクリート塊、アスファルト・コンクリート塊または建設発生木材 　合計 200 t 以上

※　両計画とも、建設工事の完成後 1 年間は記録保存期間

3 ● 廃棄物処理法

■ 一般廃棄物と産業廃棄物

　廃棄物処理法では、廃棄物は産業廃棄物と一般廃棄物（産業廃棄物以外の廃棄物）に区分されている。また、建設副産物のうち、廃棄物処理法に規定されている廃棄物に該当するものを建設廃棄物という。

◢ 建設廃棄物の例 ◣

廃棄物	一般廃棄物	河川堤防や道路の法面等の除草作業で発生する刈草、 道路の植樹帯等の管理で発生する剪定枝葉　など
	産業廃棄物	がれき類※（コンクリート塊、アスファルト・コンクリート塊、レンガ破片など）、汚泥、木くず※、廃プラスチック、金属くず（鉄骨・鉄筋くず、足場パイプなど）、紙くず※、繊維くず※、廃油、ゴムくず、燃殻、など

※　工作物の新築、改築、除去にともなって発生するもの（がれき類、木くず、紙くず、繊維くずは、「建設業に係るもの（工作物の新築、改築または除去により生じたもの）」と定められている）

■ 産業廃棄物管理票（マニフェスト）

　マニフェスト制度は、産業廃棄物の委託処理における排出事業者責任の明確化と、不法投棄の未然防止を目的に実施されている。産業廃棄物は、排出事業者が自らの責任で適正に処理することとなっており、その処理を委託する場合には、産業廃棄物の名称、運搬業者名、処分業者名、取扱いの注意事項などを記載したマニフェストを交付して、産業廃棄物と一緒に流通させることにより、産業廃棄

物に関する正確な情報を伝えるとともに、委託した産業廃棄物が適正に処理されていることを確認することができる。

- 排出事業者は、紙マニフェスト、電子マニフェストのいずれかを使用する
- 排出事業者（元請人）が、廃棄物の種類ごと、運搬先ごとに処理業者に交付し、最終処分が終了したことを確認しなければならない
- マニフェストの交付者および受託者は、交付したマニフェストの写しを 5 年間保存しなければならない
- 排出事業者は、マニフェストの交付後 90 日以内（特別管理産業廃棄物の場合は 60 日以内）に中間処理が終了したことを確認する必要がある。また、中間処理業者を経由して最終処分される場合は、マニフェスト交付後 180 日以内に最終処分が終了したことを確認する必要がある

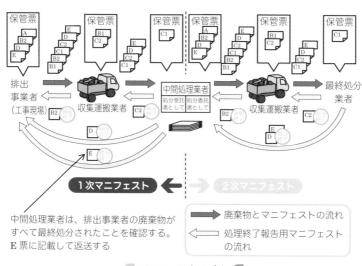

中間処理業者は、排出事業者の廃棄物がすべて最終処分されたことを確認する。E 票に記載して返送する

➡ 廃棄物とマニフェストの流れ
⬅ 処理終了報告用マニフェストの流れ

🟢 マニフェストの流れ 🟢

問題1 「建設工事に係る資材の再資源化等に関する法律」に基づく再資源化に関する次の記述の（A）、（B）に当てはまる語句及び数値の組合せとして、**適当なもの**はどれか。

「対象建設工事の受注者は特定建設資材廃棄物である（A）について、再資源化を行わなければならないが、工事現場から最も近い再資源化のための施設までの距離が（B）km を超える場合などについては、再資源化に代えて縮減すれば足りる。」

	（A）	（B）
(1)	建設汚泥	30
(2)	建設汚泥	50
(3)	建設発生木材	30
(4)	建設発生木材	50

解説 (4) 対象建設工事の受注者は、特定建設資材廃棄物を再資源化をしなければならないが、**建設発生木材**については、**工事現場から 50 km 以内**に再資源化施設がない場合などは縮減（焼却）で足りるとされている。 【解答 (4)】

5章 建設機械

1. 建設機械の種類と特徴

出題傾向 建設機械の種類とその特徴に関する基本的な問題は毎年、または2年に1問程度出題されている傾向にあるので要点を覚えておこう。

重要ポイント講義

1 ショベル系建設機械

ショベル系掘削機の概要

ショベル系掘削機とは、一般に自走用の下部走行体と360°全旋回できる上部旋回体からなり、上部旋回体に各種の作業装置として交換可能なフロントアタッチメント類を取り付けたものであり、掘削や積込みなどの荷役作業を主目的とする油圧系ショベル、機械式ショベル、クローラクレーン、トラッククレーン、ホイールクレーン等の総称である。ショベルの大きさは、通常バケット容量〔m³〕で表される。

ドラグライン

ロープで保持されたバケットを地面に沿って、手前に引き寄せながら機械の設置位地盤より低いところを掘削する機械で、掘削半径が大きく、ブームのリーチより遠いところまで掘れる。水中掘削も可能で河川や軟弱地の改修工事、砂利採取に適している。

パワーショベル

爪付バケットを上下前後に動かして掘削する方式で、機械が設置された地盤より高いところを削り取るのに適した機械で、山の切崩しなどに使われる。なお、バックホウバケットを反転してフェイスショベルとして使用することもある。

バックホウ

バケットを車体に引き寄せて掘削するもので、機械が設置された地盤より低いところを掘るのに適した機械で、水中掘削もできる。特に油圧式の場合には、機械の重量に見合った掘削力が得られるので硬い土質をはじめ各土質に適用できる。

クラムシェル

機械式クラムシェルは、ロープに吊り下げられたバケットを重力により落下させて土をつかみ取るもので、機械の設置地盤より低いところの掘削作業機械であり、重掘削用から軽掘削用まで各種のものがある。

油圧式クラムシェルは、ある程度本体の反力を利用して掘削ができ、また、テレスコピックアームで深掘りかつ高揚程のものも開発されている。

クラムシェルは一般土砂の孔掘り、ウエル等の基礎掘削、河川河底の浚渫（しゅんせつ）など用途が広い。

2 ● ブルドーザ

ブルドーザの概要

建設工事に広く使用されるトラクタに作業用付属装置（アタッチメント）として排土板（ブレード・土工板）をつけたものをブルドーザと呼び、掘削、運土、盛土、敷均し、締固め作業のほか、スクレーパ、タンピングローラなどのけん引作業やリッパーを装着してリッピング作業、開墾、抜根、除雪作業に用いられるなど、きわめて使用範囲の広い機械である。

けん引出力

けん引出力は、エンジン出力から内部摩擦などによって消費される分を除いて、実際にトラクタがけん引作業するのに有効に発揮できる出力である。トラクタのけん引力は土質によって異なり、一般には車体質量に働く重力の85％前後で履帯が滑って、それ以上のけん引は発揮できない。しかし、車体重量はアタッチメントによって異なり、履帯のスリップの限界は一定しないので、エンジンまたはトルクコンバータの出力トルクから途中の損失を差し引いて算出した値である。

この値は最良の条件で出せる値であり、実際の作業では、現場の状態（現場の広さや地盤条件など）や負荷の状態でこの値は大きく変動する。

接地圧

接地圧は軟弱地におけるトラクタの走破性能を判断する基準となる。

$$
接地圧〔kPa〕= \frac{運転質量〔kg〕}{2×履帯幅〔cm〕×接地長〔cm〕}×9.8〔m/s^2〕×10
$$

3 • 締固め機械

締固め機械の概要

締固め機械を機械特性からみると、次の3種類に分類される。

締固め機械の機械特性による分類

静的圧力によるもの	ロードローラ、タイヤローラ、タンピングローラなど
遠心力によるもの	振動ローラ、振動コンパクタなど
衝撃力によるもの	ランマ、タンパなど

ロードローラ

ロードローラにはタンデムローラ、三軸タンデムローラ、マカダムローラがある。締固めをする転圧輪は鋳鉄あるいは鋼板製で、動力の伝達機構は一般的に自動車の動力系と類似しており、砕石、砂利、砂質土、礫混り砂質土などを平滑に仕上げる特徴があり、路床、路盤の仕上げ作業に適している。

タイヤローラ

タイヤローラは、ゴムタイヤの内圧とバラストにより輪荷重を変化させて締め固める機械である。盛土や下層路盤の締固めのほか、アスファルト舗装転圧にもロードローラと併用される。比較的広範囲の材料の締固めに対応でき、含水比の高い土や採石以外の材料の締固めに使用されている。

タンピングローラ

タンピングローラは鋼製ドラムの外周に多数の突起（脚）を取り付けたけん引式のものである。突起頭部の接地圧で、局部的な深くて強い締固めをする機械である。乾燥した粘土やシルト混じりの粘土に適しており、巻出土の締固めに用いられるが、鋭敏比の大きい高含水比粘性土では突起による土のこね返しによって、かえって土を軟化させることがあるので注意が必要である。

振動ローラ

振動ローラは一般に偏心軸を回転して発振させる起振機により、締固め車輪を振動させ、振動によって土粒子間の摩擦抵抗を減らし、その振動と自重を締固めに利用するローラである。比較的小型の機種でも高い効果を上げることができる。

適用する土質は、粒子状の砂利、砂質土の締固めに効果があるが、含水比の大きい粘性土には不向きである。

振動コンパクタ

振動コンパクタは、耐摩耗性の厚肉鋼板または鋳鋼の平板上に直接装着した起振機により平板を振動させ、その振動あるいは衝撃を利用して、砂質土や粒状材料を締め固める機械である。一般にはハンドガイド式のものが用いられている。起振機を前後に傾けることにより水平分力を生じさせ、前後進するので、手押式で容易に操作できる。適応土質も含水比さえ適当であればかなり広範囲であり、小規模工事や狭い部分の締固めなどで多く使用されている。

ブルドーザ

ブルドーザを締固め機械として使用することは望ましくないが、トラフィカビリティの関係で他の締固め機械が使用できなくてやむをえず使用する場合で、水分を過剰に含んだ砂質土や鋭敏な粘性土の盛土、法面の締固め作業に使用される。

標準問題で実力アップ!!!

問題1 建設機械に関する記述のうち、**適当でないもの**はどれか。

(1) バックホウは、地盤より低い所を掘削するのに適した機械であり、硬い土質をはじめ各土質に適用できる。

(2) レーキドーザは、表土を残して草木や樹木の根などを処理するのに適した機械であり、原野を切り開くための抜根作業などに用いられる。

(3) 自走式スクレーパは、土砂の掘削、積込み、運搬、敷均しの一貫作業を行う機械であり、被けん引式スクレーパに比べ走行速度が速く、比較的長距離の運搬に適している。

(4) ロードローラは、舗装工及び路盤工に用いられるほか、土工では路床の仕上げ転圧などに使用される機械であり、高含水比の粘性土あるいは均一な粒径の砂質土に適している。

解説 (4) 含水比の高い粘性土や均一な粒径の砂質土の転圧にはタイヤローラが適している。ロードローラは砕石や砂利などを平滑に仕上げる転圧に適しており、含水比の高い土には適さない。 【解答（4）】

建設機械の作業日数、台数または作業量といった、建設機械の作業能力を計算する問題が、例年 1 問出題されている。具体的な数値計算を必要とするので、計算方法となる公式を理解しておこう。

重要
ポイント講義

1 作業能力

建設機械の作業能力は、時間当たり（または日当たり）の作業量で表される。作業能力は、類似した作業条件の実績から推測する方法、実用算定式を用いる方法などがある。一般的には、実用算定式を使うことが多い。

2 ブルドーザの作業能力（掘削押土）

土工量算定式

$$Q = \frac{60 \cdot q \cdot f \cdot E}{C_m}$$

Q ：時間当たりの土工量〔m³/h〕

q ：1 作業サイクル当たりの掘削押土量（地山土量〔m³〕）

> （計算に使用する値）
> 0.34 m³（3 t）、2.85 m³（21 t）、4.64 m³（32 t）、2.03 m³（湿地 16 t）

f ：土量換算係数

E ：作業効率

> （計算に使用する値）
> 0.45（岩塊・不良）〜 0.85（砂、砂質土・良好）

C_m：サイクルタイム〔min（分）〕

運転時間当たり作業量の算定

$$Q = q \cdot n \cdot f \cdot E$$

$$Q = 60 \cdot q \cdot f \cdot \frac{E}{C_m}$$

Q　：時間当たり作業量

q　：1作業サイクル当たりの標準作業量

n　：時間当たりの作業サイクル数

f　：土量換算係数

C_m：サイクルタイム〔min（分）、sec（秒）〕

E　：作業効率（現場、作業条件による変動要素）

3 ● トラクタショベルの作業能力（掘削積込み）

土工量算定式

$$Q = \frac{3{,}600 \cdot q \cdot f \cdot E}{C_m}$$

Q：時間当たりの土工量〔m³/h〕

q：1作業サイクル当たりの掘削積込量〔m³〕

> （計算に使用する値）
> 1.48 m³（バケット容量山積み 1.8 m³）
> 1.73 m³（バケット容量山積み 2.1 m³）

f：土量換算係数

E：作業効率

> （計算に使用する値）
> 0.35（破砕岩・ルーズ）、0.45（粘性土・地山）、0.55（砂・地山）

C_m：サイクルタイム〔sec（秒）〕

> （計算に使用する値）
> 46 s（クローラ型）、40 s（ホイール型）

土工量算定式（バケット係数を用いる場合の計算式）

$$Q = q_0 \cdot K \cdot f \cdot E \cdot n$$

Q：時間当たりの土工量〔m³/h〕

q_0：バケット容量〔m³〕

K：バケット係数（バケットの山積み容量に、土質、状態に応じて掛ける）

f：土量換算係数

E：作業効率

n：1時間当たりの作業サイクル数

標準問題で実力アップ!!!

問題1 ほぐし土量 2,700 m³ の土を、次に示す条件で12日間で運搬するために最低限必要なダンプトラックの台数として、**正しいもの**はどれか。

ただし、人員、機械等は現場に用意されており、準備及び跡片付け等の時間は考慮しないものとする。

(1) 2台

(2) 3台

(3) 4台

(4) 5台

〔条件〕・ダンプトラックは毎日同じ台数を使用する。
・ダンプトラックの積載量（ほぐし土量）：6 m³
・ダンプトラックのサイクルタイム：20分
・ダンプトラックの作業効率：0.9
・ダンプトラックの日平均作業時間：6時間
・土量換算係数：1.0

解説 計算手順①：1日に運搬する必要のあるほぐし土量は

$$2,700 〔m³〕 \div 12 〔日〕 = 225 〔m³/日〕$$

計算手順②：サイクルタイム20分なので時間当たり最大3回転とすると、1台当たりほぐし土量は

$$6 〔m³/回転〕 \times 3 〔回転/時間〕 \times 1.0 \times 0.9 \times 6 〔時間/台〕 = 97.2 〔m³/台〕$$

計算手順③：したがって、12日間で運搬を終えるために、1日に最低限必要なダンプトラックの台数は

$$225 〔m³/日〕 \div 97.2 〔m³/台〕 = 2.31 〔台/日〕$$

以上から、最低必要な台数は（2）の3台必要が正しい。 【解答　(2)】

問題2 次に示す条件で、ほぐした土量 1,500 m³ の土を運搬するために必要な最小日数として、**正しいもの**はどれか。

ただし、人員や機械などは現場に用意されており、準備及び跡片付けなどの時間は考慮しないものとする。

〔条件〕
- ・ダンプトラックの台数 ：2 台
- ・ダンプトラックの積載量（ほぐした土量）：6 m³
- ・ダンプトラックのサイクルタイム ：20 分
- ・ダンプトラックの作業効率 ：0.8
- ・ダンプトラックの 1 日平均作業時間 ：6 時間
- ・土量換算係数 ：1.0

(1) 8 日
(2) 9 日
(3) 10 日
(4) 11 日

解説 計算手順①：サイクルタイムが 20 分なので、時間当たり最大 3 回転とすると、1 台当たりのほぐし土量は

$$6〔m^3〕×3〔回転/台〕×1.0×作業効率 0.8×6 時間＝86.4〔m^3/台〕$$

計算手順②：2 台のダンプトラックで 1 日に運搬可能な土量は

$$86.4〔m^3/台〕×2 台＝172.8〔m^3/日〕$$

計算手順②：ほぐした土量 1,500 m³ を 2 台で運搬するのに必要な日数は

$$1,500〔m^3〕÷172.8〔m^3/日〕＝8.68〔日〕＝9 日〔日〕$$

よって、(2) が正しい。 【解答 (2)】

Point!! ▷▷ **問題1** のような台数を求めるケース、**問題2** のような日数を求めるケースがある。いずれも小数点以下まで計算すること。計算チェックをしたうえで、小数点以下は繰り上げ（四捨五入ではない）で整数にしよう。

6章

工 程 管 理

1. 工程管理の概要と各種工程表

出題傾向 工程管理の概要や各種工程表の特徴に関する基本的な問題がまれに出題されている。
最近では、ネットワーク式工程表をバーチャートに置き換える出題が多くみられる。

重要 ポイント講義

1 ● 工程管理全般

工程管理とは、工期内に、所定の品質を確保しつつ、最も経済的にそして安全に工事を進め、完成に導くことである。特に工程管理では、契約条件に基づいて能率的で経済的になるような工程計画を事前に作成し、その計画と実際の進捗状況を比較しながら施工速度を調整することが行われる。

工程管理の進め方

工程管理の進め方の基本は、品質管理でよく用いられるデミングサークルで理解するとわかりやすい。工程管理では、このような P-D-C-A を反復しながら進行していく。

工程計画の作成における4つのポイント

・工種分類に基づき、工事項目（部分工事）に分解する
・各工事項目ごとに施工順序とそれぞれの適切な作業期間を決める
・全工期が工期内に完了するように、各工事項目工程を相互調整する
・全工期を通じて、労務、資材、機械の必要数を均し、過度の集中や待ち時間が発生しないように工程を調整する。施工作業で用いる機械設備、仮設材料、工具類などは、できるだけ有効利用できるように配慮し、稼働率を上げたり、合理的な反復使用によって経済性も勘案する

第一次・第二次検定　共通ゼミ

計画（Plan）	工程計画の策定。作業手順の計画
実施（Do）	工程計画にもとづく工事の実施
検討（Check）	計画と実施の出来高を比較し、その差を求めて是正方法を検討する
処置（Action）	工事が遅れていたり、経済的な速度でないときには是正処置によってフォローアップし、回復を図る

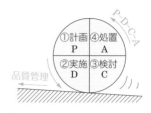

🍃 デミングサークル 🍃

2 ● 各種工程表の特徴

　工程管理は、**作業の進捗管理**と**工事全体の出来高管理**を目的としており、それぞれの目的に応じたさまざまな工程表が用いられる。工程図表はその形状的な特徴から、横線式工程表、曲線式工程表、ネットワーク式工程表の３種類に大別される。

🍃 作業の進捗を管理する工程表の比較 🍃

表示方法		図の作成	作業手順	工期	必要日数	進捗状況	重点管理	相互関係	工期に影響する作業
横線式工程表	ガントチャート	容易	不明	不明	不明	明確	不明	不明	不明
横線式工程表	バーチャート	容易	漠然	明確	明確	漠然	不明	不明	不明
曲線式工程表	グラフ	やや難	不明	明確	不明	明確	不明	不明	不明
ネットワーク式工程表	ネットワーク	複雑	明確	明確	明確	明確	明確	明確	明確

施工一般の進捗管理

　横線式工程表は、作成に手間がかからず、なかでもバーチャートは工種ごとの手順および所要日数がひと目でわかり、全体の工程把握が容易であるためよく使われている。

　曲線式工程表は計画工程と実施工程との比較を行い、工事全体の出来高をつかむのによいが、工種ごとの相互関係がわかりにくいことから、これのみでの工程管理は難しく、横線式工程表と組み合わせて用いることが多い。

　ネットワーク式工程表は、記入情報が最も多く、順序関係、着手完了日時の検討などの点で優れている。大規模で複雑な工事も管理できるものの、作成に時間がかかるため単純で短時間の工事にはあまり利用されない。

　これらの代表的な3種類以外に、斜線式（または、座標式）工程表と呼ばれるものがある。トンネルや道路工事のように、区間が一定の工事で用いられる。横軸には距離、縦軸に日数をとり、各作業の進行方向に対して上がる斜線が描かれる。斜線式工程表は、各作業の所要日数が明確であり、工期、進捗状況も把握しやすい。

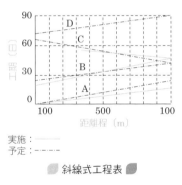

斜線式工程表

工事全体の出来高管理

　曲線式工程表は、工事全体の出来高を管理するのに適している。代表的なものは出来高累計曲線とバナナ曲線である。

　出来高累計曲線は、横軸に工期、縦軸に累計出来高をとる。理想的な工程曲線はS字型（Sカーブ）を描く特徴がある。

　バナナ曲線は工程管理曲線とも呼ばれ、工程曲線の予定と実績の対比によって工程の進度を管理するものである。

工事全体の出来高を管理する工程表の比較

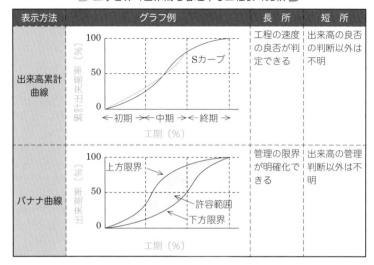

表示方法	グラフ例	長 所	短 所
出来高累計曲線		工程の速度の良否が判定できる	出来高の良否の判断以外は不明
バナナ曲線		管理の限界が明確化できる	出来高の管理判断以外は不明

標準問題で実力アップ!!!

問題1 工程管理図に関する記述のうち、**適当なもの**はどれか。

(1) バーチャートは、作成が比較的簡単であり、工程に影響する作業が特定しやすいが、各作業の所要日数はわかりにくい。

(2) ガントチャートは、各作業の現時点での進行度合いや各作業の所要日数がわかりやすく、工期に影響する作業が特定しやすい。

(3) ネットワーク式工程表は、各作業の順序や因果関係が明確であり、ネックとなる作業の重点管理が可能である。

(4) 曲線式工程表は、各作業の所要日数や作業手順はわかりやすいが、作業進行の度合いはわかりにくい。

解説 (1) バーチャートでは、工程に影響する作業はわかりにくく、各作業の所要日数は明確である。このため、(1) の記述は適当ではない。

(2) ガントチャートは、現時点での進捗度合いは明瞭であるが、各作業の所要日数、工程に影響する作業が不明である。(2) も不適当である。

(3) 記述のとおりで、適当なものである。

(4) 曲線式工程表は、各作業の所要日数や作業手順は不明であり、作業の進捗の度合いは明確である。この記述は不適当である。 **【解答 (3)】**

問題2 下図は、ある工事をネットワーク式工程表で示したものである。この工事をバーチャートで示したものとして、**適当なもの**はどれか。

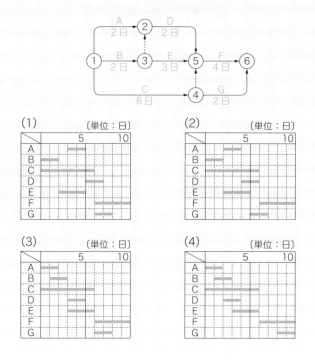

解説 次節の「ネットワーク式工程表の作成」の計算方法（クリティカルパス）も参照して解いてみよう。

ネットワーク式工程表では、クリティカルパスはC → Fで10日である。このため工程CとFは重ならない（この段階ではすべてクリア）。

工程Fは工程ABCDEが完了しなければ着工できないので**工程DがFと重なる（1）**は間違い。

工程Gは工程C完了後でなければ着手できないので**工程GがCと重なる（2）**は間違い。

工程Dは工程Bが完了後でなければ着手できないので**工程BとDの重なる（4）**は間違い。

よって（3）が正しい。 【解答（3）】

下図（模式図）は、ある工事の累計出来高に関する予定工程曲線と実施工程曲線を示したものである。これに対応する毎日出来高について、予定工程と実施工程を図に表したものとして、**適当なもの**はどれか。

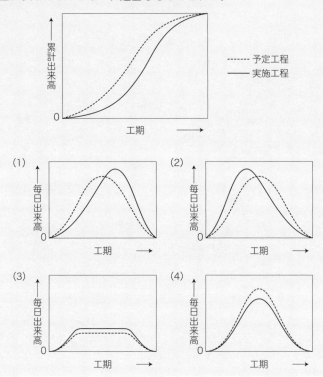

解説 工期の前半は、点線で示された予定工程よりも実線の実施工程のほうが低くなっている。工期の中盤以降、その遅れを取り戻して工期の最後には予定の出来高に達していることがわかる。そのことから、毎日の出来高は、**前半は予定よりも低く、後半は予定よりも高い値**となるはずなので、（1）が適当である。　　　　　　【解答（1）】

2. ネットワーク式工程表の作成

出題傾向 ネットワーク式工程表の作成方法や計算に関する問題が、例年1～2問出題されている。具体的な数値計算を必要とするので、計算方法と答えの導き方をしっかり理解しておこう。

重要 ポイント講義

1 ・ ネットワーク式工程表に用いる用語

ネットワーク式工程表は、工事全体を単位作業（アクティビティ）の集合体と考え、これらの作業の施工順序に従った順序を示す番号のついた丸印（○）と、これを結ぶ矢印（→）で表したものである。丸印は結合点（イベント）と呼ばれ、その中に記す番号（①、②、…）は結合点番号（イベントナンバー）である。

2 ・ ネットワーク式工程表の作成と計算方法

🟢 ネットワーク式工程表作成の基本 🟢

先行作業終了後に後続作業を表示	結合点に入ってくる矢線（先行作業）がすべて完了した後、結合点から出ていく矢線（後続作業）を開始する
開始点と終了点は1つ	1つのネットワークでは、開始の結合点と終了の結合点はそれぞれ1つでなければならない
並行作業に相互関係のある場合はダミーで表示	2つの作業が並行して行われ、同時に相互関係がある場合は、下図のように結合点を設け、一方をダミーでつなぐ。ダミーに時間的要素はない。作業の前後関係のみを示す

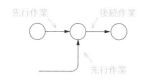

🟢 先行作業と後続作業 🟢

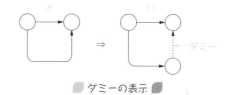

🟢 ダミーの表示 🟢

左図のように、作業が並行する場合は単純に矢印で結ばずに、右図のように「ダミー」を設ける

ネットワークの計算方法

最早開始時刻の計算

　最早開始時刻は、作業が最も早く着手できる時刻である。先行作業が2つ以上あるときは、その最早終了時刻のうちで、最も時間の多いものを用いる。最も早く作業できる日を計算する。ネットワークの右方向（作業の進む順序の方向）に向かって、各作業に要する日数を加算していく。

- イベント番号の若い順に、矢印方向から入る日数の和を求める
- 求めた時刻はイベント番号の右上に□（四角で囲んだ数字）にて表示する
- 2方向以上から流入している際には最大値を採用する
- ダミー部分や同時作業が可能な場合は0（ゼロ）として計算する

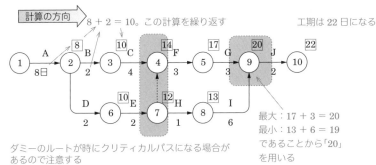

計算の方向 ▶ 8 + 2 = 10。この計算を繰り返す　　　　　工期は22日になる

最大：17 + 3 = 20
最小：13 + 6 = 19
であることから「20」
を用いる

ダミーのルートが時にクリティカルパスになる場合があるので注意する

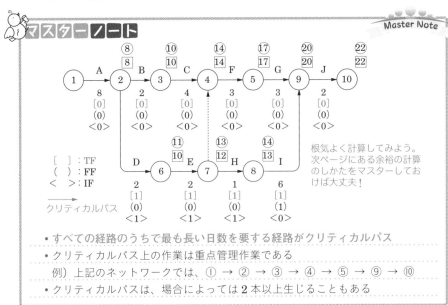

マスターノート　　　　　　　　　　　　　　　　　Master Note

[　]：TF
（　）：FF
<　>：IF

→ クリティカルパス

根気よく計算してみよう。
次ページにある余裕の計算のしかたをマスターしておけば大丈夫！

- すべての経路のうちで最も長い日数を要する経路がクリティカルパス
- クリティカルパス上の作業は重点管理作業である
  例）上記のネットワークでは、① → ② → ③ → ④ → ⑤ → ⑨ → ⑩
- クリティカルパスは、場合によっては2本以上生じることもある

■ 最遅完了時刻の計算

　最遅完了時刻は、遅くともこの時刻に作業をしなければ工期が遅れるという時刻である。したがって、最早完了時刻の計算から全体の工期が求められ、そのうえで、どの程度余裕がとれるかという考え方で、最早完了時刻の計算とは逆の方向で計算する。

- 最終イベントの工期を最遅完了時刻として用い、イベント番号の若い方向に向かって日数の差を求めていく
- 求めた時刻は、最早開始時刻の上に○（丸で囲んだ数字）で表示する
- 求める方向が2方向以上の際には、最小値を採用する

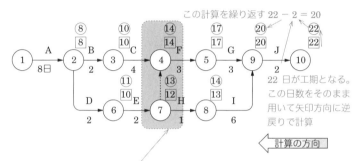

この計算を繰り返す 22 − 2 = 20

22 日が工期となる。この日数をそのまま用いて矢印方向に逆戻りで計算

計算の方向

逆戻りの方向でみたとき、2方向からの流れがある場合（イベント⑦）

　最大：⑭　　　　　← イベント④方向から
　最小：⑭ −1 = ⑬　← イベント⑧方向から

よって、最小 ⑬ を採用

■ 余裕の計算とクリティカルパスの抽出

　余裕には次の3種類がある。

自由余裕 （FF：フリーフロート）	その作業にだけ有効な余裕
干渉余裕 （IF：インターフェアリングフロート）	経路上にある余裕。この作業で利用しなければ、次に持ち越せる時間
全余裕 （TF：トータルフロート）	自由余裕と干渉余裕の合計
クリティカルパス	全余裕が0（ゼロ）となる作業を連ねた経路。工期までの最も長い作業の経路である。最早開始時刻と最遅完了時刻が同じになるルートである

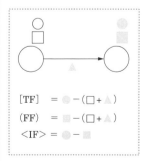

$$[\text{TF}] = ● − (□ + ▲)$$
$$(\text{FF}) = ■ − (□ + ▲)$$
$$<\text{IF}> = ● − ■$$

余裕の種類と計算

問題1 　下図に示すネットワーク式工程表に関する次の記述の（A）、（B）に当てはまる数値の組合せとして、**正しいもの**はどれか。

「本工事の最小所要日数は（A）日であり、作業Gのトータルフロートは（B）日である。」

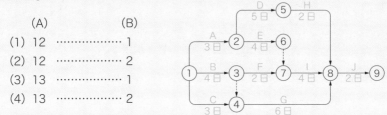

	(A)		(B)
(1)	12	⋯⋯⋯⋯	1
(2)	12	⋯⋯⋯⋯	2
(3)	13	⋯⋯⋯⋯	1
(4)	13	⋯⋯⋯⋯	2

解説 クリティカルパス（CP）はA → E → I → Jで、最小所要日数は13日。

途中のイベント8までのCPは11日（3＋4＋4）。作業Gが完了するまでの最小工程はB＋G＝10日（CP以外の他ルートも同じ）。このため、トータルフロートは11−10＝1日となる。　　　　　　　　　　　　　　　　　　　　　　　　　　　【解答（3）】

Point!! 　第二次検定でも出題されるので、図を用いた計算方法もしっかりマスターしておこう。

3. 配員計画（山積み・山崩し計算）

出題傾向 ネットワーク式工程表を活用しての配員計画の計算に関する問題が、隔年程度の頻度で出題されている。図を用いた計算方法をしっかり理解しておこう。

重要ポイント講義

1 ● 配員計画の概要

　工程管理に当たっては、工期や進捗の管理だけでなく、人員や資金の合理的な利用にも目を向けていく必要がある。ネットワーク式工程表を活用して、山積み、山崩し計算を行う方法は、その代表例である。

　横軸に日を縦軸に人数をとり、工期中の作業別の人員配分を検討する図を作成し、その結果をもとに、1日当たりの配置人員を決定していく。

2 ● 配員計画の計算方法

（計算例）
① ネットワークのアクティビティに人員や機材などに関する1日当たりの量を記載する

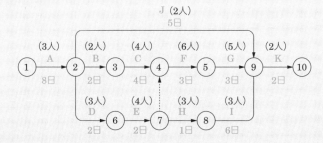

② 日程計算の最早開始時刻、最遅完了時刻に合わせ、ネットワークをタイムスケールで表示する

③ クリティカルパスは余裕ゼロの作業経路であることから、底辺として図化する

第一次・第二次検定　共通ゼミ

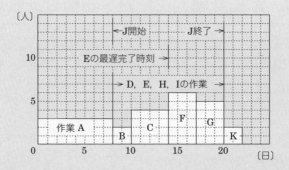

④ ネットワークのタイムスケジュールと人数を山積みして表示し、余裕のなかで移動配分可能な範囲を検討する。まず、最早開始時刻寄りに人員を配置する

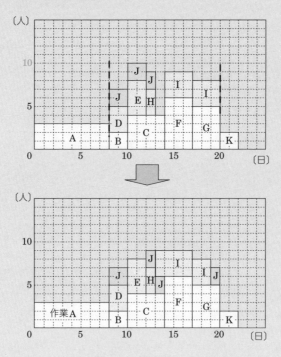

⑤ 上記の図では、10 ～ 12 日目の作業員が 10 人となっている。作業 I と作業 H を連続して実施する工程とし、他の作業と並行で実施できる作業 J は 1 日当たりの人数の少ない作業日に割り当てる

これにより、1 日当たりで最大必要な作業員の人数は 9 人とすることができる。

問題1 下図に示すネットワーク式工程表で表される工事において、ピーク時の作業員数が最小となるような配員計画とした場合のピーク時の作業員数として、**正しいもの**はどれか。

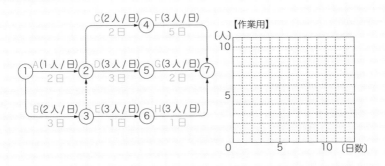

(1) 5人　　(2) 6人　　(3) 7人　　(4) 8人

解説 ネットワーク式工程表から、**クリティカルパスはB → C → F**。最小所要日数は **3 + 2 + 5 = 10日**。

クリティカルパスは余裕ゼロの作業経路であることから、これを底辺に図化することが基本と考えてよい。

工程 DGEH は工程 B 以降でなければ着手できないので、4日目以降からこの4工程の合計7日を、延べ3人/日として山崩しすると、ピークとなるのは6日以降で6人となる。

工程 DG と EH は逆になってもよい。

【解答 (2)】

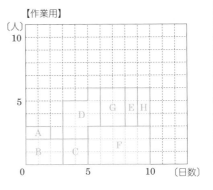

4. 工程管理曲線

出題傾向 工程管理曲線に関する問題が、まれに出題されている。
ポイントだけしっかり理解しておこう。

重要 ポイント講義

1 ● 工程管理曲線の概要

　工程管理曲線として用いられるバナナ曲線は、工程管理において許容限界を設定し、予定工程の妥当性の検討と実施工程の進捗状況の管理に利用される工程管理図表である。この許容限界線はバナナのような形になるので、バナナ曲線と呼ばれている。

　最も速く経済的に施工した場合の限界を上方許容限界、最も遅く施工したときの限界を下方許容限界として表す。管理の上限、下限が明確な出来高専用の管理図といえる。

2 ● 工程管理曲線による管理方法の要点

- 横線式工程表（バーチャート）に基づいて予定工程曲線を作成し、それが管理曲線の許容限界内にあるかどうか検討する。その際に、予定工程曲線が許容限界からはずれるときは、横線式工程表の主工事の位置を変更して、予定工程曲線がバナナ曲線の許容限界に入るように再調整する
- 予定工程曲線が、バナナ曲線の許容範囲内にあるときには、S型曲線の中央部分（工程の中期）ができるだけ緩やかな勾配となるように、初期および終期の工程を合理的な計画に調整すると経済的である
- 実施工程曲線がバナナ曲線の上方許容限界を超したときは、工程が進みすぎているので、大型機械を必要以上に入れていたり、人員を余分に投入しているなど、不経済になっていないか検討する必要がある
- バナナ曲線の下方許容限界を実施工程曲線が超したときは、どうしても工程が遅れることになり、突貫工事が避けられないことが想定されるため、突貫工事に対して最も経済的な実施方策をすみやかに検討する必要がある

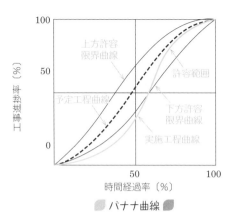

■ バナナ曲線 ■

問題1　下図に示す毎日出来高と工期の関係を表示した工事の予定工程曲線と実施工程曲線について、累計出来高と工期の関係を表示した場合、それぞれの工程曲線を示す図として、**適当なもの**はどれか。

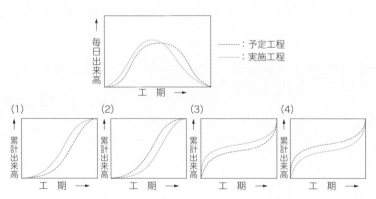

解説　着手時は工期の経過とともに緩やかに出来高が上昇し、工期末も緩やかに減少していくので、**(1)、(2) が適切なカーブ**となる。次に、着手時から工期の中間過ぎまでは予定工程の出来高よりも実施工程の出来高が上回っているので、**実施工程曲線は予定の左側になるので (1) が正しい**。　　　　　　　　　　　　　　　【解答 (1)】

7章 品質管理

1. 品質管理のポイント

出題傾向 品質管理の概要や統計値の計算、試験方法などに関する問題が例年2〜3問程度出題されている。基本的な知識として理解を深めておこう。

重要ポイント講義

1 ● 品質管理の概要

　品質管理は、設計図面や仕様書などといった設計図書に示された規格等を満足するような品質の成果物を、経済的につくり出すための手段である。品質管理が十分になされている状態は、構造物が規格を満足していることはもちろんであるが、工程が安定していることも重要である。このための品質管理の手順をまとめる。

📗 品質管理の手順 📗

手順	管理内容
1	・管理しようとする品質特性を決める ・品質特性（次ページ表）は、最終品質に影響を及ぼす要素で、できるだけ工程初期に測定できるものがよい
2	・その品質特性についての品質標準を決める ・品質標準は設計や仕様書に定められている規格と合致した、実際に実現できる基準にすること
3	・この品質標準を守っていくための作業標準を決める ・作業標準は作業の方法、順序であり、各作業を詳細にする。万が一、不良が発生した場合の原因究明や処置を行う際に役立つ
4	・作業標準に沿って施工を実施し、データをとる
5	・各データが十分なゆとりをもって品質規格を満足しているかどうかを、ヒストグラムで確かめる ・同じデータを使って、管理図をつくり、工程が安定しているかを確かめる ・安定しているならば、これをもとに管理限界線を設定し、作業を継続する
6	・作業を継続しつつ、データの検討を行う ・作業を行うなかで、管理限界線を超えるデータが現れたら工程に異常が生じた事態なので、その原因を究明し、対策、再発防止策を講じる ・特別な傾向が発生しない状態、つまり工程に異常がない場合は継続する
7	・一定期間を経過したら、最新のデータをもとにして手順5に戻る

代表的な品質特性と試験方法

工　種	品質特性	試験方法	適　用
土　工	最大乾燥密度・最適含水比	締固め試験	材　料
	粒度	粒度試験（ふるい分け試験）	
	自然含水比	含水比試験	
	液性限界	液性限界試験	
	塑性限界	塑性限界試験	
	透水係数	透水試験	
	圧密係数	圧密試験	
	施工含水比	含水比試験	施　工
	締固め度	密度試験（現場密度の測定）	
	CBR	現場 CBR 試験	
	支持力値	平板載荷試験	
	貫入指数	貫入試験	
路盤工	粒度	ふるい分け試験	材　料
	CBR	CBR 試験	
	締固め度	密度試験（現場密度の測定）	施　工
	支持力	平板載荷試験、CBR 試験	
コンクリート工	密度・吸水率	密度・吸水率試験	骨　材
	粒度	ふるい分け試験	
	すりへり減量	すりへり試験	
	表面水量	表面水率試験	
	安定性	安定性試験	
	単位体積重量	単位体積重量試験	コンクリート
	配合割合	洗い分析試験	
	スランプ	スランプ試験	
	空気量	空気量試験	
	圧縮強度	圧縮強度試験	
	曲げ強度	曲げ強度試験	
アスファルト舗装工	骨材の比重・吸水率	比重・吸水率試験	材　料
	粒度	ふるい分け試験	
	すりへり減量	すりへり試験	
	針入度	針入度試験	
	伸度	伸度試験	
	混合温度	温度測定	
	敷均し温度	温度測定	施　工
	安定度	マーシャル安定度試験	
	舗装厚	コア採取による測定	
	平坦性	平坦性試験	
	配合割合	混合割合試験（コア採取）	
	密度	密度試験	

第一次・第二次検定　共通ゼミ

2 ● 管 理 図

■ 管理図による工程の管理

工程が安定しているかどうかを判定する方法として管理図が用いられる。

管理図の形状からいえば、品質を表す推移グラフの一種であるが、図上に管理限界線が引かれているのが普通のグラフと異なる。この管理限界線は品質のばらつきが通常起こりうる程度のものか（偶然原因によるもの）、それ以上の見逃せないばらつきであるか（異常原因によるもの）、を判断する基準となる線である。このように、管理図は偶然原因によるばらつきを基準にして、異常原因を検出するのが目的である。

■ シューハート管理図

建設工事で取り扱っているデータには、連続的な値と離散的な値とがある。一般に連続的な値（厚さ、強度、重量など）を計量値といい、離散的な値（N 本中の不良品が n 本など）を計数値という。この管理図法は、JIS Z 9020-2 シューハート管理図によって詳しく規定されていて、計量値管理図と計数値管理図の 2 つの形式がある。

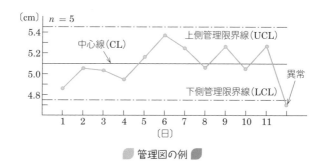

■ 管理図の例 ■

■ シューハート管理図の 2 タイプ ■

計量値管理図	$\bar{X}$-R 管理図、X-R 管理図、X 管理図、メディアン管理図と R 管理図　など
計数値管理図	不適合品率（p）管理図または不適合品数（np）管理図、不適合数（c）管理図またはユニット当たりの不適合数（u）管理図

$\bar{X}$-R 管理図

　重さ、長さ、時間などの計量値に用いられ、1組のデータの平均値の変化を管理する $\bar{X}$（エックスバー）管理図と、そのばらつきの範囲を管理する R（レンジ）管理図からなる。この2つの $\bar{X}$ と R 管理図を対にして、1群の試料における各組の平均値の変動とばらつきの変化を同時にみていくことにより、工程の安定状態を把握する管理図。

ヒストグラム

　ヒストグラムとは、横軸にデータの値をとり、データ全体の範囲をいくつかの区間に分け、各区間に入るデータの数を数えて、これを縦軸にとってつくられた図のことで、柱状になっていることから柱状図ともいわれている。品質特性が規格を満足しているか、判定することができる。

　ヒストグラムは、個々のデータについての様子や、その時間的順序の変化はわからないが、現状把握や改善に役立ついろいろな情報を得ることができ、次のような判断に役立つ。

- 全体の分布の形を調べる
- どんな値の周りに分布しているか
- 分布の広がり具合はどうか
- 規格に対してどうなっているか
- 飛び離れたデータの有無

これらを判断する際の留意点は次のとおりである。

- 規格値は満足であるかどうか
- 分布の位置は適当か
- 分布の幅はどうか
- 離れ島のように飛び離れたデータはないか
- 分布の右か左かが絶壁型となっていないか
- 分布の山が2つ以上ないか

①規格値に対するゆとりが
あり。規格の中央にあり
よい状態

②規格値ぎりぎりのものもあ
り。将来規格値から外れる
ものが出る可能性がある。
ばらつきに注意を要する

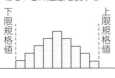

③山が 2 つあり工程に異常
がある。データ全体を再
度調べる必要がある

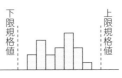

④下限規格値を外れるもの
があり。平均を大きいほ
うにずらす処置が必要が
ある

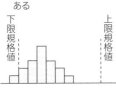

⑤下限・上限規格値ともに外
れており、何らかの処置が
必要である

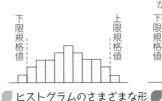

⑥大部分が規格の幅にばら
ついているが、上限規格
値外に飛び離れたデータ
があり検討を要する

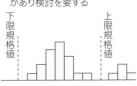

🍂 ヒストグラムのさまざまな形 🍂

3 ● 統 計 量

　データを品質管理で使えるようにするには、統計量としての計算が必要にな
る。ここでは、簡単な統計量の計算方法に触れておく。

〔計算例〕

条　件：測定値　3、6、4、7、10、4、8　の 7 つのデータがあったとする。
　　　⇒　$n=7$（n：データの個数）

平均値：測定値の算術平均。

　　　$(3+6+4+7+10+4+8) \div 7 = 6$

メディアン（中央値、*Me*）：測定値を大きさ順に並べたときの、中央にくる値。偶
　　　数個のデータの場合は、中央の 2 つの値の平均となる。

　　　3、4、4、6、7、8、10　⇒　ここでは、6 となる。

モード（最頻値・最多値、*Mo*）：最も出現頻度の高い値である。　⇒　ここでは、4
　　　となる。

範囲（レンジ、*R*）：測定値の最大値と最小値との差を範囲（レンジ）という。
　　　ここでは、最大値 10、最小値 3 なので、10−3＝7　⇒　$R=7$

Point!!　統計量の用語を知るだけでなく、実際に計算しないと解答できない問
題も出題されている。標準問題で理解度を確認しよう！

標準問題で実力アップ!!!

<u>問題1</u>　$\bar{X}$-R 管理図に関する記述のうち、**適当でないもの**はどれか。

(1) $\bar{X}$-R 管理図は、$\bar{X}$ 管理図と R 管理図を対にして、$\bar{X}$ と R の変化を同時に見ることができる管理図である。

(2) $\bar{X}$-R 管理図は、厚さ・強度・重量などの連続する値である計量値の管理に用いられる。

(3) R 管理図は、個々の測定値と平均値との差を管理して、バラツキの変化を評価するために用いられる。

(4) $\bar{X}$ 管理図は、群分けした測定値の平均値の変化を管理して、各群の平均値の変動を評価するために用いられる。

<u>解説</u>　(3) R 管理図は、サンプリングの範囲である R（レンジ）のばらつきの変化を評価するために用いられる。R は、測定値の最大値と最小値の差であり、測定値と平均値の差ではない。　　　　　　　　　　　　　　　　　　　　【解答（3）】

<u>問題2</u>　次に示す測定結果から求められる統計量（A）、（B）の組合せとして、**正しいもの**はどれか。

　　　　（A）　　（B)

(1) 103 …… 103

(2) 103 …… 104

(3) 102 …… 103

(4) 102 …… 104

統計量（A）：Me（メディアン）

統計量（B）：Mo（モード）

測定回	1	2	3	4	5	6	7	8	9	10
測定結果	100	104	102	98	100	97	105	104	106	104

<u>解説</u>　(2) まず測定結果を小さい値から順番に並べかえてみる。

　　97、98、100、100、102、104、104、104、105、106

- Me（メディアン）は中央値のことなので、102 と 104 の間の 103 となる。なお、中央値は平均値ではないので注意のこと

- Mo（モード）は最頻値のこと。最も大きく出てくる値は 104 である

　　　　　　　　　　　　　　　　　　　　　　　　　　　　　　【解答（2）】

次に示す測定値から求められる統計量（A）、（B）の組合せとして、**正しいもの**はどれか。

[測定値]　71　65　110　51　80　49　51　87　66　70

　　統計量（A）：Me（メディアン）

　　統計量（B）：R（レンジ）

　　　　　（A）　　　（B）

　　（1）　68 ……… 51

　　（2）　68 ……… 61

　　（3）　70 ……… 51

　　（4）　70 ……… 61

解説 測定値を小さい値から並べてみる。この場合、測定値の数が 10 であるので、書き写した際にちゃんと 10 あるかなど、転記ミスのないように気をつけること。

①	②	③	④	⑤	⑤	④	③	②	①
49	**51**	**51**	**65**	**66**	**70**	**71**	**80**	**87**	**110**

- 中央値 Me（メディアン）は、66 と 70 の間であるので **68** となる。
- 範囲 R（レンジ）は、最大値 110 と最小値 49 の差であるから $110-49=$ **61** となる。

よって、（2）が正しい。

【解答（2）】

2. 公共用緑化樹木等品質寸法規格基準（案）

重要ポイント講義

1 「公共用緑化樹木等品質寸法規格基準（案）」の概要

造園工事が他の工事と最も異なる点は、植物という「生き物」を扱うことにある。造園工事の品質管理も自ずとこの植物の品質管理が仕上りを左右する大きな要素となる。公共空間の植栽工事において、植栽樹木の品質規格として、「公共用緑化樹木等品質寸法規格基準（案）」がある。

🌿 適用範囲 🌿

対象	都市緑化の用に供される公共用緑化樹木
適用時期	樹木搬入（納品）時における現場検収時に適用 ※ 納入後の時間経過による変化は含まない 　　例：工事時における手入れ（刈込み、剪定など）、植込みによる規格の変化
樹木の検収実施場所	原則として現場にて実施

規格の構成

「品質規格」と「寸法規格」の両方を併せて樹木の規格としている。

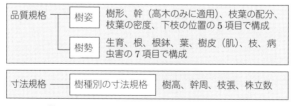

🌿 公共用緑化樹木品質寸法規格基準（案）🌿

2 ● 植栽樹木の品質規格

品質規格の項目は、樹姿と樹勢とからなり、それぞれの内容を満たすことが必要となる。樹姿の品質については、樹木の使用目的、使用場所などの条件によって規格によらないこともありうる。この場合は、特記指定する。

■ 樹　姿

樹形、幹（高木のみ）、枝葉の配分、枝葉の密度、下枝の位置の5項目。

🌿 品質規格表（案）〔樹姿〕🌿

項　目	規　格
樹形（全形）	樹種の特性に応じた自然樹形で、樹形が整っていること
幹（高木にのみ適用）	幹が樹重の特性に応じ、単幹もしくは株立状であり、ただし斜上するものはこの限りではない
枝葉の配分	配分が四方に均等であること
枝葉の密度	節間が詰まり、枝葉密度が良好であること
下枝の位置	樹冠を形成する一番下の枝の高さが適正な位置にあること

■ 樹　勢

生育、根、根鉢、葉、樹皮（肌）、枝、病虫害の7項目により構成する。

🌿 品質規格表（案）〔樹勢〕🌿

項　目	規　格
生　育	充実し、生気ある状態で育っていること
根	根系の発達がよく、四方に均等に配分され、根鉢範囲に細根が多く、乾燥していないこと
根　鉢	樹種の特性に応じた適正な根鉢、根株をもち、鉢くずれのないよう根巻やコンテナ等により固定され、乾燥していないこと。ふるい掘り※では、特に根部の養生を十分にするなど（乾き過ぎていないこと）根の健全さが保たれ、損傷がないこと
葉	正常な葉形、葉色、密度（着葉）を保ち、しおれ（変色、変形）や衰弱した葉がなく、生きいきとしていること
樹皮（肌）	損傷がないか、その痕跡がほとんど目立たず、正常な状態を保っていること
枝	樹種の特性に応じた枝の姿を保ち、徒長枝、枯損枝、枝折れ等の処理、および必要に応じ適切な剪定が行われていること
病虫害	発生がないもの。過去に発生したことのあるものにあっては、発生が軽微で、その痕跡がほとんど認められないよう育成されたものであること

※　ふるい掘り：樹木の移植に際し、土のまとまりをつけずに掘り上げること。ふるい根、素掘りともいう。

3 • 植栽樹木の寸法規格

寸法の表示項目

樹高（H）、幹周（C）、枝張・葉張（W）、株立数（$B.N$）

寸法の表示単位

- 樹高（H）、幹周（C）、枝張・葉張（W）は、いずれも m（メートル）
- 株立数は「○本以上」として示す（2 本以上、3 本以上など）

寸法規格の適用方法

- 寸法値は樹種ごとに最低値が定められている
- その寸法値以上であれば当該規格に適合していると判断する
- 上限は採用する階級の 1 つ上の階級の寸法値を目安とする

寸法規格の適合範囲（参考）〔幹周表示のあるもの〕

項　目	判定基準	備　考
樹高（H）	定められた寸法値 ≦ H	上限は上位階級の寸法値を目安とする
幹周（C）	定められた寸法値 ≦ C ＜ 上位階級の寸法値	積算基準の部位
枝張（W）	定められた寸法値 ≦ W	上限は上位階級の寸法値を目安とする

寸法規格の適合範囲（参考）〔幹周表示のないもの〕

項　目	判定基準	備　考
樹高（H）	定められた寸法値 ≦ H ＜ 上位階級の寸法値	積算基準の部位
枝張（葉張）（W）	定められた寸法値 ≦ W	上限は上位階級の寸法値を目安とする

例）アラカシの寸法基準

樹高（H）	幹周（C）	枝張（W）	株立数（$B.N$）	備考
0.5	−	−		
1.0	−	0.2		
1.5	−	0.3	必ずしも単幹とは限らない	
2.0	−	0.5		
2.5	−	0.7		
3.0	0.12	0.8		
3.5	0.15	0.8		

上限値の設定値はないが、採用される規格が樹高 0.5 m であれば、1 つ上位の階級（1.0 m）の値が目安となる

幹周表示がない場合は上表の基準に沿って判定

寸法測定の方法と留意点

■ 樹高（略称：H）

樹木の地上部の高さ。樹冠の頂端から根鉢の上端までの垂直高を測定する。

＜測定の留意点＞

- 樹冠線から部分的に突出した枝は計測に含まない
- 梢部分で垂れ下がっている部分を計測に含める必要はない
- ヤシ類など特殊樹で、樹高を特記する場合は幹部分の垂直高とする

■ 幹周（略称：C）

幹の周長のことで、根鉢の上端より 1.2 m 上りの位置を測定する。

＜測定の留意点＞

- 測定対象部分に枝が分岐しているときは、その上部を測定する
- 幹が 2 本以上の樹木の場合には、それぞれの周長を計測し、その総和の 70％を幹周とする
- 「根元周」と特記する場合は、幹の根元の周長を測定する

■ 枝張（葉張）（略称：W）

樹木の四方面に伸長した枝（葉）の幅を測定する。なお、「葉張」は低木の場合について用いる用語である。

＜測定の留意点＞

- 測定方向により幅に長短がある場合は、最長と最短の平均値とする
- 一部の突出した枝は含まない

■ 株立数（略称：$B.N$）

株立（物）の根元近くから分岐している幹（枝）の数をいう。株立数が規格として明記されるのは株立物に限られる。株立物とは、樹木の幹が根元近くから分岐して、総状を呈したものをいい、低木で総状を呈したものは株物という。

株立数と樹高の関係についても、測定時に併せて確認する。

◢ 株立数の測定の留意点 ◣

株立数	条　件
2本立の場合	1本は所要の樹高に達しており、ほかは所要の樹高の 70％以上に達していること
3本立以上	指定株立数について、過半数は所要の樹高に達しており、ほかは所要の樹高の 70％以上に達していること

Point!! ▶▶ 株立物の判定基準と計算による判定は試験に頻出しているので、しっかり理解しておこう。

4 ● 植栽樹木の品質管理

　健全な樹木が苗畑や生産地で確保されたとしても、そこからの掘取り、運搬、植栽（あるいは移植）のそれぞれの作業段階で植物の品質保持に対して配慮して作業を行わない限り、植栽植物の品質が低下する可能性がある。発生しうる品質低下を想定すると次のような項目があげられる。

- 根鉢の品質低下（乾燥や崩壊）
- 樹木の損傷
- 枝葉の乾燥
- さまざまな要因による作業効率低下による衰弱など、作業品質の低下
- その他（移植先での雑草繁茂など）

掘取り時の品質管理上の留意事項

- 根が密着している範囲の土を根鉢として掘り取る。根鉢崩壊を防ぐため、みだりに大きな根鉢にしない
- 浅根性の樹木の場合などは、強風時は倒れる可能性もあるため、作業時の気象条件に留意するか、あるいは仮支柱をつける
- 乾燥が激しい場合は灌水を行う
- 不要な下枝は、作業上支障になるため、切り落とす
- 鉢の表層にある地被類を落とす

運搬、植付作業時の品質管理上の対策

根鉢の乾燥・崩壊対策	・根鉢の土をよく締め込み、堅固な根巻きとする ・作業中、運搬中は、無理な圧迫、急激な作業、過度な振動を与えることを避ける
樹木の損傷対策	・積込み、積下しの際に幹を損傷しないよう、むしろ等により幹を保護するなど取扱いに注意する。特に、早春の時期は注意する ・大型の樹木の場合は、クレーンのワイヤーロープなどで傷が付きやすいため、小丸太などを用いて樹幹を保護し、慎重に作業する ・枝をまとめて縄で結ぶ枝しおりを行い、積込みの際に、枝の損傷を避ける。枝しおりの際に、強固な枝や太い枝などの曲がりにくい枝は、枝の元のほうから枝先に向かって縄を巻き付ける
枝葉の乾燥	・樹木全体をシートで覆い、直射日光や運搬中の風からの乾燥を防ぐ ・枝葉が多い場合などはカバーを掛け、必要に応じて蒸散抑制剤を使用する
その他の対策	・強風や悪天候が予想され、搬入後円滑に植付できないときは、運搬作業を延期する ・やむをえず仮置きする場合も、運搬時と同様に乾燥を防止するため、シートなどで覆うほか、積下しの際に根鉢の崩壊や樹木の損傷が生じないよう、堅固な根鉢とし、幹巻きなどを行う必要がある

2．公共用緑化樹木等品質寸法規格基準（案）

移植における品質管理上の留意事項

根鉢の乾燥や樹木の損傷、乾燥等の対策は、基本的に255ページの表「運搬、植付作業時の品質管理上の対策」と同様。

しかし、ある程度の大きさで定着した樹木は、すでに広範囲に根を張っているため、移植する植物の活着の面からの品質管理も重要となる。

- 枝葉の剪定により地上部の蒸発散を抑制し、地下部との水分バランスを調整する
- 断根部を削り腐朽防止等の薬剤を用い、消毒を行い、発根を促す
- 風倒等からの被害を防ぐため、樹木を支柱で固定する

5 • シバ（芝）の品質管理

シバ（芝）の品質規格

「公共用緑化樹木等品質寸法規格基準（案）」では、シバ（芝）についての品質規格も明示されている。

シバの品質規格表（案）

項　目	規　格
葉	正常な葉形、葉色を保ち、萎縮、徒長、蒸れがなく、生きいきとしていること。全体に、均一に密生し、一定の高さに刈り込んであること
ほふく茎	ほふく茎が、生気ある状態で密生していること
根	根が、平均にみずみずしく張っており、乾燥したり、土くずれのないもの
病虫害	病害（病斑）がなく、害虫がいないこと
雑草など	石が混ざったり、雑草、異品種などが混入していないこと。また、根際に刈りかすや枯れ葉が堆積していないこと

良質な切芝の目安

- 雑草等の混入、病虫害のないこと
- 生育良好で、緊密な根茎をもつこと
- 良好な土壌条件で生育されているものであること
- 刈込みされていて、土付きで納入されるものであること

搬入直後の品質保持のための配慮事項	・搬入されてきた切芝の乾燥防止のためにシートにより保護する ・搬入後円滑に植付けできるよう、天候等の条件などをあらかじめ勘案し、適切な作業工程を立てる
張芝作業中における留意事項	・法面の場合、切芝は床土に芝串などで動かないように止める ・芝の半分程度が隠れるまで目土かけし、ローラなどで締め固め、芝と目土をなじませる ・乾燥の程度を見ながら灌水を行う
張芝終了後の品質保持のための留意事項	・目土と芝がなじむようにするため、目土の薄い箇所を補充する ・乾燥が著しい場合は灌水を行う ・雑草が生えてきた場合は、除草を行う

6 その他の品質管理

草花類・地被植物の品質規格

「公共用緑化樹木等品質寸法規格基準（案）」では、草花類や地被植物についての品質規格も明示されている。

🍃 草花類の品質規格表（案）🍃

項　目	規　格
形　態	植物種の特性に応じた適正な形態であること
花	花芽の着花が良好か、もしくは花、およびつぼみが植物種の特性に応じた正常な形態や花色であること
葉	正常な葉形、葉色、密度（着葉）を保ち、しおれ（変色、変形）や衰弱した葉がなく、生きいきとしていること
根	根系の発達がよく、細根が多く、乾燥していないこと
病　害	発生がないもの
虫害	発生がないもの。過去に発生したことのあるものについては、発生が軽微で、その痕跡がほとんど認められないよう育成されたものであること

🍃 その他の地被類の品質規格表（案）🍃

項　目	規　格
形　態	植物の特性に応じた形態であること
葉	正常な葉形、葉色、密度（着葉）を保ち、しおれ（変色、変形）や衰弱した葉がなく、生きいきしていること
根	根系の発達がよく、細根が多く、乾燥していないこと
病虫害	発生がないもの。過去に発生したことのあるものについては、発生が軽微で、その痕跡がほとんど認められないよう育成されたものであること

草花類や、ササ類、つる植物等さまざまな地被植物があり、一般的に求められる品質について以下にまとめる。

- 乾燥、蒸れ、病虫害傷、根の腐れのないものとする
- 根系部分への土のつきがよく、生育良好なものとする
- 宿根草は生育良好な親株より分けたものとする

　このような品質を満たすような植物材料で設計主旨に適した形状寸法のものを、生産地や生産量、市場における流通状況を勘案しつつ指定して確保する。

7 ● 表土の品質管理

　自然資源の有効活用の観点から表土が保全、利用される。また、客土用としてもちこまれる植栽用表土の養生中の品質管理も重要である。

　一定期間屋外に仮置きするなどにより、土壌が堅密になったり、通気性や保水性が変化して、土壌の物理性に変化が生じることがある。これらを防ぐのがポイントである。

堅密化の防止

- 表土の採取、運搬の際に締め固めすぎないよう留意する
- 盛土厚を制限する

過湿・乾燥の防止

- 乾燥防止、流出防止のため、仮置土壌の表層をシートやむしろで覆う
- 過湿防止のため、排水勾配をつけて盛土する

生育阻害要素の除去

根系、転石等の支障物を除去する。

問題1 「公共用緑化樹木等品質寸法規格基準（案）に関して、対象樹種等の品質規格」とその「表示項目に含まれるもの」（各4項目）の組合せのうち、**適当なもの**はどれか。

（対象樹種等の品質規格）　　　（表示項目に含まれるもの）

（1）樹木の品質規格のうち樹姿 … 樹形（全形）、枝葉の配分、下枝の位置、病虫害

（2）樹木の品質規格のうち樹勢 … 形態、根、根鉢、樹皮（肌）

（3）シバ類の品質規格 …………… 葉、ほふく茎、根、雑草等

（4）その他地被類の品質規格 …… 生育、葉、根、花

解説 （1）樹姿には病虫害は含まれない。

（2）樹勢に形態は含まれない。

（4）その他地被類の品質規格に生育、花は含まれない。　　　　　　　【解答（3）】

問題2 下記の数量表に基づき植栽工事を行う場合の樹木の寸法規格の判定として、「公共用緑化樹木等品質寸法規格基準（案）」における規格基準に照らし、**不合格となるもの**はどれか。

（数量表）

樹　種	樹高（m）	幹周（m）	枝張（m）	株立数	備　考
カツラ	3.0	0.12	1.0	−	
ヤマボウシ	3.5	0.21	−	2本立	
ナツツバキ	3.0	0.15	−	3本立	
エゴノキ	3.0	0.15	−	3本立	

（1）カツラで、樹高が3.2 m、幹周が0.15 m、枝張が最大幅で1.2 m、最小幅で0.9 mのもの。

（2）2本立のヤマボウシで、樹高がそれぞれ3.6 m、3.0 m、幹周がそれぞれ0.17 m、0.14 mのもの。

（3）4本立のナツツバキで、樹高がそれぞれ3.2 m、3.2 m、2.6 m、2.0 m、幹周がそれぞれ0.08 m、0.07 m、0.07 m、0.05 mのもの。

（4）5本立のエゴノキで、樹高がそれぞれ3.2 m、3.2 m、2.8 m、2.5 m、2.0 m、幹周がそれぞれ0.10 m、0.05 m、0.05 m、0.04 m、0.03 mのもの。

第一次・第二次検定　共通ゼミ

解説 (1) **カツラ**

- 樹高、幹周とも基準を満たしている
- 枝張は最大と最小の平均値（1.2 m＋0.9 m）÷2＝1.05 m≧1.0 m なので**合格**

(2) **ヤマボウシ（2 本立）**

- 樹高の基準（1 本は所要以上、他方は 70％以上）に対し、1 本は所要以上、もう 1 本も 70％。3.5 m×0.7＝2.45 m 以上であり、**合格**
- 幹周は、指定株立数の総和（0.17 m＋0.14 m＝0.31 m）の 70％（0.31 m×0.7＝0.217 m）が所要の幹周 0.21 m 以上であり、**合格**

(3) **ナツツバキ（3 本立）**

- 樹高（4 本立のため、樹高の高いほうから 3 本（3.2 m、3.2 m、2.6 m）について確認する）
  過半数の 2 本が所要の 3.0 m 以上であり、もう 1 本も所要の 70％（3.0 m×0.7＝2.1 m）以上の 2.6 m であり、**合格**
- 幹周（4 本立のため、幹周の太いほうから 3 本（0.08 m、0.07 m、0.07 m）について確認する）
  指定の 3 本分の幹周の総和（0.08 m＋0.07 m＋0.07 m＝0.22 m）の 70％（0.22 m×0.7＝0.154 m）となり、所要の幹周（0.15 m）以上であり、**合格**

(4) **エゴノキ（3 本立）**

- 樹高（5 本立のため、樹高の高いほうから 3 本（3.2 m、3.2 m、2.8 m）について確認する）
  過半数の 2 本が所要の 3.0 m 以上であり、もう 1 本も所要の 70％（3.0 m×0.7＝2.1 m）以上の 2.8 m であり、**合格**
- 幹周（5 本立のため、幹周の太いほうから 3 本（0.10 m、0.05 m、0.05 m）について確認する）
  指定の 3 本分の幹周の総和（0.10 m＋0.05 m＋0.05 m＝0.20 m）の 70％（0.20 m×0.7＝0.14 m）となり、所要の幹周（0.15 m）未満であるため不合格

【解答 （4）】

Point!! 株立の判定は必ずといってよいほど出題される頻度が高い。面倒でも確実に計算し、正解を導けるように学習しておこう。株立の場合、数量表で示されている基準となる株立数と、判断する樹木の株立数が異なる場合があるので注意しよう。

3. 造園資材の品質管理

造園でよく用いられるレディーミクストコンクリートや石材、盛土材料についての出題がある。

レディーミクストコンクリートと石材の品質管理に関する問題は、例年1問程度出題されており、具体的な判定ができるように理解を深めておく必要がある。

重要ポイント講義

1 ・ コンクリートの品質管理

あらかじめ練混ぜを完了し、荷卸し地点まで配達される製品としてのコンクリートを、レディーミクストコンクリートという。

🔵 コンクリートのスランプ値の規定 🔵

スランプ	スランプの許容差
2.5 cm	±1 cm
5 cm および 6.5 cm	±1.5 cm
8 cm 以上 18 cm 以下	±2.5 cm
21 cm	±1.5 cm

🔵 コンクリートの空気量 🔵

コンクリートの種類	空気量	空気量の許容差
普通コンクリート	4.5%	
舗装コンクリート	4.5%	±1.5%
軽量コンクリート	5.0%	

コンクリート強度

コンクリート強度は、強度試験により、次の条件を満足するものでなければならない。強度試験による供試体の材齢は、指定がない場合は28日、購入者の指定がある場合はその日とする。

- 1回の試験結果は、購入者が指定した呼び強度の値の85%以上でなければならない
- 3回の試験結果の平均値は、購入者が指定した呼び強度の値以上でなければならない

■ 塩化物量

　レディーミクストコンクリートに含まれる塩化物量は、荷卸し地点で、塩化物イオンとして **0.30 kg/m³** 以下でなければならない。ただし、購入者の承認を受けた場合には、0.60 kg/m³ 以下とすることができる。

2 ● 石材の品質管理

　石材の品質についての規定は、JIS A 5003 に示されている。

■ 形状および寸法

　形状によって、4つの種類に区分されている。

石材の分類と規定

角　石	幅が厚さの3倍未満で、ある長さをもっていること
板　石	厚さが15 cm 未満で、かつ幅が厚さの3倍以上であること
間知石	面が原則としてほぼ方形に近いもので、控えは四方落としとし、面に直角に測った控えの長さは、面の最小辺の1.5倍以上であること
割　石	面が原則としてほぼ方形に近いもので、控えは二方落としとし、面に直角に測った控えの長さは、面の最小辺の1.2倍以上であること

■ 欠点および等級

　石材の欠点は、次のとおりとなっている。

- 寸法の不正確、そり、き裂、むら、くされ、欠け、へこみ
- **軟石**では、上記のほか、**斑点**および**穴**
- **化粧用**では、さらに色調および組織の不ぞろい、しみ

石材の欠点に関する用語の定義

そ　り	石材の表面および側面における曲り
き　裂	石材の表面および側面におけるひび割れ
む　ら	石材の表面の部分的な色調の不ぞろい
くされ	石材中の簡単に削り取れる程度の異質部分
欠　け	石材の見え掛かり面の稜角部（かど）の小さい破砕
へこみ	石材の表面のくぼみ
斑　点	石材の表面の部分的に生じた斑点状の色むら
穴	石材の表面および側面に現れた穴
し　み	石材の表面に他の材料の色の付いたもの

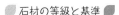

石材の等級と基準

一等品	・左下の表に示す欠点のほとんどないもの ・荷口のそろったもの
二等品	左下の表に示す欠点の甚だしくないもの
三等品	左下の表に示す欠点が事実上支障ないもの

■ 寸法の測り方

厚さ、幅、長さは、欠点部分を除いた最小部分を測る。

3 ● 盛土材料の品質管理

■ 盛土の締固め

締固め規定の方式には、大別して、品質規定方式と工程規定方式の2つがある。両者の適用にはそれぞれの適/不適があることから、両規定方式の特色を十分理解したうえで、土質条件など現場の状況に応じて適切な規定方式を採用する。

品質規定方式

乾燥密度規定	基準試験の最大乾燥密度。最適含水比を利用する方法で、最も一般的な工法である。早くから用いられており、実績も多い。しかし、使用する土質の変化が多いと、基準となる最大乾燥密度をそのつど試験して求めなければならない。また、自然含水比の大きい土では、いくら締め固めても規定値に入らないということが起こる
空気間隙率規定 （飽和度規定）	締め固めた土が安定な状態である条件として、空気間隙率、または飽和度が一定の範囲内にあるように規定する方法である。この空気間隙率または飽和度の規定は、一般に、乾燥密度が適用しにくい、特に自然含水比の高い粘性土に対して使用される例が多い
強度特性規定	締め固めた盛土の強度、あるいは変形特性を貫入抵抗、現場CBR、支持力、プルーフローリングによるたわみなどの値によって規定しようとする方法である。水の浸入によって膨張、強度低下などの起こりにくい安定した盛土材料（岩塊、玉石、砂、砂質土）には使用でき、特に岩塊、玉石などとは乾燥密度の測定が困難なので、この方法を用いると便利である

問題1 下表は、呼び強度を 18（N/mm²）と指定した、レディーミクストコンクリート（JIS A 5308）である普通コンクリートの受入れ検査における圧縮強度の試験結果である。**合格となるケース**はどれか。

ケース	圧縮強度試験結果（N/mm²）		
	1回目	2回目	3回目
（イ）	13.5	19.0	20.5
（ロ）	14.5	20.0	22.0
（ハ）	15.5	16.5	23.0
（ニ）	16.0	18.0	18.0

(1)（イ）　　(2)（ロ）　　(3)（ハ）　　(4)（ニ）

解説 1回目の試験結果が呼び強度の 85％以上、3回の平均が呼び強度以上という 2つからチェックする必要がある。

呼び強度の 85％＝18（N/mm²）×0.85＝15.3　これに満たないものに✔

ケース	圧縮強度試験結果（N/mm²）			3回平均値
	1回目	2回目	3回目	
（イ）	13.5 ✔	19.0	20.5	17.7→×
（ロ）	14.5 ✔	20.0	22.0	18.8→○
（ハ）	15.5 ○	16.5	23.0	18.3→○
（ニ）	16.0 ○	18.0	18.0	17.3→×

よって、（ハ）が合格できるケースとなる。　　　　　　　　　【解答（3）】

問題2 公園工事に使用するレディーミクストコンクリート（JIS A 5308）の普通コンクリートを購入する際に、呼び強度を 18（N/mm²）、スランプを 8 cm と指定した。

受入れ検査で下表の試験結果を得たが、コンクリートのスランプが**合格となる検査ロット**はどれか。

(1)（イ）
(2)（ロ）
(3)（ハ）
(4)（ニ）

検査ロット	試験結果：スランプ（cm）		
	1回目	2回目	3回目
（イ）	9.0	8.0	11.0
（ロ）	11.5	7.5	5.5
（ハ）	5.0	7.5	10.0
（ニ）	9.0	6.0	10.0

解説 レディーミクストコンクリートでスランプ 8 cm の場合、許容差は±2.5 cm である。

つまり、**5.5 ～ 10.5 cm の範囲**でなければならない。

（1）（イ）のロットには、**11.0** の値があるので不合格。

（2）（ロ）のロットには、**11.5** の値があるので不合格。

（3）（ハ）のロットには、**5.0** の値があるので不合格。

（4）（ニ）のロットは許容差の範囲内であり合格。　　　　　　　【解答（4）】

問題3 石材（JIS A 5003）に関する次の記述の（A）、（B）に当てはまる語句及び数値の組合せとして、**適当なもの**はどれか。

「割石は、面が原則としてほぼ方形に近いもので、控えは二方落としとし、面に直角に測った控えの長さは、面の（A）の（B）倍以上であること。」

	(A)	(B)		(A)	(B)
(1)	最小辺	1.2	(3)	最大辺	1.2
(2)	最小辺	1.5	(4)	最大辺	1.5

解説 割石の規定についての出題である。間知石との違いをしっかり覚えておこう。割石の控えの長さは、面の（A）**最小辺**の（B）**1.2 倍以上**を規格としている。

【解答（1）】

問題4 石材（JIS A 5003）に関する記述のうち、**適当なもの**はどれか。

（1）石材は、その寸法の正確さ及び見掛比重により、1 等品、2 等品及び 3 等品に区分される。

（2）石材は、その形状及び吸水率により、山石、川石及び海石に区分される。

（3）「はん点」は、石材の表面の部分的に生じたはん点状の色むらのことであり、軟石では欠点となる。

（4）むらは、石材の表面に他の材料の色の付いたものであり、化粧用石材では欠点となる。

解説 （1）石材は、1 等品、2 等品、3 等品に区別されるが、**見掛比重は判断されない**。

（2）吸水率による区分は硬石、準硬石、軟石の区分の際に用いられる。山石、川石、海石の区分ではない。

（4）「むら」は、石材の表面の部分的な色調の不ぞろいをいう。他の材料の色の付いたものではない。

【解答（3）】

問題5 下図に示す石材に関する次の記述の（A）、（B）に当てはまる語句の組合せとして、**適当なもの**はどれか。

この石材は、控えが（A）となっており、面の表面積が 1,225cm²、面に直角に測った控えの長さが 55cm であることから、石材（JIS A 5003）に規定する「50 間知」の規格に（B）。

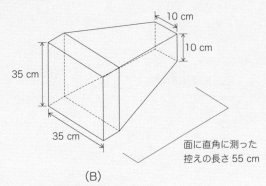

面に直角に測った
控えの長さ 55 cm

	(A)		(B)
(1)	二方落とし	…………	適合する
(2)	二方落とし	…………	適合しない
(3)	四方落とし	…………	適合する
(4)	四方落とし	…………	適合しない

解説 間知石の規定であるので、控えは**四方落とし（A）**とし、**面の最小辺の 1.5 倍の控えの長さ**（35cm×1.5＝52.5cm）が必要となる。測定値は 55cm であるので、規格に**適合する（B）**。よって、（3）が適当である。　　　　　　　　　　　　【解答（3）】

参考までに、間知石の規格を次に示す。

種　類	控　長〔cm〕	表面積〔cm²〕
35 間知	35 以上	620 以上
45 間知	45 以上	900 以上
50 間知	50 以上	1,220 以上
60 間知	60 以上	1,600 以上

問題6 「工種」と「品質特性」及びその「試験方法」に関する組合せとして、**適当でないもの**はどれか。

（工種）	（品質特性）	（試験方法）
(1) 土工	最大乾燥密度・最適含水比	締固め試験
(2) 路盤工	支持力	平板載荷試験
(3) コンクリート工	配合割合	洗い分析試験
(4) アスファルト舗装工	平坦性	マーシャル安定度試験

解説 工種ごとに、代表的な品質特性とその試験方法（245ページ）について、覚えておく必要がある。

(4) アスファルト舗装の平坦性は、平坦性試験による。 【解答 (4)】

問題7 植栽基盤の調査に関する次の（イ）、（ロ）の記述について、正誤の組合せとして、**適当なもの**はどれか。

（イ）長谷川式土壌貫入計を用いて、対象土壌の硬度を測定したところ、S値が 2.0 ～ 3.0 cm/drop の範囲の土層が 10 cm 以上連続していたので、植栽基盤として不良と判定した。

（ロ）長谷川式簡易現場透水試験器を用いて、対象土壌の透水性を測定したところ、最終減水能が 120 mm/hr であったので、植栽基盤として良好と判定した。

	（イ）	（ロ）
(1)	正	正
(2)	正	誤
(3)	誤	正
(4)	誤	誤

解説 土壌硬度や透水性の試験、測定方法やその結果を用いた判定について、理解を深めておくとよい（66ページ、361ページ参照）。

■ 土壌硬度が良となる場合
- 長谷川式土壌貫入計によるS値（cm/drop）が 1.5 ～ 4.0→数値が大きいほど軟らかい
- 山中式土壌硬度計で 11 ～ 20 mm→数値が大きいほど硬い

■ 透水性が良となる場合
- 長谷川式簡易現場透水試験器での減水速度（最終減水能）100（mm/時）以上

問題文（イ）の測定値は良好と判断されるので誤り。（ロ）の測定値は良好と判断させるので文章は正しい。よって、(3) の組合せが適当である。 【解答 (3)】

8章 安全管理

1. 労働安全衛生規則—掘削工事の安全管理—

出題傾向 8章は安全管理についての第一次および第二次検定に必要な知識の習得を目標とする。なお、かなり以前には、型枠、土止め支保工の安全管理の出題もみられたが、最近10年では出題されていないので本書では割愛した。

本節で扱う掘削工事の安全管理に関する問題は、例年1～2問程度出題されている。次節以降の移動式クレーンや高所作業などにウェイトが置かれて出題されない年もあるが、現場では最も知っておくべき基本的な項目なので的確な知識をもっておこう。

重要ポイント講義

1 ● 工事箇所等の調査

■ 作業箇所等の調査

地山の掘削では、地山の崩壊、埋設物等の損壊などにより労働者に危険を及ぼすおそれのあるときは、あらかじめ作業箇所とその周辺の地山について、次の事項をボーリングやその他の適当な方法により調査し、その結果に適応する掘削の時期、順序を定め、これに従って掘削作業を行う。

- 形状、地質および地層の状態
- き裂、含水、湧水および凍結の有無および状態
- 埋設物等の有無および状態
- 高温のガスおよび蒸気の有無および状態

2 ● 掘削面の勾配の標準

手掘りにより地山の掘削の作業を行うときは、地山の種類および掘削面の高さに応じ、掘削面の勾配を次表の値以下とする。なお、掘削面に傾斜の異なる部分があるため、その勾配が算定できないときは、それぞれの掘削面については基準に従い、それよりも崩壊の危険が大きくならないように各部分の傾斜を保持しなければならない。

■ 手掘り掘削の安全基準 ■

地山の種類	掘削面の高さ（単位：m）	掘削面の勾配（単位：°）
岩盤または堅い粘土からなる地山	5 未満	90°
	5 以上	75°
その他の地山	2 未満	90°
	2 以上 5 未満	75°
	5 以上	60°
砂からなる地山	掘削面の勾配を 35° 以下または掘削面の高さを 5 m 未満	
発破等により崩壊しやすい状態になっている地山	掘削面の勾配を 45° 以下または掘削面の高さを 2 m 未満	

手掘り：パワーショベル、トラクターショベルなどの掘削機械を用いないで行う掘削の方法

地　山：崩壊または岩石の落下となるき裂がない岩盤からなる地山（砂からなる地山および発破などにより崩壊しやすい状態になっている地山を除く）

掘削面：掘削面に奥行きが 2 m 以上の水平な段があるときは、この段により区切られるそれぞれの掘削面をいう

3 ● 点　検

　地山の崩壊や土石の落下による労働者の危険を防止するため、点検者を指名して次の措置を講じなければならない。

① 作業箇所とその周辺の地山について、その日の作業を開始する前、大雨の後および中震（震度 4）以上の地震の後、浮石・き裂の有無と状態、含水・湧水と凍結の状態の変化を点検

② 発破を行った後、この発破を行った箇所とその周辺の浮石・き裂の有無と状態を点検

4 ● 地山の崩壊等による危険の防止

　地山の崩壊や土石の落下により労働者に危険を及ぼすおそれのあるときは、あらかじめ土止め支保工を設け、防護網を張り、労働者の立入りを禁止する等の危険防止措置を講じなければならない。

5 ● 作業主任者

　掘削面の高さが 2 m 以上となる地山の掘削については、地山の掘削作業主任者技能講習を修了した者のうちから、地山の掘削作業主任者を選任しなければならない（「3 章 2. 作業主任者」（197 ページ）参照）。

問題1 地山の明り掘削に関する記述のうち、「労働安全衛生規則」上、**誤っているもの**はどれか。ただし、地山は発破等により崩壊しやすい状態になっている地山ではない。

(1) 事業者は、明り掘削の作業を行うときは、物体の飛来又は落下による労働者の危険を防止するため、作業に従事する労働者に保護帽を着用させなければならない。

(2) 事業者は、明り掘削の作業を行うときは、あらかじめ運搬機械等の運行の経路及びこれらの機械の土石の積卸し場所への出入の方法を定めて、関係労働者に周知させなければならない。

(3) 事業者は、手掘りにより砂からなる地山を 5 m 以上の高さで掘削する作業を行うときは、掘削面の勾配を 45°以下としなければならない。

(4) 事業者は、手掘りにより堅い粘土からなる地山を 5 m 以上の高さで掘削する作業を行うときは、掘削面の勾配を 75°以下としなければならない。

解説 (3) 砂からなる地山の掘削では掘削面の勾配を 35°以下にするか、または掘削する高さを 5 m 未満としなければならない。 【解答 (3)】

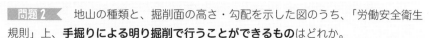

問題2 地山の種類と、掘削面の高さ・勾配を示した図のうち、「労働安全衛生規則」上、**手掘りによる明り掘削で行うことができるもの**はどれか。

ただし、地山はいずれも発破等により崩壊しやすい状態になっている地山ではない。

(1) 砂からなる地山の場合

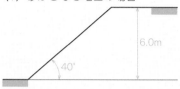

(2) 堅い粘土からなる地山の場合

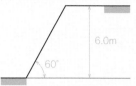

(3) 礫質土からなる地山の場合

(4) 岩盤からなる地山の場合

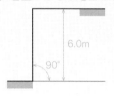

解説 掘削する高さは（1）〜（4）、すべてが5m以上となっている。

（1）砂からなる地山での、掘削面の勾配は35°以下。**勾配が40°では作業できない。**

（2）堅い粘土からなる地山での掘削面の勾配は75°以下。勾配が60°での作業は可能。

（3）礫質土からなる地山（**その他の地山**）での掘削面の勾配は60°以下。**勾配が80°では作業できない。**

（4）岩盤からなる地山での掘削面の勾配は75°以下。**勾配が90°では作業できない。**なお、掘削高さが5m未満の場合は90°での作業が可能。　　　　　　　【解答（2）】

2. 労働安全衛生規則―高所作業と足場の安全管理―

出題傾向 高所作業や足場の作業床における安全管理に関する問題はほぼ例年1問が出題されている。労働安全衛生法の基準などを理解しておこう。

重要 ポイント講義

1 架設通路

架設通路については、次に定めるものに適合したものでなければ使用してはならない。

- 丈夫な構造とすること
- 勾配は、**30°以下**とすること（ただし、階段を設けたものや、高さが2m未満で丈夫な手掛けを設けたものはこの限りでない）
- 勾配が15°を超えるものには、踏さんその他の滑止めを設けること
- 墜落の危険のある箇所には高さ**85cm以上の丈夫な手すり**などを設けること（ただし、作業上やむをえない場合は、必要な部分を限って臨時にこれを取り外すことができる）
- 建設工事に使用する高さ8m以上の登りさん橋には、**7m以内ごとに踊り場**を設けること

2 鋼管足場に使用する鋼管等

鋼管足場に使用する鋼管、附属金具については、JIS A 8951（鋼管足場）に定める鋼管の規格（鋼管規格）等、附属金具の規格等に適合するものでなければ、使用してはならない。

3 ● 作業床の最大積載基準

　足場の構造および材料に応じて作業床の最大積載荷重を定め、これを超えて積載してはならない。

　この作業床の最大積載荷重は、吊り足場（ゴンドラの吊り足場を除く）では、吊りワイヤロープおよび吊り鋼線の安全係数が 10 以上、吊り鎖および吊りフックの安全係数が 5 以上で吊り鋼帯、吊り足場の下部と上部の支点の安全係数が鋼材では 2.5 以上、木材では 5 以上となるように定める。

　また、この最大積載荷重は労働者に周知させなければならない。

4 ● 作 業 床

　足場（一側足場を除く）における高さ 2 m 以上の作業場所には、次のような作業床を設けなければならない。

①　床材は、支点間隔および作業時の荷重に応じて計算した曲げ応力の値が、木材の種類に応じた許容曲げ応力の値を超えない

②　吊り足場の場合を除き、幅は 40 cm 以上、床材間の隙間は 3 cm 以下

③　墜落により労働者に危険を及ぼすおそれのある箇所には、次のような手すり等を設ける（ただし、作業の性質上、手すり等を設けることが著しく困難な場合、または作業の必要上、臨時に手すり等を取り外す場合において、防網を張り、労働者に安全帯を使用させるなど、墜落による労働者の危険を防止するための措置を講じたときは、この限りでない）

・丈夫な構造

・材料は、著しい損傷、腐食等がないもの

・墜落防止用の手すり等は、高さ 85 cm 以上

④　交差筋かい、および高さ 15 cm 以上 40 cm 以下の桟（さん）、もしくは高さ 15 cm 以上の幅木、またはこれらと同等以上の機能を有する設備

⑤　腕木、布、梁、脚立、その他作業床の支持物は、これにかかる荷重によって破壊するおそれのないものを使用する

⑥　吊り足場の場合を除き、床材は、転位し、または脱落しないように 2 つ以上の支持物に取り付ける（適用除外あり）

5 ● 足場の組立て、解体等の作業

- 組立て、解体または変更の時期、範囲および順序を、当該作業に従事する労働者に周知させ、この作業を行う区域内には、関係労働者以外の労働者の立入りを禁止する
- 強風、大雨、大雪等の悪天候のため、作業の実施について危険が予想されるときは、作業を中止すること
- 足場材の緊結、取外し、受渡し等の作業では、幅 20 cm 以上の足場板を設け、労働者に安全帯を使用させるなど、労働者の墜落による危険を防止するための措置を講じること
- 材料、器具、工具等を上げ、または下ろすときは、吊り綱、吊り袋等を労働者に使用させること

6 ● 作業主任者

吊り足場（ゴンドラの吊り足場を除く）、張出足場または高さが 5 m 以上の構造の足場の組立て、解体、変更の作業については、足場の組立等作業主任者技能講習を修了した者のうちから、足場の組立等作業主任者を選任しなければならない（「3 章 2. 作業主任者」（197 ページ参照）。

標準問題で実力アップ!!!

問題 1 造園工事における高所作業に関する記述のうち、「労働安全衛生規則」上、**誤っているもの**はどれか。

(1) 高さ 5 m の本足場の作業床について、床材 2 枚を並行に並べて幅が 55 cm で、床材間のすき間が 5 cm の作業床とした。

(2) 高さ 5 m のわく組足場の作業床において、墜落防止措置として手すりわくを設け、さらに物体の落下防止措置として、メッシュシートを設けた。

(3) 高さ 5 m のわく組足場における作業を行うに当たって、その日の作業を開始する前に、手すりわく等の足場用墜落防止設備の取り外し及び脱落の有無について、点検を行った。

(4) 高さ 5 m の本足場の組立て作業について、大雨による危険が予想されたため、中止することとした。

解説 (1) 床材間の隙間は 3 cm 以下である。 【解答 (3)】

問題2 造園工事の高所作業における墜落防止措置について、次の（イ）、（ロ）の記述の（A）～（C）に当てはまる語句の組合せとして、「労働安全衛生規則」上、**正しいもの**はどれか。

（イ）高さ3mの単管足場の作業床に、（A）及び（B）を設けた。

（ロ）高さ4mのわく組足場の作業床に、交さ筋かい及び（C）を設けた。

	（A）	（B）	（C）
(1)	高さ90cmの手すり	高さ35cmのさん	高さ25cmの幅木
(2)	高さ80cmの手すり	高さ45cmのさん	高さ30cmの幅木
(3)	高さ90cmの手すり	高さ20cmの幅木	高さ45cmのさん
(4)	高さ80cmの手すり	高さ30cmの幅木	高さ35cmのさん

解説 （イ）単管足場の作業床には、高さ85cm以上の手すり、高さ35cm以上50cm以下のさんを設ける。

（ロ）わく組足場の作業床には、交さ筋かい、交さ筋かい下部の隙間から墜落を防止するため、高さ15cm以上の幅木を設ける。　　　　　　　　　　　　【解答（1）】

問題3 造園工事における高所作業に関する記述のうち、「労働安全衛生法」上、**誤っているもの**はどれか。

(1) 高さ3mの架設通路において、勾配が20度となったため、通路表面に滑止めを設置した。

(2) 高さ3mの架設通路において、労働者の墜落の危険のある箇所に、高さ90cmの手すり及び高さ45cmの中桟を設けた。

(3) 高さ2mの本足場の作業床において、作業のため物体が落下することにより労働者に危険を及ぼすおそれがあったため、メッシュシートを設置した。

(4) 高さ2mの本足場の作業場所において、床材を用いて幅50cmの作業床を設置し、床材と建地との隙間を15cmとした。

解説 （4）平成27年7月1日施行の改正労働安全衛生規則の規定により正答が得られる。

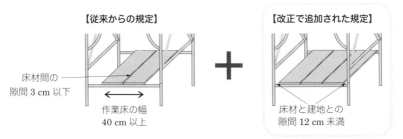

【従来からの規定】

床材間の隙間3cm以下

作業床の幅40cm以上

【改正で追加された規定】

床材と建地との隙間12cm未満

このように床材と建地の隙間は12cm未満にしなければならないので（4）が誤っている。　　　　　　　　　　　　　　　　　　　　　　　　　　【解答（4）】

2. 労働安全衛生規則―高所作業と足場の安全管理―

275

第二次・第三次検定　共通ゼミ

3. 労働安全衛生規則―車両系建設機械―

出題傾向 車両系建設機械の安全管理に関する問題は、2〜3年に1回ほどの頻度で出題されているが、現場で必要な知識であるので理解を深めておく必要がある。

重要ポイント講義

1 構造

前照灯の設置

車両系建設機械には、前照灯を備えなければならない。ただし、作業を安全に行うため必要な照度が保持されている場所において使用する車両系建設機械については、この限りでない。

ヘッドガード

岩石の落下等により労働者に危険が生ずるおそれのある場所で車両系建設機械（ブルドーザ、トラクターショベル、ずり積機、パワーショベル、ドラグショベルおよびブレーカに限る）を使用するときは、当該車両系建設機械に堅固なヘッドガードを備えなければならない。

2 調査および記録

車両系建設機械を用いて作業を行うときは、この車両系建設機械の転落、地山の崩壊等による労働者の危険を防止するため、あらかじめ、その作業にかかわる場所について地形、地質の状態等を調査し、その結果を記録しておかなければならない。

3 作業計画

車両系建設機械を用いて作業を行うときは、あらかじめ調査で把握した状況に適応する作業計画を定め、作業計画により作業を行わなければならない。また、作業計画を定めたときは関係労働者に周知しなければならない。作業計画には、次の事項を示す。

① 使用する車両系建設機械の種類および能力

② 車両系建設機械の運行経路

③ 車両系建設機械による作業の方法

4 制 限 速 度

車両系建設機械（最高速度が毎時 10 km 以下のものを除く）を用いて作業を行うときは、あらかじめ、当該作業にかかわる場所の地形、地質の状態などに応じた車両系建設機械の適正な制限速度を定め、それにより作業を行わなければならない。

この際、車両系建設機械の運転者は、定められた制限速度を超えて車両系建設機械を運転してはならない。

5 転落等の防止

車両系建設機械を用いて作業を行うときは、車両系建設機械の転倒または転落による労働者の危険を防止するため、この車両系建設機械の運行経路について路肩の崩壊を防止すること、地盤の不同沈下を防止すること、必要な幅員を保持することなど必要な措置を講じなければならない。

路肩、傾斜地などで車両系建設機械を用いて作業を行う場合では、当該車両系建設機械の転倒または転落により労働者に危険が生じるおそれのあるときは、誘導者を配置し、その者に当該車両系建設機械を誘導させなければならない。その際、運転者はその誘導に従わなければならない。

6 接触の防止

車両系建設機械を用いて作業を行うときは、運転中の車両系建設機械に接触することにより労働者に危険が生じるおそれのある箇所に、労働者を立ち入らせてはならない。ただし、誘導者を配置し、その者に当該車両系建設機械を誘導させるときは、この限りではない。その際、運転者は、その誘導に従わなければならない。

7 合 図

事業者は、車両系建設機械の運転について誘導者を置くときは、一定の合図を定め、誘導者にその合図を行わせなければならない。その際、運転者は定められた合図に従わなければならない。

8 ● 運転位置から離れる場合の措置

　車両系建設機械の運転者が運転位置から離れるときは、その運転者に次の措置を講じさせなければならない。また運転者は、車両系建設機械の運転位置から離れるときは、下記の措置を講じなければならない。

① 　バケット、ジッパーなどの作業装置を地上に下ろす
② 　原動機を止め、走行ブレーキをかけるなどして、逸走を防止する

9 ● 車両系建設機械の移送

　事業者は、車両系建設機械を移送するため自走、またはけん引により貨物自動車等に積卸しを行う場合で、道板、盛土等を使用するときは、この車両系建設機械の転倒、転落などによる危険を防止するため、次のようにする。

① 　積卸しは、平坦で堅固な場所において行う
② 　道板を使用するときは、十分な長さ、幅および強度を有する道板を用い、適当な勾配で確実に取り付ける
③ 　盛土、仮設台等を使用するときは、十分な幅、強度および勾配を確保する

10 ● 搭乗の制限、使用の制限

▍搭乗の制限
　車両系建設機械を用いて作業を行うときは、乗車席以外の箇所に労働者を乗せてはならない。

▍使用の制限
　車両系建設機械を用いて作業を行うときは、転倒およびブーム、アーム等の作業装置の破壊による労働者の危険を防止するため、当該車両系建設機械についてその構造上定められた安定度、最大使用荷重等を守らなければならない。

11 ● 主たる用途以外の使用の制限

　パワーショベルによる荷の吊り上げ、クラムシェルによる労働者の昇降等、車両系建設機械を主たる用途以外の用途に使用してはならない。ただし、荷の吊り上げの作業を行う場合で、次のいずれかに該当する場合には適用しない。

- 作業の性質上やむをえないとき、または安全な作業の遂行上必要なとき
- アーム、バケットなどの作業装置に強度等の条件を満たすフック、シャックルなどの金具、その他の吊り上げ用の器具を取り付けて使用するとき
- 荷の吊り上げの作業以外の作業を行う場合であって、労働者に危険を及ぼすおそれのないとき

12 定期自主点検等

　車両系建設機械については、**1年以内ごとに1回**、定期に自主検査を行わなければならない。ただし、1年を超える期間使用しない車両系建設機械の当該の使用しない期間においては、この限りでない（使用を再開の際に、自主検査を行う）。この検査結果の記録は**3年間**保存しておく。

　車両系建設機械を用いて作業を行うときは、その日の作業を開始する前に、ブレーキおよびクラッチの機能について点検しなければならない。

標準問題で実力アップ!!!

問題1　車両系建設機械の安全管理に関する記述のうち、「労働安全衛生規則」上、**誤っているもの**はどれか。

(1) バックホウの運転者が運転席から離れる際、バケットを地上に下ろし、原動機を止め、走行ブレーキをかけた上で運転席から離れた。

(2) バックホウによる土砂の掘削、積込みの作業中に、労働者がバックホウの運転者に合図を行った上で、その旋回範囲に立ち入って作業を行った。

(3) 傾斜地でブルドーザを用いて作業を行う際、その転倒又は転落により労働者に危険が生ずるおそれがあったため、誘導者を配置し、その者にブルドーザを誘導させた上で、作業を行った。

(4) 作業を安全に行うために必要な照度が保持されていたので、ブルドーザを用いるに当たり、前照灯を備え付けずに作業を行った。

解説　(2)「接触の防止」事項において、運転中のバックホウの旋回範囲内には立ち入ることはできない。

　ただし、(3)のように誘導員を配置して車両系建設機械を誘導する場合はこの限りでない、とされている。　　　　　　　　　　　　　　　　　　　　　　【解答(2)】

問題2 車両系建設機械の安全管理に関する記述のうち、「労働安全衛生規則」上、**適当でないもの**はどれか。

(1) 作業を安全に行うために必要な照度が保持されていたので、バケット容量 0.8 m³ のバックホウを用いるに当たり、前照灯を備え付けずに作業を行った。

(2) 最高速度が 15 km/h のホイールローダを用いるに当たり、あらかじめ、制限速度を定めずに作業を行った。

(3) バケット容量 0.025 m³ のバックホウを用いるに当たり、あらかじめ、使用する機械の能力や運行経路等を示した作業計画を定め、それにより作業を行った。

(4) 岩石の落下等により労働者に危険が生ずるおそれのある場所で、機体重量が 3.9 t のブルドーザにより掘削押土を行うに当たり、当該機械に堅固なヘッドガードを備え付けて作業を行った。

解説 (2) 車両系建設機械を用いて作業を行うときは、「あらかじめ、当該作業に係る場所の地形、地盤の状態等に応じた**適正な制限速度を定め**、それにより作業を行わなければならない」とされている（最高速度が**毎時 10 km 以下のものは除かれる**）。

【解答 (2)】

問題3 車両系建設機械の安全管理に関する記述のうち、「労働安全衛生法」上、**正しいもの**はどれか。

(1) 最高速度が 20 km/h のフォークリフトを用いることになったため、制限速度を定めずに作業を行った。

(2) フォークリフトについて定期自主検査を行い、検査年月日、検査方法、検査結果などを記録し、翌年の同日を期限とし、1 年間保存した。

(3) 運転中のバックホウの旋回範囲内で作業を行う必要があったので、バックホウの誘導者を配置し、その者に誘導させて、立ち入った。

(4) バックホウの運転者が運転席から離れる際、バケットの底部が地上から 1 m となる位置で固定し、原動機を止め、走行ブレーキをかけた上で離れた。

解説 車両系荷役運搬機械等であるフォークリフトは、現場でもよく用いられるが事故も多いことから、しっかり覚えておく必要がある。この問題の後半は、車両系建設機械のバックホウの規定となっている。

(1) 『作業場所の地形、地盤の状態等に応じた**適正な制限速度を定め**、それにより作業を行わなければならない（最高速度が毎時 10 km 以下のものを除く）。』と規定されていることから、この記述は誤り。

(2) 定期自主検査の記録は、**3 年間保存**しなければならないので、この記述は誤り。

(4) 『運転者が運転位置から離れるときは、バケット、ジッパー等の作業装置を地上に下ろすこと。』と規定されていることから、この記述は誤り。

【解答 (3)】

4. 労働安全衛生規則―クレーン等安全規則―

出題傾向 移動式クレーンでの作業時の安全管理に関する問題は、ほぼ例年1問出題されており、現場で必要な知識であるので理解を深めておく必要がある。

重要ポイント講義

1 過負荷の制限、傾斜角の制限

過負荷の制限

移動式クレーンにその定格荷重を超える荷重をかけて使用してはならない。

傾斜角の制限

移動式クレーンについては、移動式クレーン明細書に記載されているジブの傾斜角の範囲を超えて使用してはならない。なお、吊り上げ荷重が3t未満の移動式クレーンにあっては、これを製造した者が指定したジブの傾斜角とする。

2 定格荷重の表示等

移動式クレーンを用いて作業を行うときは、移動式クレーンの運転者および玉掛けをする者がこの移動式クレーンの定格荷重を常時知ることができるよう、表示その他の措置を講じなければならない。

3 使用の禁止

地盤が軟弱であること、埋設物その他地下に存する工作物が損壊するおそれがあることなどにより移動式クレーンが転倒するおそれのある場所においては、移動式クレーンを用いての作業を行ってはならない。

ただし、この場所において、移動式クレーンの転倒を防止するため必要な広さおよび強度を有する鉄板等が敷設され、その上に移動式クレーンを設置しているときは、この限りでない。

4 アウトリガー等の張出し

アウトリガーのある移動式クレーンや拡幅式クローラのある移動式クレーンを用いての作業では、アウトリガーまたはクローラを最大限に張り出さなければならない。

ただし、アウトリガーまたはクローラを最大限に張り出すことができない場合であって、移動式クレーンにかける荷重が張出幅に応じた定格荷重を下回ることが確実に見込まれるときは、この限りでない。

5 運転の合図

移動式クレーンを用いて作業を行うときは、移動式クレーンの運転について一定の合図を定め、合図を行う者を指名して、その者に合図を行わせなければならない。ただし、移動式クレーンの運転者に単独で作業を行わせるときは、この限りでない。

指名を受けた者がこの作業に従事するときは、定められた合図を行い、作業に従事する労働者は、この合図に従わなければならない。

6 搭乗の制限等

移動式クレーンにより、労働者を運搬したり労働者を吊り上げて作業させてはならない。

ただし、搭乗制限の規定にかかわらず、作業の性質上やむをえない場合または安全な作業の遂行上必要な場合は、移動式クレーンの吊り具に専用の搭乗設備を設けて労働者を乗せることができる。

この場合、事業者は搭乗設備については、墜落による労働者の危険を防止するため次の事項を行わなければならない。

- 搭乗設備の転位および脱落を防止する措置を講じる
- 労働者に安全帯等を使用させる
- 搭乗設備と搭乗者との総重量の 1.3 倍に相当する重量に 500 kg を加えた値が、当該移動式クレーンの定格荷重を超えないこと
- 搭乗設備を下降させるときは、動力下降の方法によること

7 立入禁止

移動式クレーンによる作業では、上部旋回体と接触することにより、労働者に危険が生じるおそれのある箇所に労働者を立ち入らせてはならない。

また、移動式クレーンによる作業を行う場合、次のいずれかに該当するときは、吊り上げられている荷の下に労働者を立ち入らせてはならない。

- ハッカーを用いて玉掛けをした荷が吊り上げられているとき
- 吊りクランプ1個を用いて玉掛けをした荷が吊り上げられているとき
- ワイヤロープ等を用いて1箇所に玉掛けをした荷が吊り上げられているとき（荷に設けられた穴、またはアイボルトにワイヤロープ等を通して玉掛けをしている場合を除く）
- 複数の荷が一度に吊り上げられている場合であって、当該複数の荷が結束され、箱に入れられる等により固定されていないとき
- 磁力または陰圧により、吸着させる吊り具または玉掛け用具を用いて玉掛けをした荷が吊り上げられているとき
- 動力下降以外の方法により荷、または吊り具を下降させるとき

8 運転位置からの離脱の禁止

移動式クレーンの運転者を、荷を吊ったままで、運転位置から離れさせてはならない。また、移動式クレーンの運転者は、荷を吊ったままで、運転位置を離れてはならない。

9 強風時の作業中止

強風のため移動式クレーンによる実施に危険が予想されるときは、その作業を中止しなければならない。この場合、移動式クレーンが転倒するおそれのあるときは、ジブの位置を固定させる等により、移動式クレーンの転倒による労働者の危険を防止するための措置を講じなければならない。

- 移動式クレーンを設置した後、**1年以内ごとに1回**、定期に自主検査を行わなければならない。ただし、1年を超える期間使用しない移動式クレーンを使用しない期間においてはこの限りでない（使用を再開の際に、自主検査を行う）。
- 移動式クレーンは、**1か月以内ごとに1回**、定期に巻過防止装置その他の安全装置、過負荷警報装置その他の警報装置、ブレーキおよびクラッチの異常の有無等について自主検査を行わなければならない。ただし、1か月を超える期間使用しない場合はこの限りでない（使用を再開する際に、自主検査を行う）。
- 移動式クレーンを用いて作業を行うときは、その日の作業を開始する前に、巻過防止装置、過負荷警報装置その他の警報装置、ブレーキ、クラッチおよびコントローラの機能について点検を行わなければならない。
- 上記の自主検査の結果を記録し、**3年間保存**しなければならない。

標準問題で**実力アップ!!!**

問題1 移動式クレーンの作業に関する記述のうち、「労働安全衛生規則」及び「クレーン等安全規則」上、**適当でないもの**はどれか。

(1) 事業者は、架空電線に接近することにより、感電の危険が生じる恐れがある場所での移動式クレーンを用いた作業において、当該架空電線に絶縁用防護具を装着する等の措置が著しく困難なときは、監視人を置いて作業を監視させなければならない。

(2) 事業者は、作業の性質上やむを得ない場合は、移動式クレーンの吊り具に専用のとう乗設備を設け、墜落防止のための措置を講じた上で、当該とう乗設備に労働者を乗せることができる。

(3) 吊り上げ荷重が1tの移動式クレーンを機械等貸与者（リース業者）から貸与を受けた者は、その使用する労働者でないものに操作させる場合は、操作する者が必要な資格又は技能を有する者であることを確認した上で、作業の内容、指揮の系統等の通知を行わなければならない。

(4) 事業者は、強風のため移動式クレーンによる作業の実施について危険が予想されるときは、転倒を防止するため必要な広さ及び強度を有する鉄板等を敷設し、アウトリガーを最大限張り出した上で作業を行わせなければならない。

解説 (4) 強風による危険が予想されるときは、その作業を中止しなければならない。　　　　　　　　　　　　　　　　　　　　　　　　　　　　【解答 (4)】

Point!! 　移動式クレーンの出題はさまざまなパターンがあり、この標準問題のように本文中の解説で割愛した内容も出題されるケースが想定される。このような場合でも、281 〜 284 ページの重要ポイントをしっかり理解しておくことで、正解に到達することができる。
　　　あわてずに問題文をよく読んでから対応しよう。

問題2　　移動式クレーンの作業に関する記述のうち、「労働安全衛生規則」及び「クレーン等安全規則」上、**適当なもの**はどれか。

(1) 移動式クレーンを 1 か月にわたり継続して使用する作業において、1 週間に 1 回の頻度で巻過防止装置その他の安全装置等の機能の点検を行った上で作業を行った。

(2) 吊り上げ荷重が 2.9 t の移動式クレーンの運転（道路上を走行させる運転を除く。）について、クレーン等安全規則 第 67 条に定められた特別の教育を受講済の者に行わせた。

(3) 強風のため、移動式クレーンに係る作業の実施について危険が予想されたので、アウトリガーを最大限に張り出す等移動式クレーンの転倒防止措置をとった上で作業を行った。

(4) 架空電線に近接することにより感電するおそれがある場所での移動式クレーンを用いた作業において、当該架空電線への絶縁用防護具を装着する措置等が著しく困難だったため、監視人を置き作業を監視させた。

解説 (1) クレーンを用いて作業を行うときは、その日の作業を開始する前に、巻過防止装置の機能を点検しなければならない。過負荷警報装置などの警報装置、ブレーキ、クラッチ、コントローラの機能についても、その日の作業前点検。

(2) 特別の教育を受講済みの者に行わせることができるのは、吊り上げ荷重が 1 t 未満の移動式クレーンの運転である。詳しくは、292 ページの **問題6** の解説を参照。

(3) 強風のために危険が予想されるときは、当該作業を中止しなければならない。
　　　　　　　　　　　　　　　　　　　　　　　　　　　　　　【解答 (4)】

問題3 移動式クレーンの作業に関する記述のうち、「労働安全衛生規則」及び「クレーン等安全規則」上、**適当でないもの**はどれか。

(1) 吊り上げ荷重が4.9 tの移動式クレーンの運転は、クレーン等安全規則 第67条に規定する安全のための特別の教育を受けた者に行わせることができる。

(2) 地盤が軟弱な場所では、移動式クレーンの転倒を防止するため、必要な広さ及び強度を有する鉄板を敷設し、転倒防止のための措置等必要な措置を講じない限り作業を行ってはならない。

(3) 移動式クレーンにより吊り上げられたハッカーを用いて玉掛けをした荷の下は、合図者を置いた場合でも、通行してはならない。

(4) 移動式クレーンの定格荷重とは、負荷させることができる最大の荷重から、フック、バケット等の吊り具の重量に相当する荷重を控除した荷重をいう。

解説 (1) 吊り上げ荷重が **1 t以上**の移動式クレーンの運転は、**技能講習修了者**である必要がある。よって、この記述が誤りとなる。吊り上げ荷重が **1 t未満**の移動式クレーン運転は、**安全のための特別の教育**が必要となる。292ページ **問題6** の解説を参照。

【解答（1）】

問題4 移動式クレーンの作業等に関する記述のうち、「労働安全衛生法」上、**誤っているもの**はどれか。

(1) 移動式クレーンの定格荷重とは、その構造及びジブの傾斜角等に応じて負荷させることができる最大の荷重のことで、フックやバケット等の吊り具の重量に相当する荷重を含めた荷重のことである。

(2) 移動式クレーンが転倒した場合は、労働者の負傷の有無にかかわらず、遅滞なく所轄労働基準監督署長へ報告書を提出しなければならない。

(3) 事業者は、強風のため、移動式クレーンによる作業の実施について危険が予想されるときは、当該作業を中止しなければならない。

(4) 事業者は、アウトリガーを最大限張り出せない場合は、当該移動式クレーンに掛ける荷重がアウトリガーの張り出し幅に応じた定格荷重を確実に下回ることを確認したうえで、作業を行う必要がある。

解説 (1) 定格荷重とは、移動式クレーンの構造および材料、ジブの傾斜角や長さに応じて負荷させることができる最大の荷重から、フック、バケットなどの吊り具の重量を差し引いた荷重のことである。よって、(1) が誤り。

【解答（1）】

Point!! 典型的な出題の複数例を標準問題としたので、これらの問題を熟読しながらより理解を深めよう。

9章
第一次検定特別演習

出題傾向 問題Bの最後である問題24～29の6問※は、造園工事の施工管理を適確に行うために必要な**応用能力が検定基準**に達しているかを判断するための問題として、新制度から盛り込まれたものである。

※最近の検定問題の問題Bでは「問題24～29」が割り当てられていた。本書の289～292ページの標準問題は **問題1** ～とした。

重要 ポイント講義

「応用能力に関する出題」について

　この問題では、まず「工事数量表」と「工事に係る条件」が提示され、施工管理を行う際に必要となる知識が問われる。

　4つの選択肢の記述について、それぞれの正誤を判断し、該当するものをすべて選ぶ単純正誤問題であるが、『該当するものすべて』ということでやや難易度が高い設定になっている。

　該当するのは、1つかもしれないし4つ全部かもしれない。そんな不安も頭をよぎるかもしれないが、出題される問題は、いずれも一般的な知識をもとにして考えれば正答が得られるので、あわてずにひとつずつ理解しながら取り組もう。

次の工事数量表及び工事に係る条件に基づく造園工事に関して、以下の問題1〜6について答えなさい。

〔工事数量表〕

工 種	種 別	細 別	規 格				単位	数量	備考
植栽工	高木植栽工	ケヤキ	H(m)	C(m)	W(m)	株立数	本	1	*
			5.0	0.21	1.5	—			
		クスノキ	H(m)	C(m)	W(m)	株立数	本	3	*
			4.0	0.4	1.8	—			
		イヌシデ	H(m)	C(m)	W(m)	株立数	本	20	*
			4.0	0.25	—	2本立			
		ヤマボウシ	H(m)	C(m)	W(m)	株立数	本	1	*
			3.0	0.15	—	3本立			
		コナラ	H(m)	C(m)	W(m)	株立数	本	10	*
			3.5	0.21	—	3本立以上			
		*	H(m)	C(m)	W(m)	株立数	本	*	生垣植栽
			*	*	*	*			
移植工	高木移植工	イチョウ	W(m)	L(m)	W(m)	株立数	本	2	*
			6.0	0.4	2.0	—			
樹木整姿工	高中木整姿工	イチョウ	W(m)	L(m)	W(m)	株立数	本	5	*
			10.0	1.5	10.0	—			
修景施設整備工	モニュメント工	モニュメント	御影石製 10 t				基	1	
公園施設等撤去・移設工	公園施設撤去工	公園施設撤去	木製複合遊具				式	1	

注）表中の＊の欄に入る語句及び数値は、出題の趣旨から記入していない。

〔工事に係る条件〕

・本工事は関東地方の近隣公園の未供用区域（既存樹木あり）において、上記の工事数量表に基づき施工するものである。

・生垣植栽は、公園内にある高さ2mの管理施設を景観上、公園利用者から年間を通して見えないように遮蔽するため、周辺を取り囲む形で植栽するものである。

・移植工のイチョウは、開園区域内に生育しているもので、根回しは行っていない。

・モニュメントは、公園外の工場で製作されたものを搬入し、設置する。

・公園施設撤去は、コンクリート製の基礎部分を含めて公園外に搬出し、処分する。

・工期は6月1日から翌年の3月10日までである。

問題1 当該造園工事において、生垣植栽に用いる樹木として、**適当なものを全て選びなさい。**

   (1) サザンカ

   (2) サツキツツジ

   (3) サンゴジュ

   (4) ナツツバキ

解説 「第一次検定の集中ゼミ 2章 5．造園樹木の代表的な用途」（27ページ）にある生垣に適する樹種から正答が得られる。

   (1) **サザンカ** →適する

   (2) サツキツツジ→適するとはいえない

   (3) **サンゴジュ** →適する

   (4) ナツツバキ →適するとはいえない

したがって、(1)、(3) が適当である。　　　　　【解答 (1)、(3)】

問題2 高木移植工において、既存樹木のイチョウを移植したが、この移植に関する記述として、**適当なものを全て選びなさい。**

   (1) 作業を容易にするため、掘り取り作業前の10日間は灌水を控えた。

   (2) 根鉢を少し大きめに掘り取り、根巻きせず、そのまま植え付け場所まで運搬した。

   (3) 植え穴は、根鉢が余裕を持って入る大きさとし、穴の底は土を細かく砕いて軟らかくし、中央をやや高く仕上げた。

   (4) 鉢を植え穴に入れ、土を半分ほど埋め戻したあと、水を注いで泥状にし、鉢の周りに土が密着するように棒で泥をよく突きながら埋め戻した。

解説 「第一次検定の集中ゼミ 3章 1．樹木植栽」（48〜51ページ）の知識から正答が得られる。問題にあるイチョウは、移植の容易な樹種であり、適期に移植することで活着が期待できる。

   (1) 掘取りを始める前に灌水して土にある程度の湿度を保たせ土の分離・脱落を防止することが必要である。特に乾燥が激しい場合では根鉢の崩れを防止するため、掘取りを始める数日前から**十分に**灌水を行っておく必要がある。よって、適当ではない。

   (2) 条件文の3項目にあるように「移植工のイチョウは、開園区域内に生育しているもので、根回しは行っていない」ことから、根鉢を大きめに掘り取り、根巻きをせずにそのまま植え付け場所まで運搬することは、適当である。

   (3) **植穴掘り**の方法として正しい記述である。

   (4) 埋戻しの「**水極**」の方法として正しい記述である。

したがって、(2)、(3)、(4) が適当である。　　　　【解答 (2)、(3)、(4)】

問題3 高木植栽工において用いられる、それぞれの支柱形式に関する記述として、**適当なものを全て**選びなさい。

　(1) 公園の外周に植栽するイヌシデに、添え柱支柱を用いた。

　(2) 広場の植え込み地に植栽するクスノキに、三脚鳥居支柱を用いた。

　(3) 広場の中央に植栽するケヤキに、八ツ掛支柱（丸太三本）を用いた。

　(4) 広場の入り口に植栽するヤマボウシに、竹布掛支柱を用いた。

解説 「第一次検定の集中ゼミ 3章 1. 樹木植栽」（55ページ）の知識から正答が得られる。

　(1) 添え柱支柱は H1.5～2.5 m の樹木（単幹）に適するが、H4.0 m、C25 cm で2本立のイヌシデには適さない。**二脚鳥居型や八ツ掛（丸太三本）が適する**。

　(4) 竹布掛支柱は、狭い場所や列植で H1.5～2.5 m の樹木に適するが、広場の入口で1本しかない H3.5 m で3本立のヤマボウシには適さない。**八ツ掛（竹三本）が適する**。

　次に、残り2つを判断する。

　(2) 広場の植え込み地に植栽するクスノキ（H4.0 m、C40 cm）に、三脚鳥居支柱は適する。

　(3) 広場の中央に植栽するケヤキ（H5.0 m、C21 cm）に、八ツ掛支柱（丸太三本）は適する。

　したがって、(2)、(3) が適当である。　　　　　　　　　　　【解答 (2)、(3)】

問題4 公園施設撤去工において発生した建設副産物に関する記述のうち、**適当なものを全て**選びなさい。

　(1) 建設発生木材は、工事現場外には搬出せず、工事現場内での焼却などにより縮減を図らなければならない。

　(2) 元請業者は、「資源の有効な利用の促進に関する法律」に基づき、再資源利用促進計画及びその実施状況の記録を、工事完成後1年間保存しなければならない。

　(3) 排出事業者である元請業者は、建設廃棄物の処理を委託する場合は委託契約書と産業廃棄物管理票（マニフェスト）の写しを5年間保存しなければならない。

　(4) コンクリート塊の再資源化を行う場合、元請業者は、あらかじめ再資源化施設に関する受入れの条件を勘案し、分別並びに破砕又は切断を行った上で、再資源化施設に搬出しなければならない。

解説 「4章 4. 建設副産物、廃棄物処理、環境保全」（215～219ページ）より正答が得られる。

　(1) 建設発生木材は、特定建設資材として**再資源化**をしなければならず、工事現場内での焼却はできないことから、適当ではない。　　　　　　【解答 (2)、(3)、(4)】

問題5 高木植栽工に用いる樹木の寸法規格の判定として、「公共用緑化樹木等品質寸法規格基準（案）」に照らし、**合格となるものを全て**選びなさい。

(1) 樹高が 5.1 m のケヤキで、幹周が 0.25 m、枝張が最大幅で 1.8 m、最小幅で 1.2 m のもの

(2) 2 本立のイヌシデで、樹高がそれぞれ 4.1 m、2.9 m、幹周がそれぞれ 0.19 m、0.15 m のもの

(3) 3 本立のヤマボウシで、樹高がそれぞれ 3.2 m、3.0 m、2.2 m、幹周がそれぞれ 0.09 m、0.08 m、0.05 m のもの

(4) 5 本立のコナラで、樹高がそれぞれ 3.7 m、3.5 m、2.8 m、2.5 m、2.0 m、幹周がそれぞれ 0.09 m、0.08 m、0.06 m、0.05 m、0.04 m のもの

解説 「7 章 2 の 3 植栽樹木の寸法規格（253 ～ 254 ページ）より正答が得られる。

(1) ケヤキの樹高、幹周の規格値以上を満足している。枝張りは最大と最小の平均値である 1.5 m であることから、**合格**となる。

(2) 2 本立の樹高は 1 本が規格値（H4.0 m）以上、もう 1 本が 70 ％（2.8 m）以上であるので、これは満足している。幹周は、総和の 70 ％【$(0.19+0.15)\times0.7=0.238$】であることから、イヌシデの規格値 C0.25 m を満足していないので**不合格**となる。

(3) ヤマボウシは樹高の規格値（H3.0 m）以上が過半数である 2 本と、もう 1 本は 70 ％（2.1 m）を満足している。幹周は 70 ％【$(0.09+0.08+0.05)\times0.7=0.154$】であることから、イヌシデの規格値 C0.15 m を満足しているので**合格**となる。

(4) コナラの 5 本立では、樹高は過半数である 3 本が規格値（H3.5 m）を満足すべきところ、2 本しか満足していないので、この段階で**不合格**となる、

したがって、(1)、(3) が合格となる。 【解答（1）、(3)】

問題6 高木移植工、高木整姿工、及びモニュメント工の作業において使用する建設機械と、それを使用する作業に従事するために必要となる「労働安全衛生法」で定める資格に関する次の記述のうち、**正しいものを全て**選びなさい。

ただし、職業訓練の特例、道路交通法に規定する道路上の走行を除く。

(1) 作業床の高さが 8.0 m の高所作業車の運転業務には、高所作業車の運転業務に関する特別教育を受ける必要がある。

(2) 吊り上げ荷重が 2.9 t の移動式クレーンの運転業務には、移動式クレーン運転業務に関する特別教育を受ける必要がある。

(3) 機体重量 3.4 t のドラグ・ショベル（バックホウ）の運転業務には、車両系建設機械（整地・運搬・積込み用及び掘削用）運転技能講習を受ける必要がある。

(4) 吊り上げ荷重が 12 t の移動式クレーンの運転業務には、移動式クレーン運転士免許が必要である。

解説 （1）作業床の高さ **10 m** 未満の高所作業車の運転業務には、特別教育が必要である。よって、正しい。

（2）吊り上げ荷重 **2.9 t** の移動式クレーンは、**移動式クレーン運転士免許**、または**小型移動式クレーン運転技能講習を修了した者**に行わせることができる。安全のための特別の教育は吊り上げ荷重 **1 t** 未満に限る。よって、誤り。

（3）機体重量 **3 t** 以上のバックホウの運転業務には、運転技能講習を修了した者でなければならない。よって、正しい。

（4）吊り上げ荷重 **12 t** の移動式クレーンは、**移動式クレーン運転士免許**が必要である。よって、正しい。

▐ 移動式クレーンの就業制限、特別な教育

- 吊り上げ荷重が **1 t** 未満…安全のための特別の教育[※1]
- 吊り上げ荷重が **1 t** 以上の移動式クレーン…移動式クレーン運転士免許を受けた者[※2, ※3]
- 吊り上げ荷重が **1 t** 以上 **5 t** 未満…小型移動式クレーン運転技能講習を修了した者[※3]
  - ※1：クレーン等安全規則 67 条（特別の教育）
  - ※2：労働安全衛生法施行令第 20 条第 7 号
  - ※3：クレーン等安全規則 68 条（就業制限）

▐ 運転技能講習を修了した者でなければならない業務[※1]

- 吊り上げ荷重が **1 t** 以上の移動式クレーンの運転
- 最大荷重 **1 t** 以上のショベルローダー、フォークローダーの運転
- 最大荷重 **1 t** 以上のフォークリフトの運転
- **機体重量 3 t 以上の建設機械**（ブルドーザ、トラクターショベル、パワーショベル、ドラグショベルなど）で、動力を用い、不特定の場所に自走できるものの運転
- 最大積載量が **1 t** 以上の不整地運搬車の運転
- **作業床の高さが 10 m 以上の高所作業車の運転**
- 玉掛けの業務（吊り上げ荷重 **1 t** 以上のクレーン、移動式クレーン）
  - ※1：労働安全衛生法施行令第 20 条第 16 号（就業制限）

したがって、（1）、（3）、（4）が適当である。　　　　【解答　（1）、（3）、（4）】

第二次検定の集中ゼミ

本編は第二次検定に関する理解を深め、合格に必要な知識や解答テクニックを習得することを目標にする。これまでの知識も活かしながら、現場を想定した応用問題に臨もう。

第二次検定の問題ごとの章は、新制度試験での出題や旧制度での問題分析の結果から出題傾向をまとめた。ここで問題として何が求められているのかを理解しておこう。

第二次検定は記述式が多い。このため、解答には事前に練習を重ねて慣れておく必要があるだろう。記述に当たってのテクニックも学んでほしい。

1章 経験業務記述試験対策

1. 記述形式と攻略法

経験業務記述は、自分自身が従事した工事について、設問項目に沿って記述する試験である。

その工事における管理項目上の問題点を取り上げ、処理・対処方法をまとめる。新制度試験での出題や旧制度での過去直近 10 年では、工程管理と品質管理のいずれかを選択するパターンの出題となっている。

重要 ポイント講義

1 ● 経験業務記述試験の形式

第二次検定では、例年「問題 1」が経験業務記述の問題である。

以下に問題文の構成を示す。

こんな問題が出題されます！

例

　あなたが経験した**主な造園工事のうち、工事の施工管理において「工程管理」又は「品質管理」上の課題があった工事を 1 つ選び、その工事に関する以下の設問（1）〜（5）について答えなさい。（造園工事以外の記述は採点の対象となりません。）**

〔注意〕記述した工事が、あなたが経験した工事でないことが判明した場合は失格となります。

（1）**工事名を具体的に記述しなさい。**

（2）**工事内容など**

（1）の工事に関し、以下の①〜⑤について具体的に記述しなさい。

　　①　**施工場所**

　　②　（ア）この工事の**契約上の発注者名又は注文者名**

　　　　（イ）この工事における**あなたの所属する会社などの契約上の立場**を、解答欄の〔　〕内の該当するものに○を付けなさい。

「その他」に〇を付けた場合は（　）に契約上の立場を記述しなさい。

③　工期
④　工事金額又は請負代金額
⑤　工事概要
　（ア）工事内容
　（イ）工事数量（例：工種、種別、細別、規格、数量など）
　（ウ）現場の状況及び周辺の状況（必要に応じ、関連工事の有無など当該工事の施工に影響などを与える事項、内容などを含む）

(3) 上記の工事現場における**施工管理上のあなたの立場**を記述しなさい。

(4) 上記工事の施工において、**課題があった管理項目名（工程管理又は品質管理）及びその課題の内容（背景及び理由を含む）**を具体的に記述しなさい。

(5) (4)の課題に対し、あなたが**現場で実施した処置又は対策**を具体的に記述しなさい。

2　記述する造園工事の選択に当たって

これまでに経験した業務の多少にかかわらず、第二次検定用に「使える」現場をピックアップすることが、受検準備のスタートとなる。

- できるだけ簡素な工事を選択することが余計なミス防止にもつながる
- 自分が携わった業務から最も自信がもて、細部までの記憶のある工事を選ぶ
- 造園施工管理技士にはなっていないので、むやみに重い責任がある立場に就いていることにこだわらなくてよい
- 問題なく完了した工事、または逆に大きなトラブルが発生した工事にこだわらなくてよい
- いかに課題を見出し、技術的な解決を行うことができたのかに着眼
- 日ごろから業務に問題意識をもつことで、すでにさまざまな課題やトラブルを未然に解決しているはずなので、自信をもってアピールする
- 過去の出題傾向から、出題されやすい管理項目（工程管理、品質管理）をあてはめてみて、選択した工事で書ける内容があるかをチェックする
- できれば1つの工事で、複数の管理項目に対応できるようにする

- もしもカバーできない管理項目があれば、他の経験した工事を選び直す

Point!! どの管理項目が指定されても対応できる工事を選んでおこう！
また、大規模な工事が有利ということではない。経験記述にふさわしいできるだけ簡素な工事を選択することが余計なミス防止にもつながる。

3 ● 記述式に慣れよう！

　記述式の問題に慣れておくことが合格には欠かせない。日ごろから文章に慣れていない人はもちろんだが、文章が得意という人でも合格レベルの答案という観点でチェックすると、意外に読みにくい文章であったりするものだ。経験記述は唯一準備ができる問題である。事前にしっかり準備をしておこう。

- 文章の上手、下手ではなく、問題に対応した読みやすさを心がける
- 文字のきれい、汚いよりも、まずはていねいに書こう
- 薄い濃さの鉛筆は使わない（HB 以上の濃さで、芯は太く）
- 第三者である採点者の目線で、解答を何度も読み直してみよう

Point!! 職場の上司や、この試験に合格している同僚などに、自分の解答を読んで添削してもらおう。
読んだり書いたりしながら、自分の答案をとにかく暗記してしてしまおう（漢字もきちんと覚え、試験当日、誤字脱字のないように）。

▓▓ 記述式問題での答案作成のテクニック

- 数値、単位はしっかり覚えて正しく書く
- 文字の量は、指定された行数の 8 割以上を目指す（最終行への到達を！）
- 空白の行や意味のない余白をつくらない
- 書き出しや各段落では、最初に 1 文字分空けて書き出す
- 句読点はしっかりと、読みやすく
- 話し言葉で書かない（例：「だから」×　⇒　「したがって」○）
- 文体は「である」調で。「です、ます」調にしない

Point!! 採点官にとって得点を入れやすい、または減点されにくい工夫を！
そのためのテクニックの 1 つは、問題文で指定された言葉を使うこと。
　例）問題文「技術的課題を書きなさい」
　⇒　解答での表現「…が技術的に課題であった。」「この現場においての技術的課題は、①…、②…であった。」

4 ● 解答例から記述のテクニックを学ぼう！

第二次検定の問題1は必須試験で、経験した業務について、工程管理、品質管理のいずれかを選んで記述するものであるが、どちらの管理項目であっても的確に記述できるように準備しておくとよい。

以下では、造園施工管理の実務経験者が、実際の現場での体験をもとにして作成した仮想の現場での記述解答例を収載している。合格レベルをイメージするための参考として読んでいただきたい。そのうえで、自分自身の経験した業務で下書きをしてみよう。

マスターノート　Master Note

本書収載の記述解答例に関する取扱いの注意事項

○以下の例文は、あくまでも読者が自分自身の経験した工事での記述を行ううえでの参考としてまとめたもので、合格を保証する見本ではない

○第二次検定当日に書く答案は、自分の経験で解答しなければならない。例文の丸写し、一部を修正した答案作成は絶対に行わないこと。経験した業務でないことが判明した場合は失格となるなど重いペナルティがある！

第二次検定 集中ゼミ

2. 経験業務記述例文

重要
ポイント講義

1 ● 例文1「工程管理」

---

(1) 工事名

　　令和〇年度〇〇公園植栽等建設工事

(2) 工事の内容

① 施工場所

　　〇〇県〇〇市〇〇町〇〇地先

② （ア）発注者名または注文者名

　　〇〇県〇〇〇市役所

　　（イ）この工事におけるあなたの所属する会社等の契約上の立場

　　元請

③ 工　期

　　令和〇年5月10日〜令和〇年3月25日まで319日間

④ 工事金額または請負代金額

　　48,580,000 円

⑤ 工事概要

　　（ア）工事の内容

　　　〇〇市で新設する地区公園（4.0 ha）の区域内において、芝生広場を主体とした植栽工（張芝工、高木植栽工、低木植栽工）とその外周部の園路（ブロック舗装）、大型木製遊具を建設する工事であった。

　　（イ）工事の数量

　　　植栽工は、張芝（ノシバ、4,200 m²）、高木植栽（ケヤキ H＝12.0 m、ハナミズキ H＝3.0 m、ヤマボウシ H＝3.0 m。計20本）、低木植栽工（オオムラサキツツジ H＝0.5 m、ニシキギ H＝0.5 m。計500株）であった。

　　　園路工はインターロッキングブロック舗装 A＝850 m² であり、このほか大型木製遊具を設置した。

（ウ）現場の状況、周辺状況

　　区画整理事業地に隣接して計画された都市公園であった。周辺の大部分の区画には住宅が建設されすでに居住者が多かったので、隣接する道路の交通量も比較的多かった。現地は荒造成までが済まされていた。

(3) あなたの立場

　　現場代理人

(4) 上記の施工において、課題があった管理項目名（工程管理、または品質管理）およびその課題の内容（背景および理由を含む）を具体的に記述しなさい。

　管理項目名：工程管理

　　担当した工事は、植栽や園路、遊具を設置するものであったが、この工事とは別に敷地全体の造成工事が分離発注されていた。

　　このような理由により、先行する関連工事の工程の制約を調整する課題があった。本工事の着工時点で、すでに関連工事の工程の影響で、14日の遅れが発生していた。

　　また、天候にも左右されやすい舗装工や張芝などの植栽工には、梅雨期、冬期などにおいて遅延の危険性も考えられた。

(5) (4)の課題について、あなたが現場で実施した処置または対策を具体的に記述しなさい。

　　関連工事の担当者を含めた発注者との協議の場を週に1回の頻度で定期的に設け、1枚のネットワーク式工程表により相互の工程を一体化させた。共通の工程表により、相互の食い違いを未然に防止でき、担当工事の工期短縮にも効果があった。

　　また、並行作業のできる工種を選別する工区ブロック分けにより、基盤整備の完了した場所から張芝や植栽を行うなど、効率的な作業員・資材・機材の配置計画を検討したうえで実行したことから、さらなる工期短縮の効果が得られ、遅れていた14日間の工期を回復し、当初の予定工期内に工事を完了することができた。

Master Note

○工程管理では、課題となる工期の遅延に対する対策が想定ケースである

○課題には、理由や背景もはっきりわかるように書き込むことが重要

○工期の遅延につながる課題をどう解決したかを書く

第二次検定　集中ゼミ

(1) 工事名

　　〇〇集合住宅造園工事

(2) 工事の内容

① 施工場所

　　〇〇県〇〇市〇〇町〇〇地先

② （ア）発注者名または注文者名

　　株式会社〇〇〇建設

　　（イ）この工事におけるあなたの所属する会社等の契約上の立場

　　下請

③ 工　期

　　平成〇年6月1日〜平成〇年12月1日まで 183日間

④ 工事金額または請負代金額

　　12,600,000 円

⑤ 工事概要

（ア）工事の内容

　　この工事は北陸地方における集合住宅建設にともなう公園整備および敷地内の植栽工事であり、集合住宅の建設業者からの請負工事であった。

　　公園の植栽工（高木、低木、地被類植栽）および休憩施設（ベンチ、あずまや）、遊戯施設（複合遊具）、便益施設（水飲み）の建設を行うものであった。

（イ）工事の数量

　　植栽工は、高木植栽（ケヤキ H=5.0 m、エゾヤマザクラ H=5.0 m、コブシ H=3.0 m。計 15 本）、低木植栽工（ドウダンツツジ H=0.3 m など。計 300 株）、地被類植栽（コグマザサ 250 m²）であった。

　　休憩施設工ではベンチ 5 基、あずまや 1 棟。遊戯施設工では複合遊具 1 基。便益施設工では水飲み 5 基を設置した。

（ウ）現場の状況、周辺状況

　　現場は市街地近郊の丘陵地であり、新たに集合住宅が建設される一帯であった。この場所で発注者が造成工事や建築工事等を進めており、これら工事関係者も多く出入りしていたが、全体を工事区域としていたことから一般の通行人や居住者、通過交通などはほとんどなかった。

(3) あなたの立場

　　工事主任

(4) 上記の施工において、課題があった管理項目名（工程管理、または品質管理）およびその課題の内容（背景および理由を含む）を具体的に記述しなさい。

　　管理項目名：工程管理

　　着工した時点ですでに別の造成工事や建築工事、関連する設備工事などが行われていた。これらの工事は春先の大雪や、例年よりも早く梅雨入りするなどしたことの影響により、工程が10日程度遅れていた。

　　特に、公園を建設する予定地が雨水排水設備や建築資材等の資材置き場となっていたことなど、他の工事関係者との調整を図りながら、工期を短縮するという課題が発生していた。

(5) (4)の課題について、あなたが現場で実施した処置または対策を具体的に記述しなさい。

　　関連する土木、建築、設備工事の担当者らに全体工程会議を開催することを提案し、毎週火曜日に定例の全体工程会議を行うことができた。この場において競合する作業内容や作業場所、作業方法などについて相互に支障とならないように協議を行った。

　　このようにして得た情報により、建築や設備等の工事の仕上がった場所から計画的に植栽を行うなどの工期短縮の工夫ができ、適期の植栽も可能となった。

　　また、ベンチやあずまや、遊具、水飲みは、工期終盤に集中して搬入し、他工事との競合や養生期間も少なく完成させることができた。

　　このような対策により工期内に工事を完了でき、目標だった集合住宅への年内入居の実現に貢献した。

　　課題と対策はしっかり関連付けるように工夫しよう。課題を出しただけで対策がなかったり、何のための対策かわからないような答案は避けよう。

(1) 工事名

　　〇〇集合住宅造園工事

(2) 工事の内容

① 施工場所

　　〇〇県〇〇市〇〇町〇〇地先

前ページと同じ現場について、品質管理をテーマにして書いてみた。このように1つの現場で、2つの管理項目について記述できるようにしておくとよい。

② （ア）発注者名または注文者名

　　株式会社〇〇〇建設

　　（イ）この工事におけるあなたの所属する会社等の契約上の立場

　　下請

③ 工　期

　　平成〇年6月1日～平成〇年12月1日まで 183日間

④ 工事金額または請負代金額

　　12,600,000円

⑤ 工事概要

（ア）工事の内容

　　この工事は北陸地方における集合住宅建設にともなう公園整備および敷地内の植栽工事であり、集合住宅の建設業者からの請負工事であった。

　　公園の植栽工（高木、低木、地被類植栽）および休憩施設（ベンチ、あずまや）、遊戯施設（複合遊具）、便益施設（水飲み）の建設を行うものであった。

（イ）工事の数量

　　植栽工は、高木植栽（ケヤキH=5.0m、エゾヤマザクラH=5.0m、コブシH=3.0m。計15本）、低木植栽工（ドウダンツツジH=0.3mなど。計300株）、地被類植栽（コグマザサ250m²）であった。

　　休憩施設工ではベンチ5基、あずまや1棟。遊戯施設工では複合遊具1基。便益施設工では水飲み5基を設置した。

（ウ）現場の状況、周辺状況

　　現場は市街地近郊の丘陵地であり、新たに集合住宅が建設される一帯であった。この場所で発注者が造成工事や建築工事等を進めており、これら工事関係者も多く出入りしていたが、全体を工事区域としていたことから一般の通行人や居住者、通過交通などはほとんどなかった。

(3) あなたの立場

　　　工事主任

(4) 上記の施工において、課題があった管理項目名（工程管理、または品質管理）
　およびその課題の内容（背景および理由を含む）を具体的に記述しなさい。

　　　管理項目名：品質管理

　　　この工事では、次の2点が大きな課題であった。

　　　①公園を建設する予定地が雨水排水設備や建築資材等の資材置場となっていた
　　　ことから、瓦礫や石などが混入した締め固まった土となっており、水はけも
　　　悪く、植物の生育に課題があった。

　　　②関連する土木や建築工事の終わる冬期施工とするか、並行作業とするかの判
　　　断が必要であり、いずれの場合でも樹木の活着が課題であった。

(5) (4)の課題について、あなたが現場で実施した処置または対策を具体的に記述し
　なさい。

　　　発注者と協議し、基盤整備の一部を変更する以下の対策の提案を行い、承認を
　　　得た。

　　　①堅固で混入物のあった植栽予定地に、客土を入れ替える対策（高木植栽場所
　　　では深さ60cmまで）を講じた。なお掘削の際にはその下層も確認し、瓦礫
　　　等は除去し良好な状態とした。

　　　②建築等の関連工事と競合しないように工事箇所を6工区に分け、分散して植
　　　栽を行った。植物材料は、植栽までの仮置期間を短くし、日かげでの保管や適
　　　宜散水するなどして根の乾燥による品質低下を防止した。

　　　このような対策により所定の品質により工事を完了させることができた。

　　複数の課題がある場合は、①、②のように符号を付けてわかりやすく表現するこ
とも大切。課題と対策の番号を一致させておくと、課題解決が確認しやすい！

　　同じ現場で記述する場合は、例文の (1)～(3) までは共通にすることができる。

(4) と (5) を工程管理、または品質管理としてふさわしい内容にしよう。

(1) 工事名

国営○○公園園路改修工事

(2) 工事の内容

① 施工場所

○○県○○市○○町○○地先

② （ア）発注者名または注文者名

国営○○公園事務所

（イ）この工事におけるあなたの所属する会社等の契約上の立場

元請

③ 工　期

令和○年 12 月 15 日～令和○年 3 月 20 日まで 95 日間

④ 工事金額または請負代金額

11,970,000 円

⑤ 工事概要

（ア）工事の内容

　この工事は関西地方の国営公園の一部において、損傷の大きかった園路部分を周辺環境にも配慮しつつ改修するものであった。

　既存の園路を撤去し、新たにセメント系の固化剤を使用した土系舗装を施工するものであった。

（イ）工事の数量

　改修が必要な園路は延長 400 m であった。この区間において、園路改修工（既存の砕石舗装撤去。幅員 $W=2.0$ m、厚さ 10 cm）により既存園路を撤去した後、園路舗装工（セメント系固化剤による土系舗装 $W=2.0$ m、厚さ 10 cm）を行った。

（ウ）現場の状況、周辺状況

　現場はすでに供用されている国営公園の一部であり、周辺は樹林地であった。また近くを渓流が流れていた。本改修工事に際しては、工事区間を通過する公園利用者に別ルートでの迂回路を確保することが可能だったことから、表示板やロープ柵による立入制限を行った。

(3) あなたの立場

　　現場代理人

(4) 上記の施工において、課題があった管理項目名（工程管理、または品質管理）およびその課題の内容（背景および理由を含む）を具体的に記述しなさい。

　　管理項目名：品質管理

　　舗装工事の施工時期が1～3月になることから、極度の低温や霜、降雪などによる影響で土系舗装の仕上りに品質確保の課題があった。

　　さらに、土系舗装であることから、硬化前に降雨があった際には、流水による舗装面の洗掘が心配された。

(5) (4)の課題について、あなたが現場で実施した処置または対策を具体的に記述しなさい。

　　本工事に当たり、次の対策を含めた施工計画書により発注者と協議を行い、承認を得た後に施工した。

　　①天気予報を毎日チェックしながら現地の天候状況を確認し、降雪や最低気温が-5℃以下と予想される場合には、舗装工事を取り止めた。

　　②路床が凍結した際には十分な締固め強度が得られないため、路床掘削と同じ日に路盤材の敷均し、転圧を行った。

　　③降雪や霜による品質低下を防止するため、完成箇所は養生シートを施工した。これは降雨の際の舗装面保護にも役立った。

　　以上により良好な状態で完成し、品質を確保できた。

マスターノート

Master Note

　　最終的に、品質管理では「～により品質が確保できた。」、工程管理では「～により工期までに完成させることができた。」のような評価の記述で締めくくるとまとまりやすい。

　　品質管理では、適切な試験やその結果による評価を書くことができれば、さらにレベルの高い答案に仕上がる。

3. 管理項目ごとに課題と対策を準備しておこう！

第二次検定では、経験業務から管理項目における課題とその課題に対する処置、または対策を具体的に書かなければならない。答案には、1つの業務について1つの管理項目を選んで書くことになる。過去の出題は、工程管理と品質管理の2つの管理項目に限られているが、これに安全管理を加えて3つの管理項目について事前に準備しておくと、第二次検定で問われる全般の理解を深めることにもつながる。

　まずは、上記3つの管理項目それぞれについて書きやすい工事を選ぶ必要がある。1つの業務で複数の管理項目について書けるようにしておけば、答案を覚えやすくなる。

重要 ポイント講義

1 ● 工程管理で書くためのテクニック

① 工程管理上の問題点が発生した工事を取り上げてみる

② その原因が何であったのか、問題点を列挙する

〔例〕
- 施工時期が冬期にかかってしまい、植栽適期から外れてしまった
- 設備工事や建築工事、他の工区などといった関連工事と工程が合わない
- 設計書と現場の条件が異なっている（地山の様子、湧水の発生など）
- 二次製品、樹木などの資材搬入の遅れ

③ 問題点にどのように対処したのか、処置・対策を列挙する

〔例〕
- 樹種の特性に合わせた植栽時期の工夫
- 関連工事の施工担当者と連絡会議を定期的に開催（作業スケジュールをお互いに交換し、調整することで、工程の遅れを予防など）
- 設計者と協議し、設計の仕様を変更し、工法の変更で対処
- 遅れた工程を回復するための、工程短縮策を盛り込んだ工程再検討

2 ● 品質管理で書くためのテクニック

① 品質管理上の問題点が発生した業務を取り上げてみる

② その原因が何であったのか、問題点を列挙する

〔例〕

- 舗装やコンクリートの凍結による品質低下の懸念
- 設計で指定された土壌条件との違いによる樹木の活着の問題
- 不適期に植栽する樹木の不活着の予見
- 移植する既存樹木の腐朽の確認

③ 問題点にどのように対処したのか、処置・対策を列挙する

〔例〕

- 施工時期、時間帯の検討、施工後の養生によって冬期施工に対処した
- 発注者と協議し、土壌分析を行い、現地の土壌条件に見合った土壌改良を施した
- 樹木の幹を保護テープで養生したり、寒冷紗で樹木の防寒養生を行うことで、樹形や樹勢の乱れを予防し、検査時の品質のばらつき、不合格をなくすことができた
- 樹木の診断を行い、腐朽部を除去した後、薬剤塗布などの樹勢回復策を講じた

3 安全管理で書くためのテクニック

① 安全管理上の問題点が発生した業務を取り上げてみる

② その原因が何であったのか、問題点を列挙する

〔例〕

- 利用者が工事範囲に立ち入ってしまうことによる、事故の危険性
- 本工事と並行した建築、土木、設備といった関連工事との作業員相互や、建設機械の交錯などによる事故発生の懸念
- 学校の敷地内（通学路）の工事における生徒の通学、休憩時間の安全確保の問題

3. 管理項目ごとに課題と対策を準備しておこう！

③　問題点にどのように対処したのか、処置・対策を列挙する

〔例〕
- 現場周辺を保安ロープで囲い、通路には安全柵や注意看板を設置した。また、クレーンの運転、玉掛けは有資格者に行わせた
- 関連工事担当者で安全協議会を開き、次のような対策を行った。工事工程の確認と建設機械台数・配置の調整。建設機械の作業範囲における監視員や車両誘導員の配置
- 作業範囲を仮囲いなどで完全に締め切ることによる立入りの制限ほか、通学時間の搬入・車両の制限

マスターノート　Master Note

　3つの管理項目ごとによくありそうな想定例をあげたが、こうしたケースは実際の施工管理に携わるなかで何度か経験しているはずである。

　課題や問題に遭遇したときに、どのような処置・対策を講じたのか、そしてその結果はどうであったかを簡潔にまとめておく必要がある。

2章 施工技術記述試験対策

出題傾向 造園施工技術について具体的条件の中で答えさせるケーススタディ（想定事例）問題が「問題2」※である。公園の整備工事の簡単な設計図と工事に関する条件、工事数量表が付記されるのが、ここ10年間のパターンだ。

工事に関する条件に工期が記されているが、この時期が冬期か盛夏期かの確認も重要なポイントである。

また、問題2は必須問題であり、複数の設問で構成されている。ここでは樹木の移植や植栽、芝生の造成など植栽施工に関する問題により、造園技術のなかでも基本的な知識が問われるほか、植栽施工以外では、土壌や植栽基盤、遊具設置などからもいくつか出題されている。

※最近の検定問題では、「問題2」が割り当てられていた。本書の319～340ページの標準問題は **問題1** ～とした。

重要ポイント講義

1 樹木の植栽施工

この必須問題の出題範囲は、第一次検定の集中ゼミ3章「植栽施工」（47～68ページ）とも関連が深いので、参照しながら学習しよう。ここでは特に第二次検定に出題されやすいポイントをまとめておく。

樹木の掘取り

圃場で育成された樹木を、目的地に植栽するための最初の作業が掘取りである。

🌱 樹木の掘取り時の留意点 🌱

灌水	・掘取りを行う数日前までは、十分な灌水を行う
枝の剪除と下枝のしおり	・枯枝、老いた枝、弱っている枝や密生している枝などは剪除する ・下枝など、作業の支障になる枝は、上のほうに向けて幹にしばり付ける（枝しおり）
上鉢のかきとり	・根の状態を確認し、根鉢の軽量化とくずれ防止を図る ・鉢の表面にある支障となる雑草や地被類をかきとることで、移植先での雑草繁茂を防止する
倒伏防止（ふれ止め）	・掘上げの後は、強風による倒木を避けるため、仮支柱を付けておく
鉢の選定	・樹木の種類ごとの特徴や生育状態などを見きわめて、規格も考慮しながら適切な鉢の大きさを決定する

樹木の移動・運搬

掘取り、根巻きした樹木は、クレーンでの吊り上げなどによりトラックに載せて移動させることが多い。このような作業では、根鉢、樹皮、枝葉などへの損傷を避けなければならない。

🌳 樹木の移動・運搬時の留意点 🌳

移動、運搬の準備 での留意点	・樹皮の損傷を防ぐため、吊り上げる部分では、むしろなどによる幹当てにより保護する ・根鉢の割れを防ぐため、根巻きを堅固にする ・枝葉の広がりを抑え、損傷を最小限に留めるために、枝をまとめて上のほうに向けながら幹に向かって引きつけ、巻き上げながら結び止める（枝しおり）
積込み、積卸しの 際の留意点	・吊り上げ時に樹皮を傷つけないように、むしろなどの保護材を施す ・鉢土の乾燥を防ぎ、割れを防止するために根巻きを確認する ・振動や圧迫などで根鉢がくずれないように慎重に扱う ・強風など悪天候時には無理な作業を行わない

樹木の植付け

運搬してきた樹木は、あらかじめ掘られた植穴に立て込み、植え付ける。植付け後の活着、良好な生育を促すため、次のような点に留意しておく必要がある。

🌳 樹木の植付け時の留意点 🌳

整枝、 剪定	・根を切られた樹木の水分供給と、蒸発散による消費のバランスをとるため、枝葉剪除を行う ・損傷した枝葉を取り除き、からみ枝、立枝、徒長枝などの樹形を乱す不要枝を除く ・枝葉密度ができるだけ均一になるように樹冠を整える
植穴掘り	・根鉢寸法に余裕をもって掘り、植穴の底はやや高めにし、土を砕いて柔らかくしておく ・掘り上げた土は埋戻し用土に使われるので、樹木の生育を阻害するような瓦礫などは除去しておく ・土壌改良材を使用する場合は、客土や埋戻し土と十分に混ぜておく
元　肥	・効果が持続できるように、緩効性あるいは遅効性肥料を施す ・肥料焼けを起こさないように、根には直接当たらないように注意する
立込み	・周辺景観に応じて見栄えよくなるように、「表」「裏」を確かめて植え込む ・根巻き材や化学繊維のひも、縄などは取り除く
植付けと 埋戻し	・水極と土極の2種類の方法がある（50ページ参照）
水　鉢	・水鉢は、植穴を埋め戻した後、根鉢内に十分に水を行き渡らせるためにつくるものである

マスターノート

水極の手順と留意点

- 樹木を植穴に埋め込んだ後、鉢を土で埋めながら水を注ぎ、鉢の周囲に埋戻し土が密着するように、棒で泥をよく突きながら埋め戻す。これを何度か繰り返して鉢を埋める
- 植穴に空隙や陥没が生じないように注意する

水鉢の手順と留意点

- 鉢の直径に合わせて土を盛り上げ、土手をつくる。または、浅い溝を掘って水鉢にする場合もある
- 灌水したときに、土手が決壊して水が流れ出ないように注意する

支柱の取付け

樹木の植付け後に、新しい根が伸びたところで風などによる振れがあると、根の伸長が阻害される。樹木の揺れを防いだり、倒れたりしないように支柱を取り付ける。

マスターノート

支柱取付けの留意点

- 支柱の丸太には所定の寸法を有し、割れ、腐食などのない平滑な直幹材の皮はぎの新材を使用し、あらかじめ**防腐処理**を施す
- 支柱の丸太は**末口を上**にして規定どおり打ち込む
- 支柱の丸太と樹幹（枝）の取付部分は、杉皮を巻き、シュロ縄で動揺しないように割り、縄掛けに結束し、**支柱の丸太と丸太の接合する部分は、釘打ちのうえ鉄線掛けとする**
- 杉皮は大節、穴割れ、腐れなどない良品とし、シュロ縄はより合わせが均等で強靭なものとする
- 支柱に唐竹を使用する場合は、**先端を節止め**とし、結束部は、動揺しないように鋸目を入れ、交わる部分は鉄線掛けにする。唐竹は、2年生以上で所定の寸法を有し、曲り、腐食、病虫害、変色のない良好な節止め品とする
- 添え木を使用する場合は、所定の材料で樹幹をまっすぐ正しくなるよう取り付ける
- 八ツ掛け、布掛けの場合の支柱組方は、適正な角度で見栄えよく堅固に取り付け、基部は地中に埋め込んで**根止め杭**を打ち込み、釘打ちする。控えとなる丸太（竹）が幹（主枝）、または丸太（竹）と交差する部位の**2か所以上**で結束する

■ 植付け後の養生

　移植樹木の活着と良好な生育を促すために養生を行う。養生として必要な作業の内容や留意点は次のとおりである。

 養生として必要な作業の内容や留意点

幹巻き	移植後の活着の促進を図るため、ワラやコモ、幹巻テープなどの保護材により樹皮を覆う ・厳冬期は、凍害による霜割れなどを防ぐ ・盛夏期は、直射日光による日焼けを防止する
マルチング	土壌の乾燥防止、地温の調節、雑草繁茂の防止、霜害防止、土壌改良などを目的として、ワラ、コモ、落ち葉、もみがら、バーク堆肥、ウッドチップなどで植物の根元周辺を被覆する
寒冷紗掛け	厳冬期の寒さや風による乾燥から樹木を保護するため、一般に常緑樹に用いられる。合成繊維などの薄いネット状の布で樹木を覆う

マスターノート　　　　　　　　　　　　　　　　　　　　Master Note

特に幹巻きを必要とする場合

- 幹肌が薄く、日焼け害を起こしやすい樹木（コブシ、スダジイ、ハナミズキ、モッコク、ヤマモミジなど）
- アラカシ、クスノキなど暖地産の樹木
- 大木・老木
- 不適期の移植樹木

植付け後の灌水の留意点

- 植付け直後や日射しの激しい時期には、頻繁に大量の灌水をし、その後、急に中止することなく、計画的に灌水を減らしながら樹木を順応させる
- 夏期における灌水は、できる限り早朝、または夕方に行い、日中は行わない
- 夏期の日射が激しい期間は、1回の灌水で水が根に達するまで十分に注ぎ、土壌浅部の熱せられたところにのみ水がたまらないように注意する

移植工

　長年土地に定着し、根回しも移植もしたことのない樹木の移植技術については、「第一次検定の集中ゼミ3章植栽施工」とも関連が深いので、参照しながら学習しよう。

　特に、根回しの方法（51ページ）、移植時期（52ページ）はしっかり理解しておく必要がある。

2 芝生の施工

　「第一次検定の集中ゼミ3章4 芝生、法面緑化、屋上緑化等」（59～60ページ）とも関連が深いので、参照しながら学習しよう。ここでは特に第二次検定に出題されやすいポイントをまとめておく。

植栽地の整地

　芝生を植え付ける区域の抜根、除石、表土の均質化、整形等の作業を行い、良好に生育できる基盤を整える。

マスターノート　　Master Note

芝生造成の手順

① 表土を開墾し、根、雑草、石などの雑物を取り除く

② 酸性土壌の場合は、消石灰・炭酸カルシウムなどを散布して**中和**する

③ その他、粘質土壌や砂質土壌の場合には、**土壌改良剤**を施用する

④ 播種や植芝などの工法では**元肥**を施す

⑤ 表面の凹凸を均し、**表面排水**を確保できる勾配をとる

第二次検定　集中ゼミ

芝の植付け（芝付け）は種類に応じて適した方法とし、実施時期にも留意する。それぞれの作業方法および留意点は次のとおりである。

🟩 芝付けの方法 🟩

張芝法 （はりしば）	コウライシバ、ノシバなどで用いられ、切り芝を張って植え付ける。ベタ張り、目地張り、互の目張り、市松張り、筋張りなどがある ・立地条件、経済性等を総合的に勘案し、適切な張り方を選択する ・傾斜地では目串を刺して、切り芝が動かないようにする
植芝法 （うえしば）	バミューダグラス類などの西洋芝に用いられる方法で、浅い溝に植え付ける方法である ・床土に鍬で 15 〜 20 cm 間隔に 4 〜 5 cm の浅い植溝を掘る ・この溝に 10 cm 程度の長さのほふく茎を 5 cm 間隔に置き、地中に埋め、葉が半分ぐらい地上に出るように土をかけて、転圧する ・植付け後、4 〜 5 日は十分に灌水する
播種法 （はしゅ）	西洋芝に多く用いられる方法であるが、植付けの時期が限定されるため、造成後の管理を綿密に行うことが重要である ・床土の表面をレーキによって均した後、均一に種子を播く ・発芽後は雑草を徹底的に除去する

Point!! 芝付けと養生の留意点については、59 〜 60 ページでも触れている。

目土かけ（めつち）

張芝法の際に行うもので、ほふく茎を目土で覆うことにより、発根を促し、地表面の凹凸をなくす役割がある。

マスターノート　Master Note

目土かけの手順

① 畑土など良質な土壌を葉が半分ぐらい隠れるようにかける

② 均し板で全般を凹凸のないように均し、目地をふさぐ

③ 目土かけの後、ローラ等により床土（とこつち）と密着させる

④ 乾燥している場合は飛散を防ぐために適宜、灌水する

3 植栽基盤整備

「第一次検定の集中ゼミ 3 章 2. 植栽基盤、土壌改良」（65 〜 68 ページ）とも関連が深いので、参照しながら学習しよう。ここでは特に第二次検定に出題されやすいポイントをまとめておく。

盛土による植栽基盤整備の留意点

植栽に適した盛土材（もりど）を盛り立てて、有効土層を確保する場合は、以下の点に留

意する。

- 盛立てに際しては、締め固めることは避け、表層を適度に押さえる程度の転圧とし、土壌の物理性を変化させないよう留意する
- 表層は指で押して跡がつく、あるいは指で押して抵抗を感じるが貫入する程度の仕上りを目安とする

表土の利用とその留意点

植栽地に良質な表土が存在する場合、採取して植栽基盤を造成する際の客土に利用することがある。表土を仮置きする場合には、表層の乾燥防止、盛立てによる堅密化の防止などのための保護、養生を行う。

客土工

外部からもちこんだ良質な土壌を用いて、植穴への埋戻しを行う作業である。用いる客土材は、物理性、化学性に優れたものを用いる。

土壌改良

良好な土壌を十分に確保できない場合は、用いる植栽土壌をよりよいものへと改良する。改良に際しては、物理性、化学性の面からの課題を、項目ごとの測定結果をもとに明らかにし、その内容に応じて適切な処置を施す。

〔例〕
不足する腐植等を補充：有機質系土壌改良材の使用
保水性が不十分：高分子系の保水材の使用
排水性が不十分：暗渠排水等の設置　　など

排水工

排水工は地表排水と地下排水に大別され、地表排水は表面排水と開渠排水に、地下排水は暗渠排水と、砂溝法、砂柱法に分類される。

排水工の種別と方法

砂溝法	バックホウかトレンチャーで幅1〜2m、深さ0.1〜1mの溝を掘り、そこに砂を充填することで排水を促す。砂溝の底は緩傾斜をつけ、暗渠を併設するなどの排水を図るとより効果的である
砂柱法	不透水層の厚さが0.1〜1mと薄く、下層に透水層が存在する場合には、下層の透水層まで貫通させ、砂土を客土する

「第一次・第二次検定の共通ゼミ 4 章施工計画」（204 〜 206 ページ）とも関連が深いので、参照しながら学習しよう。ここでは特に第二次検定に出題されやすいポイントをまとめておく。

■■ 事前調査（現場条件の把握）

　現場の諸条件は施工に大きな影響を与える。以下に示す一般的な調査事項を参考に、工事規模や周辺環境を勘案し、必要な調査を行い、施工計画に反映させる。なかでも、植栽工を含む造園工事では、植栽地としての条件把握（下の①、②：地形、土壌、日照など）は特に留意して把握しておくことが重要である。

> **マスターノート**　Master Note
>
> 現場条件として調査すべき一般的な事項
> ① 地形、地質、土質、地下水、埋蔵文化財の有無の調査
> ② 植物の生育環境の条件（土壌、日照、客土など）
> ③ 施工に関係する気象条件
> ④ 機械施工の可能範囲
> ⑤ 施工対象地および周辺における電源、給水、排水に関する調査
> ⑥ 埋設管の位置、深さに関する調査
> ⑦ 材料、資機材等の調達に関する事項（価格、流通状況など）
> ⑧ 労働条件に関する調査（賃金、作業環境など）
> ⑨ 騒音・振動に関する環境保全基準、法規制等の状況
> ⑩ 残土、廃棄物の処分、処理条件
> ⑪ 関連工事、附帯工事の状況（作業手順の調整）

■■ 施工計画（施工順序の検討）

　造園工事では、さまざまな工種が含まれることが多い。このため工種間の工程の調整が重要となる。また、植物を扱うことから、移植や植付けを適期に実施するなど、植物の生育にも配慮し、かつ効率のよい順序を検討していくことが求められる。
　次のページに、施工順序を計画するうえでの留意点を整理する。

■■ 安全管理、沿道障害対策

　造園工事は市街地内や近隣で実施されることが多いため、周辺住民の安全管理や生活環境保全に十分な配慮が求められる。
　「マスターノート」に、過去に出題例の多い沿道障害対策について整理する。

マスターノート

Master Note

施工順序を計画するうえでの留意点

- 園路広場工、舗装工などの造成関連の工事および埋設する設備等の敷設などが優先され、次いで遊具等の施設設置の順が一般的
- 植栽工は施設設置が終了した段階で実施
- 植栽は、高木、中木・低木、地被類の順で施工
- 工事用入口が限定されている場合などは、入口から遠い場所から施工し入口に近い場所へと順を追って進めていく。入口付近の舗装工などは最後が望ましい
- 造成関連の工種に先立ち、施工区域内で表土が確保できる場合は、工事着手の初期段階でその表土を仮置場に移動し、保護養生を優先的に行う
- 舗装工は、最後の仕上げとして工期末に行われることが多い。路床工などを早期に行うこともあるが、工種としては最後の作業手順と考えてよい

マスターノート

Master Note

沿道障害への対策

- 通勤・通学・買物など歩行者が多く、また歩車道の区別のない道路では、工事車両の通行は避ける
- 舗装道路や幅員の広い道路を選び、急な坂やカーブの多い道路は避ける
- 運搬車の台数・走行速度をできるだけ制限する
- 工事現場の出入口には必要に応じて誘導員を配置する
- 待機場所を確保し、待機中はエンジンを切る
- 土砂の過積載の禁止、シート掛け、荷こぼれ防止を徹底する
- タイヤの洗浄や泥落とし、路面の清掃を励行する

5　施工技術記述のテクニック

記述式に慣れよう！

施工技術記述試験には、実務経験を積んでいる人には、ごく基本的な問題もある。例えば水極や水鉢などを問う設問がしばしば見受けられる。このような問題は、経験上熟知していることだが、いざそれを適切な表現で簡潔に記述しようとすると意外と難しい。試験当日に思ったように書けないとかなり残念な気持ちになってしまう。

実際に自分なりの解答を試しに書いてみることで、書けない漢字や表現できな

い専門用語などがわかってくる。そのたびに本書の各章の重要ポイント講義に立ち戻り、自分の知識を整理しよう。そうすることで、自分の表現技術が格段に進歩するはず。準備した以外の問題にでくわしても、どのように記述をすればよいか、ポイントがつかめてくるはずである。

■ 簡潔にまとめよう！

さまざまな現場経験があると、ケースバイケースでさまざまな対応が求められてきているはずなので、問題に対して簡潔にまとめることがかえって難しい場合がある。試験を受けるに当たっては、自分の積んできた現場での多様な経験をもう一度基礎から振り返ってみることが望まれる。

次のページからの標準問題を解いてみよう。自分自身の経験から推測しようとすると、さまざまな事柄が頭に浮かんできて長くなってしまうかもしれない。しかし、ここでは簡潔明瞭な表現を心がけてみよう。

試験では端的で明瞭、簡潔な解答が求められている。

■ 施工技術記述（問題2）ならではの傾向と対策

施工技術記述試験の問題では、必ず公園の設計図と工事に関する条件が提示される。工事数量表なども記載される場合も多い。特に〔工事に係る条件〕のなかには答えを導き出すのに見落としてはいけないものが多く含まれている。

例えば、工期は「○月○日から○月○日まで」と表現されているが、冬期か盛夏期に設定されている場合もある。また、工事数量表では高木の大きさもポイントである。規格が大きな場合は、これに応じた考慮が求められるケースがある。

最初に問題2（本書では 問題1 となっている）を全体的にざっと目を通そう。はじめから詳しく細かく読んでいきたい気持ちになったり、わかるところから書き始めたい気持ちも理解できる。特に、問題2の設問は長いので、ここが落とし穴になりがちなのだ。しかし、まずは、全体の出題意図を把握するつもりで通して読んでみよう。全体の流れをつかんでから、次に詳しく読むと混乱を避けることができ、的確な解答が思い浮かびやすいことだろう。

続いて各設問に解答していくと、いくつかの設問についてはある条件に関係しなければ解答に到達できない道すじがあることに気づくはずだ。具体的な解答を導き出すような条件設定がどこかに設定されているはずなのである。

条件を繰り返し見返しながら、答えを考えていこう。つまり、さまざまな解答が考えられるなかで、設問条件に最も合致した答えを導き出すことが求められている。

問題1 次に示す図面、工事数量表及び工事に係る条件に基づく造園工事の施工管理に関する以下の設問（1）～（3）について答えなさい。

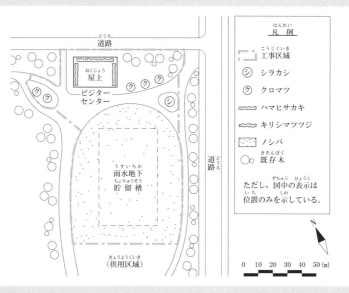

〔工事数量表〕

工種	種別	細別	規格			単位	数量	備考
植栽基盤工	土性改良工	土性改良	黒曜石パーライト、ピートモス			m²	5,000	雨水地下貯留槽の上部を含む
	人工地盤工	＊	＊			＊	＊	ビジターセンターの屋上部
植栽工	高木植栽工	クロマツ	H (m)	C (m)	W (m)	本	5	二脚鳥居支柱（添木無）
			3.0	0.18	1.5			
	中低木植栽工	ハマヒサカキ	H (m)	C (m)	W (m)	本	200	ビジターセンターの屋上部
			0.4	—	0.3			
		キリシマツツジ	H (m)	C (m)	W (m)	本	300	ビジターセンターの屋上部
			0.3	—	0.25			
	地被類植栽工	ノシバ	36 cm×28 cm×10枚			m²	＊	目地張り（目土あり）
移植工	高木移植工	シラカシ	H (m)	C (m)	W (m)	本	1	ワイヤー張り支柱
			8.0	1.0	3.5			

注）表中の＊の欄に入る語句及び数値は、出題の趣旨から記入していない。

319

〔工事に係る条件〕

・本工事は、供用中の地区公園内のビジターセンターの建替え及び雨水地下貯留槽の設置に伴う公園再整備工事であり、左記の工事数量表に基づく工事を施工するものである。

・ビジターセンター建築工事及び雨水地下貯留槽設置工事、園路広場工事は終了している。

・本公園の位置は関東地方である。

・雨水地下貯留槽（プラスチック製）の上部には、同施設の設置に伴い発生した現場発生土に黒曜石パーライトとピートモスを混合し土を敷き均し、張芝を行う。

・ビジターセンターの屋上部には、人工軽量土壌を用いて屋上緑化を行う。

・移植するシラカシは、供用区域内に生育しているものを掘り取り、移植する。

・工期は9月1日から翌年の3月20日までとする。

(1) 建設工事における一般的な施工管理について、次の記述の　A　～　D　に**当てはまる適当な語句を記述**しなさい。

・建設工事は多くの場合、請負工事として施工され、　A　は施工計画を作成して　B　に提出する。工事の施工に当たっては、所定の図書や仕様書に基づき、所定の形や品質で、定められた　C　内で、所定の費用で、竣工させることが必要である。

・特に、造園工事においては、不定形な自然素材の個性を活かし、それらのおさまりや周辺の景観に十分に配慮するとともに、材料として使用する　D　は、季節や経年変化によって形態が変化するといった性質があるため、竣工時だけでなく、将来を見据えた整備を意識することが大切である。

解答例

A　　受注者　　　　B　　発注者　　　　C　　工期　　　　D　　樹木

(2) 植栽基盤工に関し、以下の（イ）～（ニ）について答えなさい。

（イ）下図は、ビジターセンター屋上部の植栽基盤の模式断面図である。
図中の（A）、（B）について**それぞれ名称とその役割を記述**しなさい。

```
          ┌────────────────────────┐
          │ 人工軽量土壌 (じんこうけいりょうどじょう) │
   0.2 m  │                        │
          └────────────────────────┘ ← (A)
          ┌────────────────────────┐
          │  排水層 (はいすいそう)      │
          └────────────────────────┘ ← (B)
            押えコンクリート (おさ)
          ═══════════════════════════ ← 防水層 (ぼうすいそう)
            スラブコンクリート
            （ビジターセンター躯体部分 (くたいぶぶん)）
```

解答例

（A）　**名称**　フィルター層

　　　　役割　不織布などの透水シートにより土壌の流亡を防ぐ

（B）　**名称**　防根層

　　　　役割　防根シートにより、根が基層に侵入するのを防ぐ

解説　屋上緑化についての具体的な知識を問う問題としてよく出題されるので、解答例を読んで覚えておこう。

（ロ）ビジターセンター屋上部には人工軽量土壌を用いることとしている。
自然土壌を用いた場合と比較して、人工軽量土壌を用いた場合に発生する課題とその対策を具体的に記述しなさい。

解答例

課題：　人工軽量土壌には土が締まらないという特徴から、一般的な支柱は用いることができないという課題がある。

対策：　アンカーサポートなど人工軽量土壌でも樹木を支持できる支柱を用いる。

解説　人工地盤緑化としては、①自然土壌工法、②改良土壌工法、③人工軽量土壌工法、の3タイプがある。それぞれのメリット、デメリットを理解しておくと

自信をもって解答できる。

　①　**自然土壌工法**：質量が重いため、運搬や荷揚げなど施工性が悪い。泥汚れ防止のための養生が必要などの課題がある。材料単価は安く、特に風の強い環境でなければ一般的な支柱が使える。

　②　**改良土壌工法**：自然土壌に土壌改良材を混入して軽量化を図るため、運搬以外に混合の手間がかかるなど、費用が高くなる。特に風の強い環境でなければ一般的な支柱が使える。

　③　**人工軽量土壌工法**：無機質系の人工土壌と有機質を混合した人工土壌で、軽量のため運搬や荷揚げ、維持管理が容易である。材料単価は高いが、構造や施工費用などを加えたトータルコストでは安くなる場合がある。課題としては、解答例に加えて、風で飛散しやすいという点があげられる。なお、風による飛散は、程度の差はあるものの人工土壌、改良土壌でも同じ課題があることから、解答例にはしなかった。

（ハ）追加工事として、ビジターセンター屋上部にサザンカ（H1.8 m、W0.4 m）5本を**前記（イ）に示す植栽基盤に植え付けることになった。この場合、地上部に植栽する場合と比較して対応すべき、生育上の課題とその対策を具体的に記述**しなさい。（ただし、灌水に関する内容は除く。）

解答例

課題：　H3 m 以下の低木であっても有効土厚は少なくとも50 cmは必要であるため、20 cm厚の人工軽量土壌では、十分な植穴が確保できず、根茎が発達できない。

対策：　高植えにするか、十分な大きさのプランターを用いてそこに植え付けることが必要である。いずれの場合も、乾燥しやすいので、自動灌水装置が必要となる。

（ニ）雨水地下貯留槽（プラスチック製）の上部に用いる**黒曜石パーライトについて、その効果を２つ記述**しなさい。

解答例

　①　混合した量の土壌改良材（黒曜石パーライト）により、自然土壌を置き換えることによる軽量化が図れる。
　②　黒曜石パーライトにより、保水性と通気性を高めることができる。

解説 雨水地下貯留槽の上部では、現場発生土と黒曜石パーライトを混合した
土を用いる「改良土壌工法」である。

また、黒曜石パーライトは、付着水をミネラル水に変化させるイオン交換性も
有しており、根腐れ防止効果を発揮するともいわれている。

（3）植栽工及び移植工に関し、以下の（イ）〜（ニ）について答えなさい。
　　（イ）クロマツの植付けの埋戻しに当たり、土極め（から極め）を行うこととした。
　　　　土極め（から極め）を行う理由（利点）と、施工上の留意事項を具体的に記述
　　しなさい。

解答例

理　　由： クロマツは乾燥地を好み根も水気を嫌う傾向があるので、水極めよ
　　　　　 り土極めが望ましい。

留意事項： 埋戻し土を少しずつ入れ、棒でつつきながら土を根鉢に密着させる
　　　　　 ように施工する。

解説 この問題は、植栽工と移植工についての具体的な知識を問う問題として
しばしば見かけるので、「第一次検定の集中ゼミ」と「第一次・第二次検定の共通
ゼミ」の本文を参考にして、解答案を読んで覚えておこう。

　　（ロ）シラカシの移植において、対象となる樹木について**事前に調査しておくべき
　　　　事項を3つ記述**しなさい。

解答例

　　① 樹勢や病虫害の有無
　　② 自然状態で育っているため根鉢寸法と推定重量
　　③ 生育地の土質や硬さ

そのほか、運搬経路、移動先の土壌の状態、使用可能な機械の検討なども記述
できるが、問題文にある「対象となる樹木について」に対応した記述が求められ
るので、上記3点がよいであろう。

　　（ハ）シラカシの移植に関し、掘取りの際、支持根の切断部から、**腐朽菌などの侵
　　　　入を防止するために行う作業を、具体的に記述**しなさい。

• 細かい根はハサミで丁寧に切り戻す。太い根はノコギリで切ったあと、皮の部分を鋭利な刃物で面取りを行う要領で切り落とす。このような太い根の切り口には殺菌剤を塗布する。

（二）シラカシの植付け後に行うワイヤー張り支柱の取付けにおいて、樹木を確実に固定するために**留意すべき施工上の措置を具体的に3つ記述**しなさい。（ただし、樹幹の保護、ワイヤーロープの材料、樹木の見栄え、及び公園利用者などのワイヤーロープへの衝突防止に関する内容は除く。）

① 樹幹の結束部には所定の幹当てを取り付け、指定の本数のワイヤーを効果的な方向と角度にとり、止め杭などに結束し、固定する。

② ワイヤーロープの末端結束部はワイヤークリップなどで止め、交差部も動揺しないように結束する。

③ ワイヤーロープの中間にターンバックルを使用するなどしながら、緩みのないように張る。

> 頻出問題なのであらためてポイントを覚えておこう。
> ・樹幹の結束部には所定の幹当てを取り付ける。
> ・指定の本数のワイヤーを効果的な方向と角度にとる。
> ・止め杭などに結束して固定する。
> ・末端結束部は、ワイヤークリップなどで止める。
> ・ワイヤーロープは緩みのないようにターンバックルの使用も考慮する。
> ・ワイヤーロープの交差部も動揺しないように結束する。

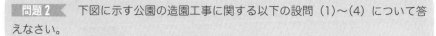

問題2 下図に示す公園の造園工事に関する以下の設問（1）〜（4）について答えなさい。

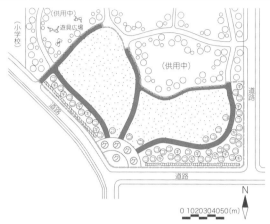

凡例

⊘工事区域　⊘クスノキ　⊕クヌギ　⊘ケヤキ　▣コナラ　○○既存木

〜〜〜サザンカ　　:::コウライシバ

■脱色アスファルト舗装　　インターロッキング舗装

ただし、図中の表示は位置のみを示している。

〔工事数量表〕

工　種	種　別	細　別	規　格			単位	数量	備　考
植栽基盤工	透水層工	暗渠排水	高密度ポリエチレン製 有孔管φ150			m	500	
	土性改良工	土性改良	バーク堆肥			m²	4,800	
植栽工	高木植栽工	ケヤキ	H (m)	C (m)	W (m)	本	4	二脚鳥居型支柱 （添え木あり）
			5.0	0.21	1.5			
		クヌギ	H (m)	C (m)	W (m)	本	15	二脚鳥居型支柱 （添え木あり）
			4.0	0.21	1.5			
		コナラ	H (m)	C (m)	W (m)	本	41	二脚鳥居型支柱 （添え木あり）
			4.0	0.21	1.5			
	中低木植栽工	サザンカ	H (m)	C (m)	W (m)	本	390	布掛け支柱
			1.5	－	0.3			
	地被類植栽工	コウライシバ	36 cm×28 cm×10枚			m²	13,500	目地張り （目土あり）
移植工	高木移植工	クスノキ	H (m)	C (m)	W (m)	本	1	二脚鳥居組合せ 型支柱
			7.0	0.8	3.0			

第二次検定　集中ゼミ

園路広場 整備工	アスファルト 系園路工	脱色アスファ ルト舗装	–	m²	2,950
	コンクリート 系園路工	インターロッ キング舗装	–	m²	1,300

〔工事にかかる条件〕
・本工事は、部分供用中の地区公園の未供用区域において、上記の工事数量表にもとづく工事を施工するものであり、工事区域の面積は約 2.3 ha である
・移植するクスノキは、供用中の区域内に植栽されているもの（図に位置は記載していない）を掘り取り、運搬する
・工期は 10 月 1 日から翌年の 3 月 20 日までとする

(1) 植栽基盤工に関し、以下の（イ）、（ロ）について答えなさい。
　（イ）クヌギ、コナラ及びサザンカの植栽地において、土壌改良材としてバーク堆肥を用いることとしている。**バーク堆肥を用いることによる一般的な土壌改良効果を具体的に 2 つ記述**しなさい。
　（ロ）コウライシバの植栽地において、有孔管を用いた暗渠排水を施工することとしている。その**作業手順・内容を具体的に記述**しなさい。

[解答例]

(1) 植栽基盤工に関する問題

（イ）　・土の団粒構造が促進し、保水性、保湿性が高まる。
　　　　・土中生物や微生物が活性化し、保肥力が長期間維持される。
　　　　・水はけがよくなり、通気性も向上する効果がある。

以上から 2 つを選ぶとよい。

（ロ）　① 床掘り：所定の寸法、勾配を測定しながら掘削、整形する。
　　　　② 透水シート敷設：掘削した底面と側面に地山とフィルター材（砕石など）が混ざらないように透水シートを敷く。
　　　　③ 床均し：管の下に所定の厚さでフィルター材を敷き均す。
　　　　④ 有孔管布設：有孔管を布設する。
　　　　⑤ フィルター材敷均し：有孔管を砕石などのフィルター材で巻き込むように埋め戻す。
　　　　⑥ 透水シート敷設：フィルター材の上部に透水シートを敷き、客土と

　　　　　混じらないようにする。

　　　⑦　砂敷均し：人力で軽く転圧した後に、所定の仕上り高になるように
　　　　　砂を敷き均す。

（2）高木植栽工に関し、以下の（イ）～（ハ）について答えなさい。

　（イ）ケヤキの植付けにあたり、元肥を施すこととしている。この場合、**施工上留意すべき事項を示し、作業内容を具体的に記述**しなさい。

　（ロ）高木の植付けの際に行う水極について、**作業手順・内容を具体的に記述**しなさい。

　（ハ）クヌギ及びコナラの植付けにあたり、植え穴を埋め戻した後、灌水や雨水が樹木の根鉢に集まり浸透しやすくするために行う**作業の名称とその作業内容を具体的に記述**しなさい。

[解答例]

(2) 高木植栽工に関する問題

　（イ）　　肥料が根に直接当たらないようにして濃度障害を避ける。また、元肥は緩効性または遅効性の肥料を用いる。

　（ロ）　①　根鉢と周囲の地面の高さを確認しながら樹木を立て込む。

　　　　②　根鉢の半分から3分の2程度に土を戻し、たっぷりと水を入れる。

　　　　③　隙間に入れた土と水を棒などで突き、全体に水が回るようにしながら根と土をなじませる。

　　　　④　さらに土を入れて周囲の地面と同じ高さにしてから、表面を軽く踏んで、固める。

　　　　⑤　水鉢をつくり、水をいっぱいに入れる。

　（ハ）　作業の名称：水鉢をきる。

　　　　作業内容：根鉢を根元まで埋め戻した後、植え穴の外側に10～15cm程度の高さの土を盛って土手のように囲む。または溝を掘る場合もある。こうしてできた窪地に水を貯めて水を根鉢全体に浸透させる。

(3) 中低木植栽工に関し、以下の（イ）、（ロ）について答えなさい。

（イ）下図は、本工事で用いるサザンカの布掛け支柱の取付け方法を示した模式図である。これに用いる杉丸太及び唐竹について、**材料選定に関する留意事項をそれぞれ具体的に記述**しなさい。

（ロ）下図の支柱の取付けにあたり図中の①、②の箇所の結束方法をそれぞれ具体的に記述しなさい。

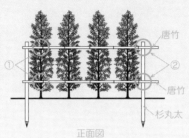

正面図

解答例

(3) 中低木植栽工に関する問題

（イ）　杉丸太：所定の寸法（末口6cm程度）で防腐処理したもの。割れや腐朽がなく平滑な直幹材とする。

　　　　唐竹　：所定の寸法（末口25mm程度）で先端は節止めとする。

（ロ）　①　杉皮巻のうえ、シュロ縄綾割掛け結束

　　　　②　釘止めのうえ、亜鉛引き鉄線綾割掛け結束

「第一次検定の集中ゼミ3章3 支柱の取付け」（53～54ページ）参照。

（4）高木移植工に関し、以下の（イ）、（ロ）について答えなさい。

（イ）クスノキの掘取りの際に行う根巻きに関する次の記述の　A　～　E　
に当てはまる最も**適当な語句を下記のア．～コ．の中から選び、その記号を解答欄
に記入しなさい**。

「根巻きは、掘り上げた樹木を運搬するための荷造りとして行うほか、鉢土の割
れや　A　を防ぎ、移植後の活着を良好にするために行うものである。

その方法としては、まず、樹木の根鉢の周りを溝状に掘り込み、根鉢の　B　
方向にわら縄を巻き締める。これを　C　という。次いで、樹木が倒れない程度
に鉢底の部分の土を掘る。さらに、この後、根鉢の　D　方向にわら縄を巻いて
いく。これを　E　という。」

ア．水平　　　イ．揚巻き　　ウ．雑草の発生　　エ．上下　　　オ．根固め
カ．根の腐れ　キ．根締め　　ク．根の乾燥　　　ケ．樽巻き　　コ．根入れ

（ロ）クスノキの植付けにあたり、搬入された樹木の枝葉の剪定を行った。**その目
的と作業方法をそれぞれ具体的に記述しなさい**。

解答例

（4）高木移植工に関する問題

（イ）　A＝ク（根の乾燥）、B＝ア（水平）、C＝ケ（樽巻き）、D＝エ（上下）、
　　　E＝イ（揚巻き）

（ロ）　目　的：移植された樹木は根が切断されているので水分吸収量が減退
　　　　　　　　している。このため、水分供給と消費のバランスをとるために、枝葉
　　　　　　　　の剪定が必要となる。
　　　　作業方法：損傷した枝を取り除き、樹形を乱すからみ枝、立枝、徒長枝
　　　　　　　　などの不要枝を取り除き、枝葉密度が均一になるように樹冠を整える。

第二次検定　集中ゼミ

下図に示す公園における造園工事に関する以下の設問（1）～（5）について答えなさい。

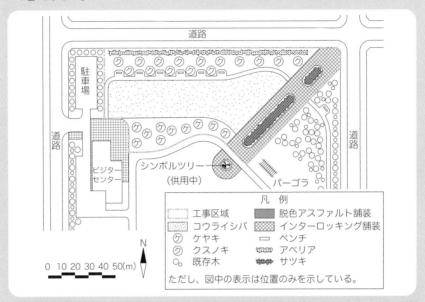

〔工事数量表〕

工　種	種　別	細　別	規　格			単位	数量	備考
敷地造成工	表土保全工	表土掘削				m³	400	
	整地工	整地				m²	3,500	
植栽基盤工	表土盛土工	流用表土盛土				m³	400	
	土層改良工	＊	＊			＊	＊	
	土性改良工	＊	＊			＊	＊	
植栽工	高木植栽工	ケヤキ	H (m) 3.5	C (m) 0.12	W (m) 1.0	本	10	二脚鳥居型支柱（添え木付）
	中低木植栽工	アベリア	H (m) 0.6	C (m) －	W (m) 0.4	株	1,450	
		サツキ	H (m) 0.3	C (m) －	W (m) 0.4	株	2,600	
	地被類植栽工	コウライシバ	36 cm×28 cm×10 枚			m²	3,500	ベタ張り
移植工	高木移植工	クスノキ	H (m) 7.0	C (m) 0.7	W (m) 2.5	本	15	八ッ掛支柱（丸太三本）

園路広場整備工	アスファルト系園路工	脱色アスファルト舗装	−	m²	520
	コンクリート系園路工	インターロッキング舗装	−	m²	1,530
サービス施設整備工	ベンチ・テーブルエ	ベンチ	−	基	6

注）表中の＊の欄に入れる語句及び数値は、出題の趣旨から記入していない。

〔工事に係る条件〕

・本工事は、関東地方の既成市街地にある部分供用中の地区公園の未供用区域において、左記の工事数量表に基づく工事を施工するものである。

・工事区域の面積は約 9,000 m² である。

・工事区域内の園路広場整備工の施工予定区域において良好な表土を採取し、クスノキ移植予定地において活用する。

・移植するクスノキは、あらかじめ溝掘り式根回しを行ってあるものを約 3 km 離れた別の公園から運搬する。

・工期は 5 月 1 日から 9 月 30 日までとする。

（1）植栽基盤の整備のため、**植栽基盤の土壌条件を確認する目的で一般的に行う調査項目と現場での調査方法を、それぞれ具体的に 3 つ記述**しなさい。（ただし、土壌硬度に関する調査を除く。）

解答例

　　　［一般的に行う調査項目］

　　　　・土壌の酸性度（pH）調査

　　　　・電気伝導度（EC）調査

　　　　・有効水分保持量（pF）調査

　　このほかにも、次のような調査項目が考えられる。

　　　　・炭素（C）と窒素（N）の含有量比（C/N 比）調査

　　　　・土壌の陽イオン交換容量（CEC）　　など

- 長谷川式簡易現場透水試験器により透水性を調査
- 試掘による地下水位の調査
- 標準土色帖による土色から判別する土壌肥沃度の調査

このほかにも、次のような調査項目が考えられる。

- 土壌の触診による土性、保水性の調査
- 敷地における排水状況の調査

(2) 表土保全工及び表土盛土工に関し、以下の（イ）、（ロ）について答えなさい。
 （イ）**表土を保全・活用するメリットを具体的に2つ記述**しなさい。
 （ロ）採取した表土は現場内に一時仮置きすることとなった。このとき、**仮置き場で行う表土の保全措置に関して留意すべき事項とその対策を、それぞれ2つ記述**しなさい。

解答例

（イ）
- 植栽基盤となる客土を購入しなくて済むので、コストを抑制できる。
- すでに形成されている土壌なので、腐植や団粒構造に富み植物が良好に生育できる。

（ロ）
① 留意事項：仮置き土の飛散・流失、乾燥
　対　策　：シートを掛けて養生
② 留意事項：雨水による過湿で還元状態（酸素の欠乏）の進行など成分の劣化
　対　策　：表土を集積する地盤面の排水対策

（3）クスノキ移植及びケヤキ植栽の予定地における植栽基盤工に関し、以下の（イ）、（ロ）について答えなさい。

（イ）クスノキ移植予定地において、長谷川式土壌貫入計による調査を行った。下図はある調査地点において、2 kg の落錘を 50 cm の高さから落下させて測定した S 値を、深さに応じて表示したものである。クスノキの植栽にあたって、測定結果から読み取れる土壌硬度に関する問題点を、具体的に記述しなさい。

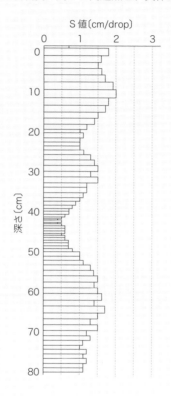

S 値（cm/drop）

深さ（cm）

（ロ）ケヤキの植栽予定地は、事前の土壌調査により、部分的に土壌が固結し、また粘質土が良質土の土壌の中に塊状あるいは部分的に層状に分布していることが確認されている。この調査結果を踏まえ、**施すべき土層改良工、土性改良工（土壌改良材混合工）のそれぞれについて、具体的な作業方法を記述**しなさい。（ただし、土壌の化学性の改良方法に関する内容は除く。）

（イ）　　深さ 40 cm から 50 cm の間の S 値が 1 cm/drop 以下で 10 cm 以上の連続となっていることから、根系の発達できない不良土層が存在する問題点がある。

※　「S 値 0.7 cm/drop となる土層が、深さ 40 cm から 5 cm 以上連続しているので」という問題点でも可能といえる。

> 植栽基盤の土壌硬度測定では、長谷川式土壌貫入計が広く用いられている。直径 2 cm の貫入コーンに 50 cm の高さから 2 kg の落錘を落下させ、1 回当たりの貫入深さを「軟らか度＝S 値〔cm/drop〕」として表示するものである。S 値 1 cm/drop 以下の硬い層が 10 cm 以上連続した場合、または S 値 0.7 cm/drop 以下の固結した層が 5 cm 以上連続した場合に、根系が発達できない不良土層とする（適した硬度は 66 ページ参照）。

（ロ）　　施すべき土層改良工：耕耘工により固結した土壌を破砕しつつ、植栽時にも耕起する。

　　　土性改良工（土壌改良材混合工）：耕起した植栽基盤に、バーク堆肥などを混入する。

（4）高木植栽工に関して、ケヤキを植え込んだ後に支柱を設置した。支柱の設置が**樹木の活着を助ける仕組みについて具体的に記述**しなさい。

　　　風などによる揺れによって、根が切れるなど根の伸長が阻害され、活着が悪くなる。支柱によって揺れを抑えることにより、根系を安定させ、活着を促進させることができる。

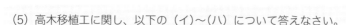

(5) 高木移植工に関し、以下の（イ）〜（ハ）について答えなさい。

（イ）樹木の掘取りの際、**根の断根部の腐敗防止のために行う作業方法を、具体的に記述**しなさい。

（ロ）植穴掘りが終わった後の**樹木の立込みに関して、作業上の留意事項を、具体的に2つ記述**しなさい。（ただし、移動式クレーン等の機材・作業に関する内容及び吊り上げにあたっての樹木の保護養生に関する内容は除く。）

（ハ）移植工が終わってから工事完了までの間に行う**樹木への灌水方法に関して、工期との関係で留意すべき事項を、具体的に2つ記述**しなさい。

解答例

（イ）　断根した部分を鋭利な刃物によって切り直し、防腐剤や発根促進剤などを塗布する。

（ロ）　・鑑賞方向を確認し、樹木の裏表などの向きに注意する。

　　　・根巻き材や化学繊維のひも、縄などは外しておく。

このほかにも、次のような事項が考えられる。

　　　深植えにならないよう、根の付け根の高さを地盤に合わせるように根鉢の高さを微調節する。

（ハ）　・工期が夏期に当たるので、灌水は朝夕のうちに行い、日中は行わない。

　　　・水鉢の決壊により灌水が流れ出ないようにする。

このほかにも、次のような事項が考えられる。

　　　・大量の灌水は2〜3日おきに実施。乾燥の激しい場合は毎日行う。

　　　・1回の灌水では根に水が達するように十分に注ぎ、土壌表面の熱せられたところのみに水がたまらないようにする。

　　　工期が夏期に当たることに配慮した記述とすること。

問題4 下図に示す公園における造園工事に関する以下の設問 (1)〜(5) について答えなさい。

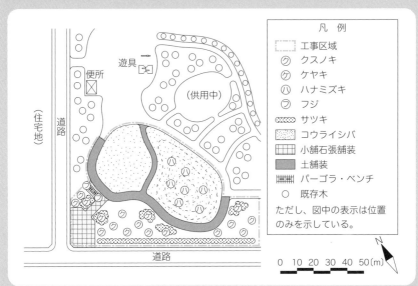

〔工事数量表〕

工 種	種 別	細 別	規 格			単位	数量	備 考
	*	*	*			*	*	
植栽基盤工	表土盛土工	購入表土盛土	−			m³	1,500	
	造形工	表面仕上げ	−			m²	1,500	
植栽工	高木植栽工	クスノキ	H (m) 3.5	C (m) 0.21	W (m) 1.0	本	12	二脚鳥居型支柱(添え木無)
		ケヤキ	H (m) 6.0	C (m) 0.40	W (m) 3.0	本	5	ワイヤー張り支柱
		ハナミズキ	H (m) 3.5	C (m) 0.18	W (m) 1.0	本	7	二脚鳥居型支柱(添え木付)
	中低木植栽工	サツキ	H (m) 0.3	C (m) −	W (m) 0.5	本	2,000	
	地被類植栽工	コウライシバ	36 cm×28 cm×10 枚			m²	2,500	ベタ張り(整地を含む)
移植工	根回し工	トチノキ	H (m) 7.0	C (m) 0.75	W (m) 4.0	本	2	
	高木移植工	フジ	H (m) −	C (m) 0.21	W (m) −	本	2	

園路広場 整備工	石材系園路工	小舗石張舗装	−	m²	400	
	土系園路工	土舗装	−	m²	800	
建築施設 組立設置工	パーゴラ工	パーゴラ設置	−	基	1	（基礎を含む）
サービス 施設整備工	ベンチ・テー ブル工	ベンチ	−	基	4	

注）表中の＊の欄に入れる語句及び数値は、出題の趣旨から記入していない。

〔工事に係る条件〕

・本工事は、一部供用を開始している近隣公園の未供用区域において、左記の工事数量表に基づく工事を施工するものである。

・本公園の位置は関東地方であり、周辺は住宅地である。

・事前の調査により、工事区域のハナミズキの植栽予定地は、粘質土が地表面から2m以上厚く分布し、不透水層を形成していることが確認された。このため、植栽基盤の改良として必要な厚さの有効土層を確保することができるようハナミズキの植栽予定地全体について良質土により表土盛土を行う。

・他の植栽地は、良質土により植栽基盤は整備済である。

・根回し工は、次期整備区域に移植する予定のトチノキについて、溝掘り式根回しを行うものである。ただし、図に位置は記載していない。

・フジは、供用中の区域から移植するものである。

・工期は9月20日から翌年の3月10日までとする。

(1) 本工事を行うにあたり、**事前に確認する必要のある現場条件について、一般的な調査項目を2つ記述**しなさい。（ただし、問題文にある工事に係る条件に挙げられているものを除く。）

解答例

- ・電源、給水や排水の確保
- ・埋設管等の埋設物の位置や深さ

このほかにも、次のような事項が考えられる。

- ・材料、資機材等の調達経路
- ・騒音・振動に関する環境保全基準、法規制　　など
- ・残土、廃棄物の処分、処理条件　　など

204、316 ページの施工計画に関する事前調査を参照。このなかから、現場条件に見合ったものを選ぶとよい。
ポイントは、すでに一部が供用されていることから、埋蔵文化財の存在など、すでにクリアされているであろう項目は記述しないほうが万全である。

(2) 植栽工におけるハナミズキの植栽予定地の植栽基盤工に関し、以下の（イ）、（ロ）について答えなさい。

（イ）表土盛土工に先立ち、**植栽予定地全体の排水性を確保するために必要な工事の具体的内容を手順を追って記述**しなさい。

（ロ）排水性又は透水性を確保する観点から、**表土盛土工の施工上の留意事項を具体的に記述**しなさい。

解答例

（イ）① 植栽場所に植え穴を掘削する。

② 排水溝を掘削し透水材を用いた暗渠をつくる。

③ 暗渠の上は良質土で埋め戻す。

記入欄が多くある場合には、暗渠のつくり方をより詳しく記載したほうがよい。解答用紙の記入欄を余さず有効に使うことが望ましい。

（ロ）表土盛土工の施工に当たり、現況地表面の排水勾配や暗渠による排水を確認し、滞水しないようにする。表土盛土工は、乾燥期を選び、降雨時の盛土や過度な転圧を避ける。

(3) 移植工に関し、以下の（イ）～（ハ）について答えなさい。

（イ）溝掘り式根回しが**樹木の活着・生育を促す仕組みを具体的に記述**しなさい。

（ロ）溝掘り式根回しで行う環状はく皮作業における**はく皮方法について、留意すべき事項を具体的に記述**しなさい。（ただし、はく皮に対する各種薬品の塗布、はく皮の幅及び使用する道具に関する内容は除く。）

（ハ）フジの掘取り方法として**最も適した方法の名称を記述**しなさい。

解答例

（イ）根の基部と先端部の栄養流通を断ち、はく皮部分からの発根を促す。このようにして細根を発根させることで、移植後に水分や養分を吸収することができ、活着、生育が促される。

（ロ）　根元直径の３〜５倍の鉢を考え、その周囲を掘り込む。この際に、太い根を支持根として３〜４本残す。この根に、１０〜１５cmの幅で環状に形成層までを取り除く。この際、導管や仮導管のある材部には傷をつけないこと。

（ハ）　名称：追掘り

「第一次検定の集中ゼミ３章　植栽施工」にある５１〜５２ページを参照。

（4）植栽工に関し、以下の（イ）〜（ハ）について答えなさい。

（イ）クスノキの植栽において、**工期との関係で考えられる問題点を１つ記述**しなさい。また、その**問題点に対する対策として行う作業を１つ具体的に記述**しなさい。

（ロ）高木植栽の掘取り及び植付けにおいて、植栽後の**細根の発根を促進するため留意して行う作業について**、下記の記載例に倣って、**作業目的（A）と作業内容（B）を具体的に２つ記述**しなさい。（ただし、下記の記載例のほか、作業目的として「乾燥を防ぐため」、「寒害を防ぐため」に関するもの、及び作業内容として「土壌改良」、「施肥」に関するものを除く。）

記載例

(A)　細根の発根を促すため
(B)　灌水を行う

（ハ）**ワイヤー張り支柱の取付け方法を具体的に３つ記述**しなさい。

解答例

（イ）　問題点：工期が寒期となっており、寒害が生じる問題がある。

　　　　対　策：幹巻きや樹冠の寒冷紗掛け、根部のマルチングなどによる養生を施す。

（ロ）　①　(A)　根系の切断を防止するため。

　　　　　　 (B)　支柱による支持で揺れを防ぐ。

　　　　②　(A)　掘取りで損傷した根の切り口を保護するため。

　　　　　　 (B)　鋭利な刃物で切り直し、消毒や発根促進剤を塗る。

（ハ）　①　樹幹の結束部に幹当てを取り付ける。

　　　　②　指定の本数のワイヤーを効果的な方向と角度に張る。

　　　　③　ステーアンカーなど止め杭に結束し、緩みのないように固定する。

（5）地被類植栽工において、**張芝後**（芝を植付けし、目土かけやローラかけを行った後）**の養生方法を具体的に2つ記述**しなさい。

解答例

- 目土の薄くなったところがあれば目土かけを補充し、均一にする。
- 張芝後1か月ごとに化成肥料を追肥する。

このほかにも、次のような事項が考えられる。

- 乾燥したら早めに灌水する。
- 新しい葉が5〜6cmに伸びてきたら、3〜4cmに浅く刈り込む。
- 雑草が発生したら、手抜き除草を行う。

3章 管理項目記述試験対策

1. 工程管理

出題傾向 第二次検定では選択問題の3つの管理項目のうち、例年、「問題3」*が工程管理である。

それぞれは「第一次・第二次検定の共通ゼミ」の重要ポイント講義で学習した内容とほぼ同じレベルである。

※最近の検定問題では、「問題3」が割り当てられていた。本書341ページの標準問題は 問題1 ～とした。

重要 ポイント講義

工程管理の出題は、ネットワーク式工程表を完成させたり、クリティカルパスを計算し、工期を短縮するなど出題がある。さらに山積図によって作業員数を求めるようなケースも多い。このほか、工程管理全般や作業員管理などに関する用語の選択や記述を求める出題も見受けられる。

標準問題で実力アップ!!!

問題1 工程管理に関する以下の設問（1）～（4）について答えなさい。

（1）下図に示す造園工事の未完成のネットワーク式工程表に関し、以下の（イ）～（ヘ）について答えなさい。

（イ）下記の条件に従い、**解答用紙の未完成ネットワーク式工程表を完成**させなさい。（なお、**作業名は記号で図示**すること）

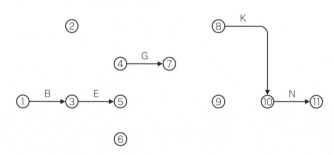

[条件]

・AとBとCは同時に着手でき、最初の作業である。

・DとEはBの後続作業である。

・FはAの後続作業である。

・GはDとFの後続作業である。

・HはEの後続作業であり、CとDとFが終わらないと着手できない。

・IとJとLはGの後続作業である。

・KはIの後続作業である。

・MはHとJの後続作業である。

・NはKとLとMの後続作業である。

（ロ）（イ）の場合において、工程の各作業の所要日数が下表のとき、以下の1）及び2）について答えなさい。

作業	A	B	C	D	E	F	G	H	I	J	K	L	M	N
所要日数	1	1	3	4	2	1	3	2	2	2	3	3	3	4

　1）**クリティカルパスの作業名を例により記述**しなさい。（例：**A→B→C**）

　2）1）の場合の**全所要日数は何日**か。

（ハ）（ロ）の場合において、**イベント⑥の最遅結合点時刻は何日**か。

（ニ）（ロ）の場合において、作業Hを最も早く開始することができ、かつ、クリティカルパスにおける全所要日数を延ばすことができないとき、**作業Hを延ばすことができる最大日数（トータルフロート）は何日**か。

（ホ）施工箇所の条件から所要日数を再検討したところ、作業Aが5日、作業Eが3日、作業Kが2日、それぞれ多くかかることが判明した。この場合の**クリティカルパスの全所要日数は何日**か。

（ヘ）（ホ）の場合の全所要日数を、（ロ）の場合の**全所要日数とするためには、どの作業を何日短縮する必要**があるか。各作業における**短縮日数の合計が最も少なくなる答えを記述**しなさい。

　ただし、作業A、作業E、作業K、作業Nは短縮できない。

　また、各作業とも作業日数が0日となる短縮はできない。

（**イ**）まずはネットワーク式工程表を完成させないと始まらない。条件をひとつずつ読み解きながら、未完成の図を完成させよう。完成した後も、条件が満たされているか再度チェックして、確実なものに仕上げる必要がある。

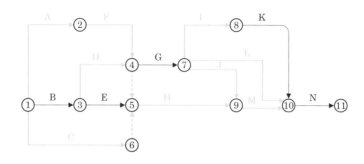

完成したネットワーク式工程表に、提示された所要日数を記入する。

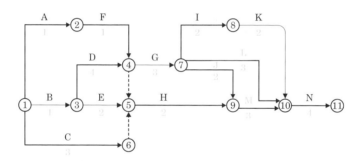

次に、最早開始時刻を計算し、[　]で記入する。結果、[17]日が得られる。その次に[17]の上に17を書き、逆順に最遅完了時刻を計算し、□で記入する。

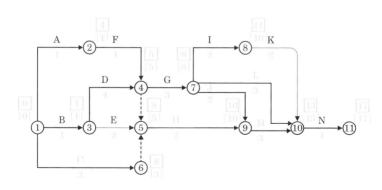

（ロ）
1）クリティカルパス　**B→D→G→J→M→N**
2）所要日数　**17 日**

（ハ）イベント⑥の最遅結合点時刻　**8 日**

（ニ）⑨の最遅完了時刻 10－（⑤の最早開始時刻 5＋H の作業日数 2）＝3

作業 H を延ばすことができる最大日数（トータルフロート）　3 日

（ホ）作業 A＝1＋5＝6　作業 E＝2＋3＝5　作業 K＝2＋2＝4　となる。
　　ネットワーク式工程表を修正する。　**全所要日数　20 日**　となる。

（ヘ）

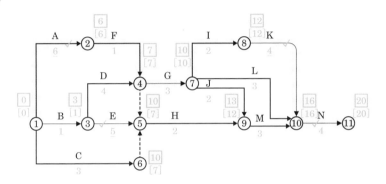

　短縮できない作業（A、E、K、N）に✔しておく。

　全所要日数を 20 日から 17 日へと 3 日間短縮するためには、**作業 G を 2 日短縮（結果 1 日）、作業 I を 1 日短縮（結果 1 日）**とする必要がある。

（2）工程管理に関し、以下の（イ）及び（ロ）について答えなさい。

　（イ）ある工事においてネットワーク手法に基づいて作業員の配置を最早時刻で計算した場合の「山積み表」を作成した後に、いわゆる「山崩し」を行い、作業員の配員計画を作成した。**配員計画の作成において、「山崩し」を行う目的を記述**しなさい。

解答例▶

　　作業員数の凹凸を均し、生産能力の負荷を平準化するため。

　これにより、作業員不足を補うことや経済性、安全性、品質など、工程管理でのメリットがある。

（ロ）ネットワーク式工程表を横線式工程表のバーチャートと比較した場合、ネットワーク式工程表の**利点について2つ、欠点について1つ、具体的に記述**しなさい。

解答例

ネットワーク式工程表の利点

① 工期や作業の順序や関係が明瞭である。

② 工程に影響する作業が明らかで重点管理が可能である。

このほか

- 工事途中での天候や段取替えなどで計画に変更を要する場合に速やかな対処ができる。
- 施工計画の段階で工事手順の検討が尽くされ、全貌が把握できる。
- 作業順序が明確なので工事担当者間で細部にわたる情報伝達ができる。

ネットワーク式工程表の欠点

① 作業が複雑になり時間を要し、より多くのデータを必要とする。

(3) 工事の進度管理において、作業時間効率の低下をきたす時間損失の要因のうち、**施工者自らの管理不良によると考えられるものを3つ記述**しなさい。

（ただし、建設機械の調整・給油などの作業上どうしても必要なものや、作業員の病気・体調不良、不注意による事故は除く）。

解答例

① 必要材料の供給待ちによる作業の停滞

② 使用機械の整備不良による故障や修理に要する時間

③ 作業員の技術力不足による遅延

そのほか、次のような事項などが考えられる。

- 作業の段取り待ちなど準備や調整不足
- 組合せ作業における手待ち
- 設計図書の理解不足やミスによる手戻り
- 照度や風、気温など作業環境の悪化・不備による効率性の低下

(4) 次の〔条件〕、〔各月の工事可能日数〕に基づき、下表に示す作業リストからなる造園工事を実施することとなった。実施工程 **(A)〜(C)** のうち、高木植栽（クスノキ）を行うのに最も適している計画順序であるものを記号で記入するとともに、**その理由を記述**しなさい。

作業名	所要日数（日）
準　　備　　工	4
高木植栽（クスノキ）	6
花壇植栽（ダリア）	3
花 壇 施 設 整 備	10
水 景 施 設 整 備	20
四 阿 組 立 設 置	15
跡　片　付　け	4
計	62

〔条件〕

・施 工 場 所：東京

・工　　　　期：12月7日から翌年の3月18日まで

・樹木の納入：いつでも納入できる。

・各作業について、重複した実施工程は計画できないものとする。

〔各月の工事可能日数〕

12月：12日

　1月：18日

　2月：18日

　3月：14日

　　計：62日

《実施工程の計画順序》

(A) 準備工→**高木植栽（クスノキ）**→水景施設整備→花壇施設整備
　　　　　　　　　　　　　→四阿組立設置→花壇植栽（ダリア）→跡片付け

(B) 準備工→水景施設整備→花壇施設整備→**高木植栽（クスノキ）**
　　　　　　　　　　　　　→四阿組立設置→花壇植栽（ダリア）→跡片付け

(C) 準備工→水景施設整備→花壇施設整備→四阿組立設置
　　　　　　　　　　　→花壇植栽（ダリア）→**高木植栽（クスノキ）**→跡片付け

最も適している計画順序：　(C)

理由：　クスノキは常緑広葉樹であることから冬期を避け、できるだけ工期末に
　　　　植栽したいことから。

解説

①高木植栽（クスノキ）から考える

　常緑広葉樹であるクスノキの植栽をどのタイミングで行うのがベストかを考える必要がある。

　常緑広葉樹の移植適期は、4月上旬から4月下旬が最適期で、6月中旬から7月下旬の梅雨期も適期である。春に芽吹いた葉が固まらない時期は新葉が傷むので避けたほうがよい。また、酷暑期と寒害を受けやすい秋〜冬の休眠期は避けることが望ましい、とされている。

　このことから、クスノキは3月の植栽が望ましく、12月、1月の冬期は避けたい。

②花壇植栽（ダリア）から考える

　通常の施工順序としては、花壇施設整備が完了してから花壇植栽となる。またダリアの球根植え付け適期は、3月下旬〜5月頃である。

③3月の工事可能日数（14日間）

　作業の最後は、跡片付け4日間と設定。

　クスノキの植栽はできるだけ4月に近いほうがよいので跡片付けの前に6日間設定。ダリアはクスノキの前、3日間と設定。

問題2 　下図は、ある造園工事の未完成のネットワーク図である。

（イ）下記の条件に従い、**解答用紙の未完成のネットワーク図を完成させなさい。**

　（作業名は記号で図示）

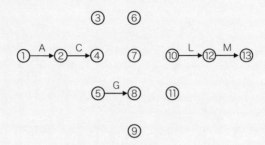

［条件］

・B、C、DはAの後続作業である。

・EはBの後続作業である。

・FはCの後続作業である。

・G、HはDの後続作業である。

・IはEの後続作業である。

・JはFの後続作業であり、Eが終わらないと着手できない。

・KはGの後続作業であり、Hが終わらないと着手できない。

・LはJの後続作業であり、Kが終わらないと着手できない。

・MはI、Lの後続作業である。

※「後続作業」は「後継作業」と表記される場合もあるが同じ意味である。

解答例

　条件にしたがって、→を書き入れていく。「後続作業」は実線、「終わらないと作業できない」は点線で表現する。

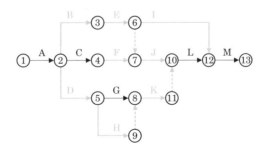

（ロ）（イ）の場合において、工程の各作業の所要日数が下記のとき、**クリティカルパスの作業名を記述**しなさい。（例：A→B→Cの要領による）

作業	A	B	C	D	E	F	G	H	I	J	K	L	M
所要日数	3	3	4	2	5	2	2	4	3	3	6	3	3

（ハ）（ロ）の場合において、**イベント④の最遅結合点時刻**は何日か。

解答例

（ロ）　クリティカルパスの作業名：A→D→H→K→L→M

（ハ）　イベント④の最遅結合点時刻：10日

解説

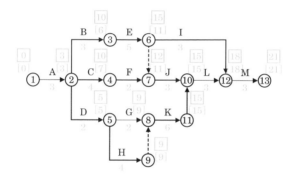

注意

- 複数の作業が集まる結合点では、どちらからの日数が優先されるか、しっかり判断できるようにしておこう！
- 最早開始時刻 ☐ と最遅完了時刻 ☐ が同じ経路がクリティカルパスとなる。

| 手順1：作業ごとの所要日数を書き込む。 |
| 手順2：①から ☐ で最早開始時刻を計算する。⑬で21日が得られる |
| 手順3：⑬の 21 の上に を書き込み、逆順で①方向に最遅完了時刻を計算する。 |

（ニ）（イ）、（ロ）の場合において、各作業の1日当たりの作業員数が下記のとき、以下の1）、2）について答えなさい。

作業	A	B	C	D	E	F	G	H	I	J	K	L	M
作業員数	2	3	3	2	3	2	2	2	3	3	3	3	2

1）**工期が最短で、ピーク時の作業員数が最小、かつ、ピーク時に該当する作業の作業日数が最小となる山積図を解答用紙に作成**しなさい。ただし、各作業は分割して行えないものとする。

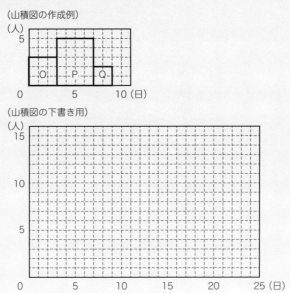

（山積図の作成例）

（山積図の下書き用）

2）1）の場合の**1日当たり最大作業員数は何人か。**

解答例

1）（人）

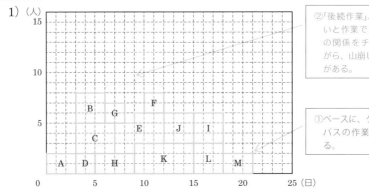

②「後続作業」、「終わらないと作業できない作業」の関係をチェックしながら、山崩しを行う必要がある。

①ベースに、クリティカルパスの作業を順に並べる。

2) 8人

解説 「第一次・第二次検定共通ゼミ」（239 〜 241 ページ）の計算方法を参照して、しっかり解答を導けるようにしよう。

（ホ）施工箇所の条件から所要日数を再検討したところ、作業Bが2日、作業Fが3日、作業Lが1日多くかかることが判明した。この場合の**クリティカルパスにおける全所要日数は何日か**。

（ヘ）（ホ）の場合において、作業Iを最も早く開始することができ、かつ、（ホ）のクリティカルパスにおける全所要日数を延ばすことができないとき、**作業Iが延ばすことのできる最大日数（トータルフロート）は何日**か。

解答例

（ホ） 23日

（ヘ） ⑫の最遅完了時刻 20－（⑥の最早開始時刻 13＋I の作業日数 3）＝4

作業 I を延ばすことができる最大日数（トータルフロート）4 日

解説

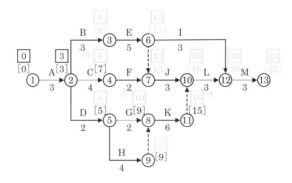

（ト）（ホ）の場合において、全所要日数を（ロ）の予定の通り進めるためには、どの作業を何日短縮する必要があるか。**各作業における短縮日数の合計が最も少なくなる答えを記述**しなさい。ただし、作業 A、作業 B、作業 F、作業 L、作業 M は短縮できない。また、作業日数が 0 日となる短縮はできない。

解答例

（ト） E、J、K でそれぞれ 1 日短縮する。

解説 （ロ）の 21 日の予定通りに短縮するため、⑬を 21 日に修正する。

最初、短縮できない作業に✔しておくとわかりやすい。

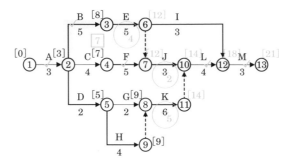

上記のように、E、J、K で 1 日短縮するという解答が得られる。

ただし、次のケースも同じ効果があるので、どの解答でも正答となる。

・E、J、D でそれぞれ 1 日短縮する。

・E、J、H でそれぞれ 1 日短縮する。

また、J を 2 日短縮するパターンも考えられる。

・J を 2 日、D を 1 日短縮する。

・J を 2 日、H を 1 日短縮する。

・J を 2 日、K を 1 日短縮する。

工程管理で出題されやすいケースを理解しておこう！

類題 工事の作業量管理において、一般的に**作業員の稼働率低下の要因とし**て考えられるものを 4 つ記述しなさい。（ただし、災害や事故などの要因は除く。）

類題 工事の作業量管理に関し、**作業員の稼働率は重要な課題の 1 つである。作業員の稼働率を低下させる一般的な要因**を 2 つ記述しなさい。（ただし、材料供給および建設機械に関する要因は除く。）

類題 工事の進度管理において、**作業時率の低下**をきたす時間損失のうち、**管理不良によると考えられるもの**を 3 つ記述しなさい。

解答例

・作業の段取りの不具合による待ち時間の発生

・作業の手直しによる手戻り

・材料の搬入手配ミスなど入荷の遅れによる供給待ち

・建設機械の故障や修理

このほか

- 悪天候による休工や遅れによる作業性の悪化
- 作業員の体調不良やケガ
- 作業員の知識や技能など技術力の不足や作業に不慣れなこと
- 監督員の指示間違い
- 設計図書の理解不足
- 防風対策や照度確保などの作業環境の不良
- 競合する工事や作業との錯綜や混雑

などが考えられる。問題文の（　）書きもしっかり読んで、対象とならないものを含めないこと。

> このように解答に該当する項目がたくさん思いつく場合は、設問の意図に合わせて、できるだけ的確なものを選ぶように心がけよう。くれぐれも思いついた順にあわてて書かず、整理してから解答欄に清書しよう。例えば、この例題では、作業員の知識や技能が足りないことを取り上げるよりも、工程管理上の要因に直結するような要因を取り上げたほうがベスト。

類題　　いわゆる「**突貫工事**」で工事期間を短縮することによる施工管理上の弊害について記述しなさい。（ただし、安全管理に関することは除く。）

解答例

- 品質が低下し、不適合な成果品になるおそれがある。
- 原価が高くなり、建設費が急増するおそれがある。

類題　　いわゆる「**突貫工事**」を行うと、単位時間当たりの原価を著しく上昇させることになる。この要因として考えられるものを2つ記述しなさい。

解答例

- 作業が長時間となり、残業手当や夜間作業により賃金の割増となる。
- 材料の手配が施工量の増加に間に合わない場合の作業員の待ち時間。

そのほか

- 一交代から二交代へと1日の作業交代数の増加に伴う現場経費の増加
- 1日の施工量の増加に対応するための、仮設や機械器具の増設の発生
- 人材確保のための歩増し

など

1. 工程管理　　**353**

2. 品 質 管 理

※最近の検定問題では、「問題4」が割り当てられていた。本書の標準問題は 問題1 とした。

重要 ポイント講義

　品質管理に関しては、「公共用緑化樹木等品質寸法規格基準（案）」に関する問題を中心に、樹木や客土、石材などの緑化資材に関する品質管理について出題される傾向がある。

　また、運搬や移植、養生などについての具体的な記述を求める出題も見受けられる。

標準問題で実力アップ!!!

問題1 　次に示す工事数量及び工事に係る条件に基づく造園工事の品質管理に関する以下の設問（1）～（3）について答えなさい。

〔工事数量表〕

工　種	種　別	細　別	規　格				単位	数量	備　考
植栽工	高木植栽工	ヤマボウシ	H (m)	C (m)	W (m)	株立数	本	10	支柱取付け
			3.5	0.21	－	3本立以上			
		ソメイヨシノ	H (m)	C (m)	W (m)	株立数	本	5	支柱取付け
			3.0	0.12	1.0	－			
	地被類植栽工	シバザクラ	3芽立、コンテナ径9.0 cm				鉢	2,500	
		コクマザサ	3芽立、コンテナ径10.5 cm				鉢	1,000	
移植工	高木移植工	クスノキ	H (m)	C (m)	W (m)	株立数	本	1	支柱取付け
			7.0	0.80	3.0	－			

〔工事に係る条件〕

・本工事は、供用後30年を経過した総合公園の一部区域の再整備を行うものであり、上記の工事数量表に基づき施工するものである。

・高木移植工は、根回し後、適切な期間、養生されているクスノキを移植する。

(1)「公共用緑化樹木等品質寸法規格基準（案）」の寸法規格に関し、以下の（イ）、（ロ）について答えなさい。

（イ）下表に示すア～オのヤマボウシについて、本工事に使用するものとして、「H」及び「C」の寸法規格基準を満たしているものの記号を全て記入しなさい。

　　ただし、表中の「各幹の周長」のそれぞれの数値は、「各幹の高さ」の数値の順序と同じ幹に対するものである。

記号	各幹の高さ（m）	各幹の周長（m）	株立数
ア	3.6、3.6、2.6	0.12、0.10、0.08	3本立
イ	3.8、3.7、2.4	0.13、0.11、0.07	3本立
ウ	3.9、3.3、3.0	0.13、0.09、0.08	3本立
エ	3.9、3.6、3.4、3.0	0.12、0.09、0.08、0.09	4本立
オ	3.8、3.7、2.7、2.4	0.12、0.10、0.07、0.07	4本立

解答例

　　　ア、エ

解説　工事数量表によるヤマボウシの規格は、H3.5 m、C0.21 m の 3 本立以上である。

　樹高（3本立以上）の基準
　・指定株数の過半数（2本）は所要の高さ（3.5 m）に達しており○、ほかは所要の樹高の 70%（2.45 m）以上□に達していること。
　・幹が 2 本以上の樹木では、それぞれの周長の総和の 70% を幹周とする。

記号	各幹の高さ（m）	各幹の周長（m）	株立数	
ア	⟨3.6⟩ ⟨3.6⟩ ⟨2.6⟩	0.12、0.10、0.08	3本立	0.3×70%＝0.21→○
イ	⟨3.8⟩ ⟨3.7⟩ 2.4	0.13、0.11、0.07	3本立	
ウ	⟨3.9⟩ 3.3、3.0	0.13、0.09、0.08	3本立	
	○ 二本のみ NG			
エ	⟨3.9⟩ ⟨3.6⟩ 3.4 3.0	0.12、0.09、0.08、0.09	4本立	0.38×70%＝0.266→○
オ	⟨3.8⟩ ⟨3.7⟩ 2.7 2.4	0.12、0.10、0.07、0.07	4本立	※0.29×70%＝0.203→×

　※仮に H2.4 m の幹を地際で切断したとしても、幹周の規格を満足しないので×

第二次検定　集中ゼミ

（ロ）ソメイヨシノの寸法規格に関し、「C」及び「W」の測定に関する次の記述の ① ～ ③ に当てはまる語句又は数値を記述しなさい。

・「C」は、根鉢の上端より ① m上りの位置を測定し、この部分に枝が分岐している場合は、分岐部分の ② を測定する。

・「W」は、四方面に伸長した枝の幅を測定し、測定方向により長短がある場合は、 ③ とする。なお、一部の突出した枝は含まない。

解答例▶

① 1.2

② 上部

③ 最長と最短の平均値

(2)「公共用緑化樹木等品質寸法規格基準（案）」の品質規格に関し、以下の（イ）～（ハ）について答えなさい。

（イ）ソメイヨシノなどの樹木の品質規格のうち**樹姿に関し、「樹形（全形）」、「幹」以外の表示項目を1つ記述**し、その**品質判定上の留意事項を記述**しなさい。

解答例▶

枝葉の分配：配分が四方に均等であること。

このほか

枝葉の密度：節間が詰まり、枝葉密度が良好であること。

下枝の位置：樹冠を形成する一番下の枝の高さが適正な位置にあること。

解説▶ 252ページの品質規格についての記述も参照して、パターンが変化しても対応できるようにしっかり覚えておこう。

（ロ）シバザクラなどの草花類の品質規格に関し、**「花」について品質判定上の留意事項を記述**しなさい。

解答例▶

花芽の着花が良好か、もしくは花、およびつぼみが植物種の特性に応じた正常な形態や花色であること。

（ハ）コクマザサなどのその他地被類の品質規格に関し、**「形態」、「葉」以外の表示項目を１つ記述**し、その**品質判定上の留意事項を記述**しなさい。

解答例

> 根：根系の発達が良く、細根が多く、乾燥していないこと。

このほか

> 病虫害：発生がないもの。過去に発生したことのあるものについては、発生が軽微で、その痕跡がほとんど認められないよう育成されたものであること。

解説 257 ページの品質管理についての記述も参照して、パターンが変化しても対応できるようにしっかり覚えておこう。

(3) 高木移植工に関し、以下の（イ）〜（ハ）について答えなさい。

（イ）クスノキの移植に当たり実施した掘取り作業に関する次の記述の ① 、② に**当てはまる語句を記述**しなさい。

・掘回し、根切りの終わったクスノキを土付きの根鉢として掘り上げた。根巻きは、縄などで根鉢を締めつける方法とし、まず根鉢の周囲を横に巻く ① を行い、次いで縦・横に縄をかける ② を行った。

解答例

> ① 樽巻き
> ② 揚巻き

解説 根巻きの目的・方法を整理して覚えておこう。

- 根巻きの目的
  ① 根を乾燥させない。
  ② 細根が傷まないように保護する。
  ③ 根と土の密着状態を移植以前のままに保つ。

- 根巻きの方法

  鉢の側面に平行に素縄を叩き込みながら巻いていく樽（たる）巻きと、さらに今度は縦横に鉢をかがるように巻きあげていく揚巻きとがある。大木や貴重な樹木などを移植する場合には、鉢土に直に縄を巻いて締付けを行った後、さ

らにコモや麻布などで表面を包み、二重に根巻きが行われる。

　かがる：縄を鉢の上下に、斜めに掛けながら叩締めを行う作業。

（ロ）クスノキの移植に当たり、樹木の品質を確保するため、**掘取り前に行うべき作業の内容を、その目的と併せて具体的に3つ記述**しなさい。（ただし、幹巻き、蒸散抑制剤の散布、及び病虫害防除のための薬剤散布を除く。）

解答例

① 乾燥が激しい場合や、根鉢の崩れを防止するため、掘取りを始める数日前から十分な灌水を行う。

② 下枝のある樹木は、掘取り作業のときに下枝が支障になるので、下枝を縄で上の方に向けて幹にしばる「下枝のしおり」を行う。

③ 根の状態の確認、根鉢の軽量化と崩れ防止、植栽地の雑草発生を抑制するため、根群の見られない根鉢の表土はかき取る。

そのほか
• 枯枝、弱っている枝や密生している枝などは切除しておく。

（ハ）クスノキの移植に当たり、樹木の品質を確保するため、**水極め法による埋戻しの後に行うべき作業の内容を、その目的と併せて具体的に2つ記述**しなさい。
（ただし、幹巻き、蒸散抑制剤の散布、及び病虫害防除のための薬剤散布を除く。）

解答例

① 鉢の外周に沿って適当な幅の溝を掘ったり、または樹木の根元は平らにして鉢の外周に土を盛り上げ輪状の土手を築く方法により、「水鉢を切る」作業を行う。

目的：灌水のため、または雨水を根元に溜めておくため

② 活着の見通しをつけたところで、水鉢をつぶして平坦に均す。

目的：排水に心掛ける必要があるため

そのほか、次のような事項が考えられる。
• 根が切断されているので水分不足になりがちのため灌水をしっかり行う。
• 支柱を取り付け、樹木が倒れないようにしたり、揺れによって根茎の伸長が阻害されないようにする。

品質管理で出題されやすいケースを理解しておこう！

類題 植栽工における樹木等の品質規格に関し、以下の1）～2）について答えなさい。

1）アカシデなどの樹木の品質規格のうち樹勢に関し、**「根」と「枝」**について、それぞれの品質判定上の留意事項を記述しなさい。

2）ノシバなどのシバ類の品質規格に関し、**「表示項目」を3つ記述**しなさい。（ただし、表示項目のうち「根」は除く。）

解答例

1）根：根系の発達がよく、四方に均等に配分され、根鉢範囲に細根が多く、乾燥していないこと。

枝：樹種の特性に応じた枝を保ち、徒長枝、枯損枝、枝折れなどの処理、および必要に応じ、適切な剪定が行われていること。

樹木の品質規格の樹勢から、根と枝について記述する。

2）葉、ほふく茎、病虫害、雑草など

以上のうちから3つを選んで記入する。

問題条件により除外されている「根」を加えた5つが、シバ（芝）類の表示項目である。

類題 アカシデの植栽工にあたり、現地搬入した樹木が直ちに植え込めず、1日間の現地保管が必要になった。この場合、樹木の保管に当たり行うべき**品質管理上の措置について、具体的に3つ記述**しなさい。

解答例

・直射日光や風にさらされない場所に保管するか、シートなどにより乾燥を防止する。

・枝や幹を傷つけないように配慮する。

・根鉢には十分に灌水する。

・不要な梱包材などははずしておく。

類題 高木移植工に関し、**シラカシを植え付けた後、冬期に備えて行う樹木の養生作業とその作業目的について、それぞれ具体的に3つ記述**しなさい。(ただし、剪定、支柱の取付けを除く。)

解答例

> 養生作業①：幹巻き
> その目的：霜割れを防止するため。
> 養生作業②：マルチング
> その目的：土壌の乾燥を防止し、地温を調整するため。
> 養生作業③：寒冷紗掛け
> その目的：寒さや風による乾燥から保護するため。

> この他の出題パターンとしては、「現場への運搬に先立っての直根の切直し、幹の縄巻き、枝しおりについての目的と方法の記述」(49ページ参照)や「植付け後の幹巻きの目的と方法の記述」(312ページ参照)などがあるので、本書の該当ページをもとにしっかり覚えておき、記述できるようにしよう！

類題 長谷川式簡易現場透水試験器で、ア～ウの3つの地点で調査を行ったところ下表に示す結果を得た。この場合、**植栽基盤として「良好（優良）」と判定することのできる地点の記号を全て**解答欄に記入しなさい。

試験地点	ア		イ		ウ	
試験孔の深さ	500 mm		500 mm		500 mm	
	時刻	スケールの読み	時刻	スケールの読み	時刻	スケールの読み
予備注入	10：00	600 mm	10：05	600 mm	10：10	600 mm
再注入	11：00	600 mm	11：05	600 mm	11：10	600 mm
20分後	11：20	605 mm	11：25	630 mm	11：30	640 mm
40分後	11：40	610 mm	11：45	650 mm	11：50	680 mm

解答例

> ウ

　いずれの試験地点のデータも、20分後と40分後の20分間隔の減水量を時間換算して評価する。

20分値を1時間（60分）換算するのは単純に3倍すればよい。

地点ア

20分後：605 mm − 600 mm ＝ 5 mm

   ⇒ 5 mm × 3 ＝ 15 mm/時間 ⇒ 不良

40分後：610 mm − 605 mm ＝ 5 mm

   ⇒ 5 mm × 3 ＝ 15 mm/時間 ⇒ 不良

40分後は20分後の測定結果からの20分間で計算する。

地点イ

20分後：630 mm − 600 mm ＝ 30 mm

   ⇒ 30 mm × 3 ＝ 90 mm/時間 ⇒ 可

40分後：650 mm − 630 mm ＝ 20 mm

   ⇒ 20 mm × 3 ＝ 60 mm/時間 ⇒ 可

地点ウ

20分後：640 mm − 600 mm ＝ 40 mm

   ⇒ 40 mm × 3 ＝ 120 mm/時間 ⇒ 良

40分後：680 mm − 640 mm ＝ 40 mm

   ⇒ 40 mm × 3 ＝ 120 mm/時間 ⇒ 良

以上から、ア：不良、イ：可、ウ：良となる。

解答は「ウ」のみを記入すればよい。

長谷川式簡易現場透水試験は、調査地点において複式ショベル等で植穴程度の深さの穴（φ15 cm程度、深さ40〜60 cm）を掘り、器具を設置して下から10 cmの高さまで水を入れ（予備注入）、約1時間（あるいは少なくとも30分）経過後に減った分だけ水を足し（再注入）、下から10 cmの高さにする。
以後、20分後、40分後の20分間隔で2回の水位を読み取り、1時間当たりの減水速度に換算して評価する。
減水速度30 mm/時間以下で「不良」、30〜100 mm/時間で「可」、100 mm/時間以上で「良」と判定することができる。

類題　品質管理の一環として行われる出来形管理に関する次の記述の　A　、
B　に**当てはまる語句を記述**しなさい。

　「出来形管理は、工事目的物が設計図書に示された　A　や寸法を満足したも
のになっているか確認し、欠陥のない信頼性の高いものを完成するように管理す
るためのものである。また、工事完成後に　B　による確認ができない箇所につ
いては、出来形の記録と併せて写真等を利用して施工状況を記録する方法をと
る。」

解答例

　　　A　規格基準

　　　B　目視

3. 安 全 管 理

出題傾向 第二次検定では選択問題のうち、例年、「問題5」※が安全管理である。それぞれは「第一次・第二次検定の共通ゼミ」の重要ポイント講義で学習した内容とほぼ同じレベルである。

※最近の検定問題では、「問題5」が割り当てられていた。364ページの標準問題は **問題1** とした。

重要 ポイント講義

　安全管理の出題では、具体的な造園工事の施工条件が明示され、作業員の安全管理、機械施工での留意点などが出題されている。

　特に、造園工事では不可欠な移動式クレーンや高所作業車、バックホウといった建設機械の安全管理についての具体的な記述を求める出題も見受けられる。

　労働安全衛生規則を理解することで適切な解答に近づくことはできるが、より的確な解答を得るためには、関連する安全マニュアルや基準等を知っておくとよいだろう。出題される内容に関連する安全マニュアルや基準が手元にない場合は、インターネット等を通じて入手することができるので、一読をお奨めする。

第二次検定　集中ゼミ

問題1 安全管理に関する以下の設問について答えなさい。

次に示す工事数量表及び工事に係る条件に基づく造園工事の安全管理に関する以下の設問（イ）〜（ハ）について答えなさい。

〔工事数量表〕

工　種	種　別	細　別	規　格			単位	数　量	備　考
			H（m）	C（m）	W（m）			
移植工	高木移植工	ケヤキ	6.0	0.6	4.0	本	2	支柱取付け
遊戯施設整備工	小規模現場打遊具工	砂場	—			箇所	1	
自然育成植栽工	林地育成工	下刈り	—			m²	1,500	
公園施設等撤去・移設工	伐採工	高木伐採	H：5〜7m			本	5	樹勢不良

〔工事に係る条件〕

・本工事は、供用中の総合公園の一部区域の再整備を行うものであり、上記の工事数量表に基づく工事を施工するものである。

・高木移植工は、園内に生育しているケヤキを掘り取り、園内の別の場所に移植する。

・林地育成工は、本公園の既存林において、植物育成を目的とした林床の下刈りを行う。

・伐採工は、チェーンソーを用いて行う立木の伐木を行う。

・施工区域周辺には、公園利用者等の立入防止のためのバリケード及び注意標識などの施設が既に設置されている。

・工事区域及びその周辺は平坦であり、架空線等の障害物はない。

（イ）高木移植工において、移動式クレーンを用いて作業を行う際の安全管理に関し、以下の1）、2）について答えなさい。

　　1）移動式クレーンを安全に作動させるため、**移動式クレーンの配置・据付けにおいて、留意すべき事項を具体的に2つ記述**しなさい。

　　（ただし、移動式クレーンの点検及び合図に関する記述を除く。）

解答例

　　① 地盤の状態を確認し、平坦で堅固な場所に配置するが、強度不足の場合は鉄板等を敷設する。

　　② アウトリガーを最大限に張り出し、足元の養生を実施すること。

そのほか、次のような事項が考えられる。

- 根が切断されているので水分不足になりがちのため灌水をしっかり行う。
- 支柱を取り付け、樹木が倒れないようにしたり、揺れによって根茎の伸長が阻害されないようにする。

　2）移動式クレーンを用いる際の玉掛け作業において、次の A、B に示す担当者が**安全確保のために行う事項を具体的に 2 つずつ記述**しなさい。
（ただし、作業前の打合せ、移動式クレーンの点検及び配置・据付けに関する事項を除く。）
A：玉掛け者が実施する事項
B：クレーンの運転者が実施する事項

解答例

A：玉掛け者が実施する事項

　　① 使用する玉掛け用具を準備するとともに、使用前の点検を行う。
　　② 吊り荷の重心を見極め、打合せで指示された方法で玉掛けを行い、安全な位置に退避したうえで、合図者に合図を行う。

解説 「玉掛け作業の安全に係るガイドライン」（平成 12 年 2 月 24 日付け基発第 96 号別添）に次の事項を加えたものが、玉掛け者が実施する事項として記載されている。このため、次の項目を記述してもよい。

- 吊り荷の質量、形状が指示されていたものであるかの確認と、用意された玉掛け用具で作業が行えるかを確認する。
- 地切り時に吊り荷の状態を確認する。
- 吊り荷の着地場所の状態を確認し、打合せで指示されたまくら、歯止めなどを配置するなど、荷が安定するための措置を講じる。
- 玉掛け用具の取外しは、着地した吊り荷の安全を確認したうえで行う。

B：クレーンの運転者が実施する事項

　　① 吊り荷の下に労働者が立ち入った場合は、ただちにクレーン操作を中断し、その労働者に退避を指示する。
　　② 吊り荷の運搬中に定格荷重を超えるおそれが生じた場合は、ただちにクレーン操作を中断して玉掛け作業責任者に連絡すること。

第二次検定 集中ゼミ

そのほか

• 運搬経路を含む作業範囲の状況を確認する。

「玉掛け作業の安全に係るガイドライン」（平成 12 年 2 月 24 日付け基発第 96 号別添）に、玉掛け作業責任者が実施する事項、玉掛け者が実施する事項、合図者が実施する事項、クレーン等運転者が実施する事項とこれを参照すると正答が得られる。

（ロ）林地育成工において、肩掛け式草刈り機を用いて下刈り作業を行う際の安全管理に関し、次の 1)、2) について答えなさい。

1) 肩掛け式草刈り機の使用による振動障害を予防するための、作業時間の管理に関する次の記述の　A　、　B　に**当てはまる適当な数値を記入**しなさい。

・「チェーンソー以外の振動工具の取扱い業務に係る振動障害予防対策指針」において、一連続の振動ばく露時間の最大は、おおむね　A　分以内とし、一連続作業の後、　B　分以上の休止時間を設けることとされている。

解答例

A　おおむね 10 分以内

B　一連続作業の後、5 分以上の休止時間を設けること

解説 「チェーンソー以外の振動工具の取扱い業務に係る振動障害予防対策指針」（平成 21 年 7 月 10 日付け基発 0710 第 2 号別紙）および「チェーンソー取扱い作業指針について」（平成 21 年 7 月 10 日付け基発 0710 第 1 号別添）に該当する規定がある。

2）肩掛け式草刈り機使用による振動障害を予防するために、**講じるべき措置を具体的に2つ記述**しなさい。

（ただし、作業時間に関する事項は除く。）

解答例

① 内蔵されているエンジンは、振動ができる限り小さいものを選ぶこと。また、ハンドルや操作桿が、防振ゴム等の防振材料を介してエンジン部に取り付けられているなど、振動がハンドルや操作桿に伝達しにくいものにすること。

② 刈払機は定期的に点検整備し、常に最良の状態を保つようにすること。

そのほか、次のような事項が考えられる。

• 作業には、防振、防寒に役立つ軟質で厚手の防振手袋を用いること。
• 刈刃等の取付けには、機械についている専用工具を使用し、確実に取り付けたことを確認して、使用すること。
• 雨に濡れるような状態での作業など、作業者の身体を冷やすことはできるだけ避けること。

（ハ）下表は、**本工事区域内における**次のA～Cの業務に関して、それぞれの業務に従事することが可能な資格か否かを示すものである。**表中の（a）～（i）について、従事することが可能な資格であれば〇を、それに該当しなければ×を解答欄に記入**しなさい。

A：樹木の立込みの際に行う、吊り上げ荷重4.9トンの移動式クレーンを用いた玉掛け業務
B：砂場設置のための掘削の際に行う、機体重量が2トンのバックホウの運転業務
C：高木伐採の際に行う、チェーンソーを用いた伐木業務

	当該業務への従事が可能な資格		
	免許を取得した者	技能講習を修了した者	特別教育を修了した者
A（玉掛け業務）	(a)	(b)	(c)
B（運転業務）	(d)	(e)	(f)
C（伐木業務）	(g)	(h)	(i)

	当該業務への従事が可能な資格		
	免許を取得した者	技能講習を修了した者	特別教育を修了した者
A（玉掛け業務）	⊠	ⓑ	⊠
B（運転業務）	⊠	ⓔ	ⓕ
C（伐木業務）	⊠	⊠	ⓘ

解説 199 ページに、「免許または運転技能講習を修了の資格を必要とする主なもの」を掲載しているので参考にするとよい。

運転技能講習を修了した者でなければならない業務

- **玉掛けの業務（吊り上げ荷重 1 t 以上の移動式クレーン）＝A で該当するのは（b）である**

  なお、1 t 未満の場合は「玉掛け特別教育修了者」でも可能。

- 3 t 未満の場合は、「**小型車両系建設機械の運転の業務に係る特別教育**」が必要＝**B で該当するのは（f）となる**。また、機体重量 3 t 以上の車両系建設機械（バックホウ）で必要となる**技能講習修了者**も、規格の小さい 2 t には従事可能であることから（e）も該当する

- 労働安全衛生規則（2019 年 8 月改正）第 36 条 8 により「**チェーンソーによる伐木等特別教育**」が必要となっている。＝**C で該当するのは（i）である**

---

(2) 工事現場で作業中に事故が発生した場合に備えて、日頃より作業現場において、準備しておく必要のある措置のうち、**緊急通報体制の確立に関する対応事項を、具体的に 2 つ記述**しなさい。
（ただし、通報責任者の指定に関する内容は除く。）

　① 関係機関および隣接他工事の関係者とは平素から緊密な連携を保ち、緊急時における通報方法の相互確認等の体制を明確にしておくこと。

　② 緊急連絡表を作成し、関係連絡先、担当者および電話番号を記入し、事務所、詰所等の見やすい場所に標示しておくこと。

解説 「土木工事安全施工技術指針」（平成 21 年 3 月、国土交通省大臣官房技術調査課）に、上記 2 項目に「③通報責任者を指定しておくこと」を加えた 3 項目が「緊急通報体制の確立」として記載されている。

安全管理で出題されやすいケースを理解しておこう！

類題 バックホウを使用して基礎の掘削を行う際、**作業の安全を確保するために運転者が行うべき措置を具体的に3つ記述**しなさい。（ただし、バックホウの点検および運転席を離れる場合の措置、ならびに公園利用者の安全確保に関する内容は除く。）

解答例

- 作業時はシートベルトを着用する。
- 法肩や傾斜地の掘削時は、機械の転落、転倒防止のため誘導員を配置し、法肩部は土堰堤を設ける。
- 誘導員による誘導や合図に従う。
- 非常の際に退避できるようにクローラは掘削斜面に直角とする。
- 斜面に据え付けるときは、斜面に盛土等をして車体を水平にする。
- 機体の尻を浮かせて掘削しない。
- 掘削中に旋回したり、旋回力を利用して土の埋戻しや均しをしない。

以上のうちから3つを記入する。

類題 強風のおそれがあったため移動式クレーンの作業を中止することとした。この場合に、**移動式クレーンから離れる際に行うべき安全管理上の措置を具体的に2つ記述**しなさい。

解答例

- 運転者は、荷を吊ったままにせず、安全な場所に降ろす。
- ブームを縮めるなど最も安定した状態に固定し、フックは安全な位置にする。
- 旋回装置や巻上装置のブレーキとロックをかける。
- エンジンを停止し、操作関係のスイッチも切っておく。
- 逸走防止用ストッパー等を使用する。

以上から2つ記入する。

解答例

① 地盤の状態を確認し、平坦で堅固な場所に配置するが、強度不足の場合は鉄板等を敷設する。

② アウトリガーを最大限に張り出すこと。

そのほか

• 高所作業車の設置は水平を保持する。

解答例

• 墜落制止用器具（安全帯）を正しく身に着ける。

• 作業床から身を乗り出して無理な体勢での作業を行わない。

このほか

• 手すり上に足をかけたり、足場板を敷いた作業をしない。

• 作業床から他所への乗り移りをしない。

• 作業床上でははしご、脚立を使用しない。

• 強風（10分間の平均風速が10m/秒以上）、大雨（ひと降りの降雨量が50mm以上）、大雪（ひと降りの積雪量が25cm以上）などの悪天候時における高所作業車の使用を禁止する。

• 安全帽、安全帯を使用する。

> **類題** 四阿の設置に際して、高さが４ｍの構造のわく組足場を設けることにした。**わく組足場の組立ての際、組立て作業を行う者の危険防止のために行うべき措置を具体的に２つ記述**しなさい。

解答例

- 強風、大雨、大雪などの悪天候のため、作業の実施について危険が予想されるときは、作業を中止すること。
- 幅40cm以上の作業床を設けること。
- 安全帯を安全に取り付けるための設備等を設け、安全帯を使用すること。
- 材料、器具、工具等を上げたり、下ろしたりするときは、吊り綱、吊り袋などを使用すること。

> **類題** 建設現場に新しく入場して就労する作業員を対象として、**安全管理に関して、新規入場者教育を行う必要性とその一般的な教育内容を２つ記述**しなさい。

解答例

〔新規入場者教育の必要性〕

　　建設現場に新規入場して作業に就く作業員は、作業環境に不慣れであるとともに、現場での安全管理等遵守事項についてまったく知らないことを前提にして、現場状況や安全管理体制、労働災害防止対策などの基本ルールについて周知徹底する必要がある。

〔一般的な教育内容〕

- 労働者が混在して作業を行う場所の状況
- 労働者に危険を生じる箇所の状況
- 混在作業場所において行われる作業相互の関係
- 退避の方法
- 指揮命令系統
- 担当する作業内容と労働災害防止対策
- 安全衛生に関する規定
- 建設現場の安全衛生管理計画の内容

教育内容については、以上のうちから２つ記入する。

3. 安全管理　**371**

類題 　建設工事の施工現場においては、安全施工の確保のため、安全管理活動を行うことが重要である。下記は毎日の施工サイクルにおける安全管理活動の実施項目を示したものである。
　　この実施項目における「**安全朝礼**」及び「**終業時の確認**」について、**実施すべき活動内容を具体的にそれぞれ2つずつ記述**しなさい。
【安全管理活動の実施項目】
　　安全朝礼―安全ミーティング―作業開始前の点検―作業中の指導・監督
　　安全工程打合せ（作業間連絡調整）―持場跡片付け―**終業時の確認**

解答例

安全朝礼

- 本日の作業内容、作業手順、作業工程の確認
- 本日の作業上の注意事項、禁止事項
- 指差し点呼の励行や危険予知などの指示・確認　など

終業時の確認

- 安全衛生責任者による片付け、火気の始末、電源・施錠や残業者の確認
- 当日の事務処理などの実施、翌日の手配事項の再確認、現場全体の点検　など

類題 　埋設物のある区域で工事を施工する場合に、「建設工事公衆災害防止対策要綱」等における**安全管理上の措置を具体的に3つ記述**しなさい。

解答例

- あらかじめ管理者や関係機関と協議し、工事施工の各段階における保安上の必要な措置、埋設物の防護方法、立会いの有無、緊急時の連絡先などを決定する。
- 施工に先立ち、埋設物管理者等が保管する台帳に基づいて試掘等を行い、埋設物の種類、位置（平面・深さ）、規格、構造などを目視により確認する。
- 埋設物の予想される位置を深さ2m程度まで試掘を行い、埋設物の存在が確認されたときは、布掘り、またはつぼ掘りによって露出させる。

このほかにも、次のような事項が考えられる。

- 露出した埋設物には、物件の名称、保安上の必要事項、管理者の連絡先などを記載した標示板を取り付ける等により、工事関係者等に対し、注意を喚起する。
- 露出させた埋設物を維持し、工事中の損傷と、これによる公衆災害を防止するために万全を期するとともに、常に点検等を行う。

類題　植栽工の樹木の立込み作業において移動式クレーンを使用する場合の安全管理に関し、以下について答えなさい。

「クレーン等安全規則」に基づく安全管理上の措置に関する次の記述の　A　～　E　に当てはまる**最も適当な語句や数値を下記のア.〜サ.の中から選び、その記号を解答欄に記入**しなさい。

「・事業者は、吊り上げ荷重が1トン以上の移動式クレーンの運転業務は、当該業務に関する　A　に行わせなければならない。ただし、吊り上げ荷重が1トン以上5トン未満の移動式クレーンの運転業務は、小型移動式クレーン運転に関する　B　にも行わせることができる。

・事業者は、吊り上げ荷重が　C　トン以上の移動式クレーンの玉掛け作業は、　B　に行わせなければならない。

・玉掛け用ワイヤロープは、ワイヤロープにかかる最大荷重の　D　倍以上の　E　のもの（安全係数が　D　以上のもの）を使用しなければならない。」

ア. 10	イ. 6	ウ. 3	エ. 1	オ. 0.5
カ. 切断荷重	キ. 変形荷重	ク. 積載荷重	ケ. 特別の教育を受けた者	
コ. 技能講習を修了した者		サ. 免許を受けた者		

解答例

A：サ（免許を受けた者）

B：コ（技能講習を修了した者）

C：エ（1）

D：イ（6）

E：カ（切断荷重）

建設工事における危険の防止及び事故発生時の対応に関する次の記述
の | A | ～ | C | に当てはまる**「労働安全衛生規則」に定められている語句又は
数値を記述**しなさい。

- 事業者は、| A | m 以上の高所から物体を投下するときは、適当な投下設備を
  設け、| B | を置く等の労働者の危険を防止するための措置を講じなければな
  らない。
- 事業者は、移動式クレーン（吊り上げ荷重 0.5 トン未満のものを除く）に転倒、
  倒壊又はジブの折損などの事故が発生したときは、遅滞なく、所轄の | C | に
  所定の報告書を提出しなければならない。

解答例

　　　A　3　　　　　B　監視人　　　C　労働基準監督署長

索 引

タ 行

ナ行

〈著者略歴〉

宮入賢一郎 <small>(みやいり けんいちろう)</small>

技術士（総合技術監理部門：建設・都市及び地方計画）
技術士（建設部門：都市及び地方計画，建設環境）
技術士（環境部門：自然環境保全）
RCCM（河川砂防及び海岸，道路），測量士，1級土木施工管理技士
登録ランドスケープアーキテクト（RLA）
国立長野工業高等専門学校　環境都市工学科　客員教授
長野県林業大学校（造園学）非常勤講師
特定非営利活動（NPO）法人ＣＯ２バンク推進機構　理事長
一般社団法人社会活働機構（OASIS）　理事長

○主な著書（共著含む）
『ミヤケン先生の合格講義　2級造園施工管理技士』
『ミヤケン先生の合格講義　2級建設機械施工管理技士 ―第1種・第2種対応―』
『ミヤケン先生の合格講義　コンクリート技士試験』
『ミヤケン先生の合格講義　1級土木施工管理　実地試験』
『技術士ハンドブック（第2版）』（以上，オーム社）
『トコトンやさしい建設機械の本』
『はじめての技術士チャレンジ！（第2版）』
『トコトンやさしいユニバーサルデザインの本（第3版）』（以上，日刊工業新聞社）
『最新版 図解　NPO法人の設立と運営のしかた』（日本実業出版社）

○最新情報
書籍や資格試験の情報、活動のご紹介
著者専用サイトにアクセスしてください。
https://miken.org/

イラスト：原山みりん（せいちんデザイン）

ミヤケン先生の合格講義
1 級造園施工管理技士

2022 年 3 月 25 日　　第 1 版第 1 刷発行

著　　　者　　宮入賢一郎
発 行 者　　村上和夫
発 行 所　　株式会社 オーム社
　　　　　　郵便番号　101-8460
　　　　　　東京都千代田区神田錦町 3-1
　　　　　　電話　03(3233)0641(代表)
　　　　　　URL　https://www.ohmsha.co.jp/

© 宮入賢一郎 2022

印刷・製本　三美印刷
ISBN978-4-274-22838-4　Printed in Japan

本書の感想募集　https://www.ohmsha.co.jp/kansou/
本書をお読みになった感想を上記サイトまでお寄せください．
お寄せいただいた方には，抽選でプレゼントを差し上げます．